Herbert W. Franke

Die geheime Nachricht

Herbert W. Franke

Die geheime Nachricht

Methoden und Technik der Kryptologie

Die Geschichte
um den unknackbaren Code

Umschau Verlag Frankfurt am Main

CIP-Kurztitelaufnahme der Deutschen Bibliothek

Franke, Herbert W.:
Die geheime Nachricht: Methoden u. Technik
d. Kryptologie; d. Geschichte um d.
unknackbaren Code
Herbert W. Franke.
Frankfurt am Main: Umschau-Verlag
1982.
ISBN 3-524-69034-3

Printed in Germany

Inhalt

Einführung

Wer sich an seinen Radioapparat setzt und in ungebräuchlichen Frequenzbereichen nach einem Sender sucht, kann mitunter eine monotone Stimme hören, die lange Serien von fünfstelligen Zahlen durchsagt. Das ist eine der wenigen Gelegenheiten, die den normalen Sterblichen daran erinnern, daß geheime Nachrichten in unserer wirklichen Welt eine Rolle spielen und nicht nur in Agenten- und Spionageromanen. Vielleicht hat der aufmerksame Radiohörer tatsächlich die Mitteilung eines Spions aufgefangen, wie sie tagtäglich von West nach Ost und auch in umgekehrte Richtung laufen. Freilich kann der Grund für diesen Funkspruch auch weitaus harmloser sein – so bedienen sich beispielsweise längst auch Wirtschaftsunternehmen verschlüsselter Nachrichten: Fischfangflotten geben die Standorte von Fischschwärmen durch, Ölsuchkommandos informieren ihre Auftraggeber über Erfolg und Mißerfolg. Leider haben auch Verbrecherorganisationen die Nützlichkeit verschlüsselter Nachrichten entdeckt: Schon in den zwanziger und dreißiger Jahren, der Zeit der Prohibition, tauschten Schwarzhändler und Alkoholschmuggler verschlüsselte Funksprüche aus.

Unter jenen, die geheime Nachrichten aussenden, sind also zweifellos zwielichtige Gestalten, und so erscheinen auch die Verfahren und Geräte, deren sie sich bedienen, geheimnisvoll und verrucht. In Wirklichkeit ist der Wunsch zur Geheimhaltung von Informationen viel weiter verbreitet, und er entspringt auch durchaus ehrenwerten Gründen. Jeder von uns, der einen Brief verschickt, deutet an, daß dessen Inhalt niemand etwas angeht außer den Absender und den Empfänger. Und wenn das Zukleben auch eher ein symbolischer Akt ist, so wird er doch normalerweise respektiert. Selbst die Ehefrauen, die an ihre Männer gerichtete parfümierte Briefe über dem Suppentopf öffnen, gehören einer aussterbenden Gattung an.

Erst in letzter Zeit ist der Schutzcharakter von persönlichen Daten in das Bewußtsein breiter Massen gedrungen. Das geschah vor allem parallel mit dem Ausbau von Datenbanken – Informationszentralen, die u. a. persönliche Daten von Staatsbürgern bewahren sollen. Solche Daten wurden auch früher gefordert und gegeben, waren sie aber erst einmal zu Papier gebracht, dann verschwanden sie meist in Karteien und waren damit dem Verkehr entzogen. Wurden dieselben Angaben von einer Behörde ein zweites Mal gebraucht, so war es meist einfacher, den Betroffenen einen weiteren Stoß von Formularen ausfüllen zu lassen, als die Daten bei den zuständigen Stellen anzufordern und herauszusuchen. Erst die Elektronik hat diese Situation geändert: Wer an das allgemeine Datennetz angeschlossen ist, kann Informationen praktisch verzögerungsfrei von jedem beliebigen Ort abrufen. Daß diese Informationen mißbraucht werden können, braucht kaum näher erläutert zu werden – schlechte Führungszeugnisse, Aufzeichnungen über Verkehrsdelikte, Krankheiten usw . . ., all das kann das berufliche Weiterkommen erschweren oder unterbinden. Auch Erpressungen sind nicht ausgeschlossen. Aber selbst so harmlose Dinge wie Adressenlisten können zumindest zu unangenehmen Belästigungen führen, wenn sie beispielsweise als Unterlage für den Versand von unerwünschten Werbeschriften dienen.

»Verletzung der Intimsphäre« – das ist mehr als ein Schlagwort. Wir müssen uns gegen den Mißbrauch der elektronischen Instrumente schützen, die es ermöglichen, alle Arten von Information in bisher unvorstellbar umfassender Weise auszuwerten. Die Gründe für die Sammlung von Daten durch Behörden sind oft einleuchtend und vernünftig, wenn es beispielsweise darum geht, die Blutgruppe eines Verunglückten in Erfahrung zu bringen. Die Konsequenz kann also nicht sein, auf die Erfassung von Information mit Hilfe elektronischer Medien zu verzichten – vielmehr müssen Vorkehrungen getroffen werden, daß diese Informationen keinem Unbefugten in die Hände fallen. Ein Mittel dazu ist die Verschlüsselung. Dadurch werden die Techniken der geheimen Nachrichtenübermittlung weit über den Rahmen von Spionage und Militär bedeutungsvoll. Genaugenommen sollte jeder darüber informiert sein, mit welchen Mitteln seine persönlichen Daten und viele andere wichtige Nachrichten geschützt werden können.

Das, was heute zu diesem Zweck eingesetzt wird, geht über die Geheimschriften, mit denen sich der eine oder andere als Schüler vielleicht beschäftigt hat, weit hinaus. Es gibt sogar eine Wissenschaft, die für diese Thematik zuständig ist, die »Kryptologie«. Das Wort ist dem Griechischen entlehnt – *»kryptos«* heißt soviel wie verborgen oder geheim. Die Kryptologie beschäftigt sich mit dem Verschlüsseln, dem Entschlüsseln und dem Entzifferungswesen. Damit werden drei weitere für das Sachgebiet wichtige Begriffe eingeführt, die man auseinanderhalten muß: Wird eine Nachricht durch irgendein Verfahren in eine nur Eingeweihten verständliche Form gebracht, so spricht man von *verschlüsseln*. Wenn der Empfänger, der dieses Verfahren kennt, es in umgekehrter Richtung anwendet, um aus dem »Kryptogramm« wieder den »Klartext« zu gewinnen, so bezeichnet man das als *entschlüsseln*. Gelingt es aber jemandem, für den die Nachricht nicht bestimmt ist, ihren Sinn aufzudecken, so verwendet man den Ausdruck *entziffern*.

Natürlich sind die Zielsetzungen des Absenders und des regulären Empfängers, jenen genau entgegengesetzt, die sich bemühen, sie unbefugt zu entziffern. Und somit weist auch die Kryptologie zwei unterschiedliche Themenkreise auf: die Kryptographie, bei der es vor allem um das Verschlüsseln geht, und die Kryptanalyse, die die Verfahren der Umsetzung des Geheimtextes in den Klartext ohne Kenntnis des Verschlüsselungsverfahrens umfaßt. Beide Disziplinen sind gleich alt – sie gehen bis in die Zeit der alten Griechen zurück –, denn dort, wo es darum geht, geheime Nachrichten zu versenden, finden sich auch stets solche, die gern wüßten, welche Geheimnisse da ausgetauscht werden. Und so kam es, daß die Auseinandersetzung der beiden konkurrierenden Brüder, des Kryptographen und des Kryptanalytikers, zu einer steten Weiterentwicklung der Methoden und Geräte führte, die bis heute nicht abgeschlossen ist. Jedes neue Verfahren der Krytpographen regte zu neuen Lösungsversuchen der Kryptanalytiker an. So folgte beispielsweise auf die Einbeziehung der Mikroelektronik in das Verschlüsselungswesen prompt der Einsatz des Computers zur Entzifferung der geheimen Texte.

Im Betätigungsbereich der Kryptologie überschneiden sich mehrere Fachgebiete, beispielsweise Mathematik, Linguistik und Informatik. Im Schlüsselwesen spielen theoretische, mathematische und logische Methoden eine große Rolle. Beim Entziffern sind es die Erkenntnisse der Linguistik und Informationstheorie, die insbesondere in letzter Zeit große Bedeutung erlangt haben. Eine klare Verteilung der Rollen ist allerdings nicht möglich, denn jede Seite lernt von der anderen. Genauso wie sich der Kryptanalytiker auf die Methoden des Kryptographen einstellt, so muß der Kryptograph die kryptanalytischen Verfahren kennen, um Lösungsversuchen von vornherein zu begegnen. Unter den Leuten, die sich mit der Verschlüsselung von Nachrichten beschäftigen, wie auch unter jenen, die diese zu entziffern versuchen, finden sich Wissenschaftler, oft sogar solche von höchstem Rang. Ihre Tätigkeit spielt sich auf einer abstrakten Ebene ab, sie erinnert an ein Rätselspiel, bei dem der eine den anderen zu übertrumpfen versucht. Gäbe es nicht den ernsthaften Hintergrund, ginge es nicht oft genug auch um Leben und Schicksal von Menschen, um Krieg und Frieden, so könnte man die Folgen der Züge und Gegenzüge verfolgen wie eine Schachmeisterschaft. Und tatsächlich spricht die Kryptologie auch den Tüftler in uns an, der sich durch jede Geheimschrift herausgefordert fühlt, auf Biegen und Brechen die Lösung zu finden. Und der, wenn es ihm gelungen ist, vielleicht auch selbst versucht, eine Geheimschrift zu entwickeln, die sich nicht knacken läßt. Tatsächlich gibt es heute schon eine Unmenge kryptographischer Rätsel, es gibt Bücher und Zeitschriften darüber, und Leute, die sich in einem Verein zusammengefunden haben, um sich mit dieser Art von Denkakrobatik zu beschäftigen. Das ist die eine Seite, die das Themengebiet der Kryptologie so reizvoll erscheinen läßt.

In Wirklichkeit hat die Kryptologie jedoch wenig mit wirklichkeitsfernen Spielen zu tun. Ganz im Gegenteil: Hier dreht es sich um handfeste Interessenkonflikte, und gerade das ist der Grund dafür, daß man jede Möglichkeit wahrnimmt, um die Maßnahmen des Gegners zu durchkreuzen. Nicht alle der dazu herangezogenen Methoden sind der Wissenschaft entnommen. Oft genug gelingt es durch Kniffe und Tricks, der anderen Seite auf die Spur zu kommen, und viele davon sind keineswegs ehrenhaft. Oft genug aber waren es auch schon die Mittel der Gewalt, die schließlich den Erfolg erzwungen haben.

Wie nicht anders zu erwarten, spielt der geheime Nachrichtenaustausch eine entscheidende Rolle im Krieg. Das Abfangen reitender Boten und unsafte Methoden, ihnen ihr Wissen zu entreißen, waren zur Zeit Alexanders des Großen ebenso gebräuchlich wie in den napoleonischen Kriegen. Sprunghaften Anstieg des Know-how gab es in den beiden Weltkriegen. Schon im Ersten Weltkrieg, beim Einsatz der ersten

U-Boote und Kampfflugzeuge, wurde Entzifferung von geheimen Feindnachrichten mit System betrieben. Selbst heute ist noch keineswegs genau bekannt, welche Auseinandersetzungen damals in Wirklichkeit nicht von tapferen Soldaten auf dem Schlachtfeld, sondern von kriegsdienstbefreiten Mathematikern am grünen Tisch entschieden wurden. So soll beispielsweise der Eintritt der Vereinigten Staaten in den Ersten Weltkrieg am 6. April 1917 auf ein verschlüsseltes Telegramm zurückgehen, das der deutsche Außenminister Zimmermann an den deutschen Botschafter in den USA schickte. Es wurde abgefangen und den amerikanischen Kryptanalytikern vorgelegt. Diese deckten die Ankündigung eines uneingeschränkten U-Boot-Kriegs auf sowie ein Bündnisangebot an Mexiko. Da blieb den USA kaum eine Wahl.

Eine weitere Steigerung der Anstrengungen war im Zweiten Weltkrieg zu verzeichnen. Zu den Ereignissen, die nur im Zusammenhang mit entzifferten Geheimnachrichten verständlich sind, gehören der Zusammenbruch der deutschen Afrikafront und die erfolgreiche Landung der Alliierten in der Normandie. Selbst der Angriff der Japaner auf die amerikanische Pazifikflotte in Pearl Harbor, der zum Eintritt Amerikas in den Krieg führte, wird mit abgefangenen Funksprüchen in Verbindung gebracht und hat mehr als zehn Jahre nach Kriegsende zu erregten Auseinandersetzungen geführt – denn es bestand der inzwischen als haltlos erwiesene Verdacht, die amerikanische Regierung hätte die Katastrophe verhindern können, es aber nicht getan, um in der Bevölkerung die richtige Stimmung für den Kriegseintritt hervorzurufen.

Auch nach dem Krieg setzte sich die Auseinandersetzung der Geheimdienste fort. Manche Nachrichten, die zur Zeit des Kalten Kriegs durch die Presse gingen, erscheinen in völlig anderem Licht, wenn man sie im Rahmen des geheimen Nachrichtenaustauschs sieht. So war beispielsweise das amerikanische Aufklärungsschiff »Pueblo«, das von einem nordkoreanischen U-Boot-Jäger aufgebracht wurde, mit neuartigen Funk- und Schlüsselgeräten versehen, die die Nordkoreaner samt den dazugehörigen Unterlagen erbeuteten. Und der CIA setzte nicht weniger als 350 Millionen Dollar zum Bau eines Bergungschiffes – Glomar Explorer – ein, das nicht zuletzt den Zweck hatte, die Reste eines im Pazifik gesunkenen sowjetischen Unterseeboots heraufzuholen und die darin befindlichen Schlüsselgeräte und -unterlagen in die Hände zu kriegen.

Geschehnisse dieser Art zeigen, daß sich die Entwicklung inzwischen in hochtechnisierte Bereiche verlagert hat. Handelte es sich in klassischen Zeiten der Kryptologie noch um manuell verschlüsselte Texte, so wurden im Ersten Weltkrieg erstmals weltweit mechanisch arbeitende Chiffrier- und Dechiffriergeräte eingesetzt. Zwischen den Kriegen kam es zu beachtlichen Fortschritten der Technologie. Dabei stellte man sich insbesondere auf die allgemein üblichen Fernschreibsysteme und die in immer größerem Umfang gebrauchten Funkverbindungen ein. Die benutzten Methoden der Verschlüsselung wurden immer raffinierter und komplizierter, so daß eine Weiterentwicklung nur mit Hilfe der modernen elektronischen Technologie denkbar war. Praktisch einsatzfähig wurde sie erst, als sich mit den Fortschritten der Festkörperphysik die Transistor-Schaltelemente mehr und mehr verbilligten und zugleich immer kleiner wurden. Heute verwendet man sie in »integrierter« Bauweise; das heißt, daß viele Tausende von ihnen auf fingernagelgroßen Plättchen untergebracht werden. Prozesse, für die früher schwere Kästen nötig waren, lassen sich heute mit Hilfe von Taschengeräten vollziehen. Den neuesten Schritt auf diesem Weg leitet der Mikroprozessor ein, der die Leistungsfähigkeit eines mittleren Computers der zweiten Generation aufweist.

So kommt der technische Fortschritt gerade zur rechten Zeit – nämlich in dem Moment, in dem der Schutz von Nachrichten allgemeine Bedeutung erhält. Nachrichten werden heute mehr und mehr mit Hilfe von Computern gesammelt, geordnet und ausgewertet. Zwar liegen die Daten in einer Form vor, die dem Laien nicht verständlich ist, der Informatiker aber, der »Computerwissenschaftler«, hat wenig Mühe, sie aus den Speichern herauszuholen und zu entziffern. Weiter geht man immer mehr dazu über, Computer mit Außenstationen auszustatten; die sogenannten »Terminals« können sich unter Umständen Hunderte von Kilometern entfernt befinden. In diesen Fällen ist praktisch keine Sicherheit dafür zu gewährleisten, daß die unverschlüsselt übermittelten Informationen nicht von einem unbefugten Interessenten abgefangen werden. Wieder aus einer anderen Überlegung heraus wird also die Verschlüsselung von Daten immer wichtiger. Es ist heute kaum noch zu verantworten, vertrauliches Material im Klartext zu versenden. Das technische Instrumentarium ermöglicht es, diese Sicherung vollautomatisch vorzunehmen – so daß es keiner der Beteiligten merkt. Hat man sich früher mit sogenannten Off-line-Geräten begnügt – das sind solche, bei denen die Verschlüsselung unabhängig von der Nachrichtenübermittlung erfolgt –, so geht man heute zu den On-line-Geräten über, bei denen die Umsetzung im selben Arbeitsgang vollzogen wird. Und auf gleiche Weise erfolgt die Entschlüsselung – in dem Moment, wo der Empfänger den Klartext abruft. Damit ist der Bogen bis zum modernsten Stand der Kryptologie gezogen – dort, wo ihre Verfahren Eingang in das tägliche Leben finden.

In diesem Buch sollen alle Facetten jenes vielschichtigen Geschehens beleuchtet werden, das sich mit der geheimen Nachricht verbindet. Es werden die Methoden der Verschlüsselung und Entschlüsselung beschrieben wie auch jene der Gegenseite, die sich um die Entzifferung bemüht. Es wird die Rede sein von den Geräten, in denen komplexe mathematische Erkenntnisse ebenso ihren Niederschlag finden wie die Insider-Information über die Praktiken und Tricks der Abwehr. Die Bedeutung kryptologischer Bemühungen werden durch Beispiele aus der Geschichte hervorgehoben, nicht zuletzt aus jener des Zweiten Weltkriegs, wo sich das Dunkel erst allmählich zu lichten beginnt – doch das, was dabei zum Vorschein kommt, ist sensationell genug. Und schließlich soll die Bedeutung der Verschlüsselung heute und morgen diskutiert werden – als einer Methode, die weitaus umfassender ist, als es zuerst den Anschein hat: Die Hieroglyphen und ihre Entzifferung, die Engramme der Gehirnwellen und ihre Bedeutung, der genetische Code, der die Erbeigenschaften des Menschen bestimmt . . ., im Grunde genommen handelt es sich um dasselbe wie bei Nachrichtendiensten und Abwehr – um Nachrichtenaustausch, um Codierung und Decodierung, um Sicherung von Information und um das Bemühen um Verständnis. Das Ziel aber, das die Basis dieses Buches ist, betrifft den Menschen in einer technischen Welt, der selbst die Entscheidung darüber treffen – und auch dazu fähig sein – soll, welche seiner persönlichen Daten er der Allgemeinheit preisgeben und welche er als ureigenes Gut schützen und bewahren will.

1
Die Geschichte der geheimen Nachricht

Es sind nicht die Kryptologen, die geheime Nachrichten versenden, sondern Angehörige ganz anderer Berufe – Staatsmänner, Militärs, Spione, Industrielle ... So kommt es, daß an der Entwicklung der kryptologischen Methoden keineswegs nur Mathematiker, Sprachwissenschaftler oder Nachrichtentechniker beteiligt sind, sondern erstaunlich viele Laien. Man hat geradezu den Eindruck, daß jeder, der mit Geheimnachrichten zu tun hat, auch ein eigenes Verschlüsselungssystem entwirft und davon überzeugt ist, daß es kein Unbefugter brechen kann. Bemerkenswert groß ist übrigens die Zahl der Artillerieoffiziere unter den erfolgreichen Erfindern von Geheimschriften, was wahrscheinlich an der Tatsache liegt, daß sie von Berufs wegen einiges über Mathematik wissen.

Von einer Wissenschaft der Kryptologie kann man erst seit der Blütezeit der arabischen Mathematik sprechen. Etwa aus dem Jahr 800 n. Chr. stammen die ersten exakten Beschreibungen der Methode des Schlüsselwesens und der Entzifferungsmethoden. Geheime Nachrichten wurden aber schon weitaus früher ausgetauscht. Eine der ersten Überlieferungen, die dieses Thema berühren, betrifft den Propheten Daniel. Er war der einzige unter den chaldäischen Weisen, der die verborgene Schrift an einer Wand lesen konnte, mit der Gott dem König Belsazer den Untergang verkündet hatte. In alten Lehrbüchern der Kryptologie wurde ernsthaft die Frage aufgeworfen, ob man Daniel deshalb als den ersten Vertreter der Dechiffrierkunst ansehen sollte. Diese Frage wurde schließlich verneint, und zwar mit der Begründung, daß Daniel die Lösung mit Hilfe göttlicher Eingebung gefunden hatte und nicht durch rationale Methoden der Entzifferung. Und an diese wollen auch wir uns halten.

Beim Studium der alten Texte, beispielsweise von Plutarch oder von Herodot, findet man gelegentlich Hinweise, die geheime Nachrichten betreffen. Die angewandten Methoden hatte sich meist derjenige ausgedacht, der selbst an der Übermittlung interessiert war. Offenbar bestanden damals schon sehr unterschiedliche Verfahrensweisen nebeneinander – solche, die auf raffinierte Weise ausgeklügelt waren, neben mehr oder weniger plumpen Taschenspielereien und Tricks. Damit ist jedoch nichts über die Brauchbarkeit gesagt – es gibt alte und primitive Methoden, die heute noch ihren Zweck erfüllen. Dazu gehört das Auftragen einer Nachricht mit Hilfe einer Geheimtinte auf die Haut. Eine junge Argentinierin war von den Deutschen als Spionin angeworben und nach England geschickt worden. Sie offenbarte sich aber dem britischen Sicherheitsdienst und arbeitete als Doppelagentin. Mit unsichtbarer

Tinte gab sie ihre Meldungen – die ihr der britische Geheimdienst diktiert hatte – an die Deutschen durch und trug so dazu bei, diese in die Irre zu führen. Auch die tschechischen Widerstandsgruppen bedienten sich dieses Mittels. Eine Schwedin sollte einen Brief nach London bringen; neben einer harmlosen Nachricht enthielt er auch die mit unsichtbarer Tinte geschriebene Warnung vor einem Attentat auf den »Reichsprotektor« Reinhard Heydrich – man befürchtete Repressalien gegen die Zivilbevölkerung. Doch inzwischen hatte der deutsche Geheimdienst dafür gesorgt, daß ein Kontaktmann in Schweden, der die Nachricht weitergeben sollte, verhaftet wurde; sie kam nie in London an, und die Dinge nahmen ihren Lauf: Zur Vergeltung des Anschlags, dem Heydrich zum Opfer fiel, wurden das Dorf Lidice zerstört und alle männlichen Einwohner erschossen.

Die ersten, die ein militärisches Schlüsselsystem eingeführt hatten, waren die Spartaner im 6. bis 5. Jahrhundert v. Chr. Sie bedienten sich auch als erste eines Geräts, der sogenannten Skytale. Es handelte sich um einen Holzzylinder bestimmter Ausmaße. Ein Papyrus- oder Pergamentstreifen, der Träger der Nachricht, wurde schraubenförmig herumgewunden und dann zeilenweise in der Längsrichtung des Stabs beschrieben. Wickelte man das Band ab, dann war den Buchstaben die ursprüngliche Reihenfolge nicht mehr anzusehen, und wer kein entsprechendes Gerät besaß, konnte die Meldung nicht lesen. Mit den heutigen Methoden würde man diesem Verfahren innerhalb einiger Minuten auf die Spur kommen, doch damals erfüllte die Skytale ihren Zweck – ein erstaunlich frühes Beispiel eines organisierten geheimen Nachrichtendienstes.

Wesentlich einfacher war das Verfahren, das Histäus anwandte, um seinen Schwiegersohn, den Tyrannen Aristagoras von Milet, zu einer Revolution gegen die Perser zu veranlassen. Er ließ einem Sklaven die Haare schneiden und schrieb seine Aufforderung auf dessen Kopfhaut. Dann wartete er, bis das Haar wieder gewachsen war und er den Sklaven mit seiner Meldung fortschicken konnte, ohne daß sich dieser auf irgendeine Weise verdächtig machte. Er hatte nur den Befehl, Aristagoras zu sagen: »Schneide mir die Haare und schau darunter!« Es geschah wie geplant, und Aristagoras entschloß sich zum geforderten Aufstand.

Der Methode des Histäus verwandt ist das Beispiel für eine andere Art der geheimen Nachrichtenübermittlung, die man als »Steganographie« bezeichnet – abgeleitet vom Griechischen »steganos«, was soviel wie »versteckt« bedeutet. Dazu gehört die Verwendung von Geheimtinten ebenso wie die Kompression einer Nachricht auf winzige Mikrofilmstückchen, die man leicht verstecken und mit harmlosen Nachrichten versenden kann. Eine beliebte Methode ist die Kennzeichnung von Buchstaben in unauffälligen Texten, zum Beispiel in Büchern oder Zeitungen. Einzelne Buchstaben werden durch winzige Pünktchen, durch unsichtbare Farbstoffe und dgl. markiert und ergeben, nacheinander gelesen, die Nachricht. Methoden dieser Art sind auch bei Gangstern, Kidnappern usw. beliebt und kommen auch heute noch gelegentlich zum Einsatz. Die weiteste Verbreitung fand die Methode der Buchstabenmarkierung einige Jahre hindurch in England, als man für normale Briefe pro 100 Meilen Versandstrecke einen Schilling zahlen mußte, dagegen mit Poststempeln versehene Zeitschriften beliebig weit gratis versenden konnte. Immer mehr Leute kamen auf die Idee, ihren Geldbeutel zu schonen, indem sie statt üblicher Briefe Zeitungen mit markierten Lettern verschickten.

Mathematisch anspruchsvoller ist eine Methode der Verschlüsselung, die der griechische Schriftsteller Polybius eingeführt hat. Sein Schlüssel besteht aus einem quadratisch angeordneten Alphabet:

	1	2	3	4	5
1	A	B	C	D	E
2	F	G	H	IJ	K
3	L	M	N	O	P
4	Q	R	S	T	U
5	V	W	X	Y	Z

Dabei hatte Polybius, um das quadratische Schema zu ermöglichen, die Buchstaben I und J gleichgesetzt.

Die dadurch angezeigte Umsetzung ist klar: Man kann jeden Buchstaben durch ein Ziffernpaar ersetzen, beispielsweise M durch 32 und U durch 45.

Polybius hatte noch einen anderen Anwendungszweck im Sinn, als er dieses System vorschlug. Mit seiner Hilfe ist es nämlich möglich, alle Buchstaben des Alphabets durch die Finger der beiden Hände anzugeben; legt man etwa fest, daß die linke Hand die Stelle der Zeile, die rechte Hand jene der Kolonne festlegt, dann braucht man nur noch die entsprechende Zahl von Fingern auszustrecken, um sich zu verständigen.

Auch Alexander Solschenizyn berichtet, daß man im »Archipel Gulag« dieselbe Methode benutzte, um sich mit Mitgefangenen zu verständigen.

Das Verfahren von Polybius läßt sich in verschiedener Weise abwandeln und mit anderen Chiffresystemen kombinieren. Im Ersten Weltkrieg griffen die Deutschen darauf zurück – mit ihrem ADFGVX-Verfahren schufen sie einen der wirkungsvollsten Schlüssel in der Geschichte der Kryptologie. Und dasselbe Prinzip ist auch in der modernen kryptologischen Technologie wieder wichtig geworden, wo man die 26 Buchstaben des Alphabets und die 10 Dezimalziffern 0 bis 9 durch ein Dualsystem, das nur zwei Zeichen kennt, ausdrückt.

Auch in der Geschichte des Römischen Reichs wird der Gebrauch von Geheimschriften erwähnt, die allerdings im Vergleich zu einigen Leistungen der Griechen recht simpel anmuten. Julius Cäsar setzte ein um drei Buchstaben verschobenes Alphabet ein:

Klartextalphabet
a b c d e f g h i j k l m n o p q r s t u v w x y z

Verschlüsseltes Alphabet
x y z a b c d e f g h i j k l m n o p q r s t u v w

Das war dem römischen Kaiser Augustus offenbar immer noch zu kompliziert, denn er benutzte ein Schlüsselalphabet, das nur um einen Buchstaben verschoben war.

Eine andere der großen geschichtlichen Persönlichkeiten, Karl der Große, führte mehrere verschiedene Alphabete von Geheimzeichen ein. Dabei handelte es sich um Zeichenserien, wie man sie sich normalerweise als Geheimschriften vorstellt: Jeder Buchstabe war durch ein neu erfundenes Symbol ersetzt, wobei sich bei Karl dem Großen noch eine Vorliebe für Verschnörkelungen zeigte. So hatten seine Geheimtexte zwar bemerkenswerten graphischen Reiz, was aber jenen, die sie entschlüsseln mußten, alles andere als Vergnügen bereitet haben dürfte.

Geheimschrift, die sich Karl der Große selbst ausgedacht und benutzt hat.

Im 13. Jahrhundert kam es zum routinemäßigen Gebrauch von verschlüsselten Nachrichten, und zwar insbesondere im Schriftverkehr zwischen Rom und den externen Zentren der katholischen Kirche. Eine weitere Verbreitung des Schlüsselwesens ergab sich mit dem Aufkommen einer organisierten Diplomatie etwa ab dem 15. Jahrhundert. Zwischen den Staaten und ihren Botschaftern entstand lebhafte Kommunikation, und, wie das auch heute noch üblich ist, kümmerten sich die Gesandten besonders um Nachrichten und Daten des Gastlands, die nicht in öffentlichem Umlauf waren. Unter diesen Umständen wundert sich niemand darüber, daß Diplomaten ihre Nachrichten in verschlüsselter Form versenden.

Den höchsten Organisationsstand erfuhr die Kryptologie damals in Venedig, wo sie in Form einer staatlichen Bürotätigkeit ausgeübt wurde. Es gab »Schlüsselsekretäre«, die ihr Büro im Dogenpalast hatten und für ihre Tätigkeit rund zehn Dukaten pro Monat bekamen. Es wurde dafür gesorgt, daß sie während ihrer Arbeit nicht gestört wurden, sie durften ihre Büros aber auch nicht verlassen, bevor sie eine gestellte Aufgabe gelöst hatten. Es gab sogar einen Schulbetrieb, bei dem die erfahrenen Kryptologen den Anwärtern ihres Berufs Erfahrungen und Methoden übermittelten. 1506 wurde Giovanni Soro als Schlüsselsekretär eingestellt, der erste bedeutende Kryptologe der westlichen Kultur. Ihm ging der Ruf voran, daß er jede Geheimnachricht entziffern konnte, und selbst der römische Papst Clemens VII. bewunderte ihn und holte sich seinen Rat.

Für Rom gab es allerdings Gründe dafür, die Ratschläge aus Venedig mit gewisser Vorsicht aufzunehmen, und so entschloß sich der Nachfolger von Clemens VII., Papst Paul III., ein eigenes Schlüsselsekretariat zu gründen. 1580 wurde Giovanni Battista Argenti Leiter des Büros, und er sorgte dafür, daß es auch weiterhin in den Händen von Mitgliedern seiner Familie blieb. Sie erwarben nicht nur Verdienste für die päpstliche Diplomatie, sondern auch für die Kryptologie allgemein. Von den Argentis stammt die

Idee der Geheimschriften mit einem Schlüsselwort, was den Vorteil hat, daß man das Umsetzungsverfahren jederzeit rekonstruieren kann, ohne auf Aufzeichnungen oder Geräte zurückgreifen zu müssen. Wählt man etwa das Schlüsselwort »romanus«, so sieht das Umsetzungsschema folgendermaßen aus:

Schlüsselalphabet
r o m a n u s b c d e f g h i j k l p q t v w x y z

Klartextalphabet
l m n o p q r s t u v w x y z a b c d e f g h i j k

Das Konstruktionsschema ist leicht zu erkennen: Zunächst wird das Schlüsselwort angeführt, dann folgen der Reihe nach alle Buchstaben des Alphabets, die nicht im Schlüsselwort vorkommen. Die Verschlüsselung selbst erfolgt anhand eines Alphabets, das beliebig verschoben ist – zusätzlich zum Schlüsselwort braucht man sich also nur noch den Anfangsbuchstaben, in diesem Fall l, zu merken.

In ihren Bestrebungen, sich gegen Entzifferungen zu wehren, führten die Angehörigen der Familie Argenti Maßnahmen ein, die den Anschluß an das moderne Verschlüsselungswesen bilden. So bemerkten sie beispielsweise, daß im Italienischen Doppelbuchstaben stets Konsonanten sind, woraus sich wichtige Anhaltspunkte für unbefugte Lösungsversuche ergeben. Deshalb ersetzten sie die Doppelkonsonanten durch einfache. So wurde etwa das Wort »Uffizio«, »Amt«, als »Ufizio« geschrieben. Weitere Vorkehrungen galten häufig vorkommenden Buchstaben und Buchstabengruppen. Unter anderem gab es doppelte Zeichen für die Buchstaben E und U und eigene Zeichen für die Gruppen et, con, non usw. Schließlich legte Matteo Argenti seine Erfahrungen in einem Handbuch der Kryptologie nieder.

Das 16. Jahrhundert, das durch den Ausbau der spanischen Weltmacht gekennzeichnet ist, war die große Zeit von François Viète, der als der Vater der Algebra gilt, sich aber auch sehr für die Kryptologie engagierte. Er war ein einflußreicher Angehöriger des französischen Parlaments und betrieb beide Wissenschaften als Liebhaberei. Es sprach sich herum, daß es ihm gelungen war, mehrere verschlüsselte Botschaften zu entziffern, und deshalb wandte sich auch Heinrich IV. von Frankreich an Viète, als ihm spanische Geheimtexte in die Hände gefallen waren. Und obwohl sie schon in einer recht komplizierten Weise verschlüsselt waren, gelang die Entzifferung. Dieser Erfolg wurde zwei Jahre lang geheimgehalten, und Viète konnte weiterhin noch mehrere Botschaften der Spanier in den Klartext übersetzen. Als Philipp II. von Spanien schließlich doch davon erfuhr, schwärzte er Viète beim Papst in Rom an. Er verdächtigte ihn, seine Erfolge einem Bund mit dem Teufel zu verdanken, und verlangte, ihn zu exkommunizieren und vor ein kirchliches Gericht zu stellen. Der Papst aber, der dank der Familie Argenti seine eigenen Erfahrungen mit der Kryptologie hatte, ging nicht darauf ein. Ganz im Gegenteil – die Öffentlichkeit erfuhr von dieser Geschichte, und Philipp brauchte für Spott nicht zu sorgen.

Im 15. und 16. Jahrhundert gab es auch einen gewaltigen Aufschwung der theoretischen Kryptologie, und zwar waren es insbesondere vier Amateure, die besondere Erwähnung verdienen. Der eine, ein Architekt namens Leon Battista Alberti, war eine Art Universalgenie. Er galt als führender Philosoph und Schriftsteller, er malte und komponierte und war einer der besten Orgelspieler seiner Tage. Er beschäftigte sich mit Perspektive ebenso wie mit Kosmetik, mit Psychologie ebenso wie mit Morallehre. Schließlich war er auch ein vielseitiger Sportler – so wird erzählt, daß er die wildesten Pferde reiten konnte. Daß er in seinem eigentlichen Beruf, in der Architektur, erfolgreich war, bedarf kaum noch der Erwähnung. Von ihm stammt die erste »Fontana di Trevi«, die inzwischen erneuert wurde, und die Sankt-Andrea-Kirche in Mantua.

Eines Tages unterhielt er sich mit Leonardo Dato, einem hohen Beamten des Vatikans. Dieser beklagte sich darüber, daß er bei der Entzifferung abgefangener Nachrichten auf die Hilfe von Außenseitern angewiesen sei. Und er bat Alberti, bei Gelegenheit einige Ideen zu entwickeln, die seine Situation verbessern könnten. Daraufhin schrieb Alberti einen Essay, der als älteste Unterweisung für Kryptanalytiker der westlichen Welt gelten kann. Er gab mehrere Methoden der Entzifferung an und entwickelte schließlich auch eine neue Methode der Verschlüsselung, die er für unlösbar hielt. Als Hilfsmittel diente ihm eine Drehscheibe, mit der sich verschiedene Zuordnungen zweier Alphabete vollziehen ließen. Auf diese Weise war es möglich, beliebig oft den Schlüssel zu wechseln – üblicherweise nach drei oder vier Worten. Es besteht kein Zweifel daran, daß durch diese Methode höherer Schutz der Nachricht gewährleistet ist, vor allem deshalb, weil ein und derselbe Buchstabe des Klartexts im Laufe der Niederschrift durch immer wieder andere Buchstaben oder Zeichen ersetzt wird. Aber wie so viele andere hatte auch Alberti unrecht, wenn er diese Methode als endgültige Lösung des Problems ansah.

Der zweite Pionier der theoretischen Kryptologie war der Deutsche Johannes Trithemius (1462–1516), dessen Name auf seinen Geburtsort, Trittenheim, zurückgeht. Mit 17 trat er in die Universität Heidelberg ein, und mit 20 ging er in ein Kloster, wo er schon eineinhalb Jahre später zum Abt avancierte.

Auch Trithemius beschäftigte sich mit mehreren Wissenschaften und schrieb Bücher über verschiedene Themen. Besondere Vorliebe zeigte er für okkulte Erscheinungen und magische Kräfte, und so ist es gar nicht so verwunderlich, daß er sich mit Kryptologie beschäftigte, die ebenso wie Okkultismus, Alchemie und Astrologie als Geheimlehre galt. Eines seiner Bücher ist der Steganographie gewidmet, und ein anderes darf als ein Hauptwerk der Kryptologie gelten – ein Buch mit dem Titel »Polygraphia«. Dort führte er das »Tableau« ein, ein quadratisches Schema, das alle Verschiebungsmöglichkeiten eines Alphabets zeigt. Er nannte es »tabula recta«, heute bekannter als »Vigenère-Tafel«.

Während Alberti und Trithemius im Licht der Öffentlichkeit standen und reichhaltiges Material über ihre Tätigkeit erhalten ist, blieb Giovan Batista Belaso sein Leben lang im Hintergrund, und es gibt kaum Informationen über ihn. 1553 brachte er ein kleines Buch heraus mit dem Titel »La cifra del. Sig. Giovan Batista Belaso«. Der wichtigste von ihm vollzogene Schritt war die Einführung eines Schlüsselworts oder einer Wortgruppe in die von Alberti angegebene Verschlüsselungsmethode. Auch dieses Verfahren bedeutete einen wichtigen Schritt zur modernen Verschlüsselung.

Der dritte im Bunde, der Italiener Giovanni Battista Porta, hatte ähnliche Interessen und Neigungen wie der Deutsche Trithemius. Er fühlte sich zu Geheimlehren hingezogen und gehörte der »Accademia Secretorum Naturae« an, einer der ersten Wissenschaftlervereinigungen. Zum Unterschied zu Trithemius versuchte aber Porta den Dingen auf den Grund zu gehen; er war bestrebt, alles das, was er in seinen Büchern beschrieb, auch selbst zu erproben. Er interessierte sich auch für Geheimtinten, versuchte Schriften unsichtbar auf menschlicher Haut aufzutragen und wieder sichtbar zu machen und schreckte nicht einmal vor dem Vorschlag zurück, Briefe von einem Hund fressen zu lassen, der dann getötet werden mußte, damit die Nachricht wieder ans Licht kam.

Das Buch, das Portas Ruhm als Kryptologe begründete, erschien 1563, als er 28 Jahre alt war. Unter anderem führte er den ersten »digraphischen Schlüssel« in die Kryptologie ein. Dabei werden nach einem von Porta gegebenem Schema jeweils zwei Buchstaben in ein einzelnes Zeichen übergeführt (siehe Abbildung Seite 41).

Giovanni Battista Porta entwarf in seinem unerschöpflichen Erfindungsreichtum noch ein weiteres Verschlüsselungswerkzeug. Dabei ist jedem Paar aufeinanderfolgender Buchstaben des Alphabets, also ab, cd, ef, usw., ein Schlüsselalphabet zugeordnet. Dabei werden die Buchstaben von a bis m durch die darunterliegenden Buchstaben und umgekehrt verschlüsselt. Es handelt sich also um ein reziprokes Alphabet, so daß dasselbe Schema zum Verschlüsseln und Entschlüsseln verwendet werden kann. Porta benützte ein Schlüsselwort, um die Reihenfolge der eingesetzten Alphabete zu kennzeichnen, die sich ständig wiederholen. Das Schlüsselwort HAUS würde also bedeuten, daß beim ersten Buchstaben das Alphabet, das den Buchstaben gh zugeordnet ist, gebraucht wird, beim zweiten Buchstaben jenes, das den Buchstaben ab zugeordnet ist, usw. Hat man auf diese Weise die Zeile fortgesetzt, so sucht man dort den Buchstaben, den man verschlüsseln will, auf und ordnet ihm den darunter oder darüber stehenden Buchstaben zu. Da zu jeweils zwei Schlüsselbuchstaben ein und dasselbe Schlüsselalphabet gehört, kommt relativ oft vor, daß verschiedene Schlüsselwörter dieselbe Reihenfolge der Schlüsselalphabete ergeben.

Im übrigen war Porta auch ein Pionier der Kryptanalyse. Er konstruierte mehrere Arten von Drehscheiben, die ihm bei der Entzifferung von Geheimtexten halfen.

Und noch zwei Männer muß man erwähnen, deren Einfluß auf die Entwicklung der Kryptologie groß war. Der eine ist der 1501 geborene Girolamo Cardano, ein Mathematiker und Physiker aus Mailand, der nicht weniger als 131 Bücher schrieb. Er widmete sich seinen Fachgebieten ebenso wie der Astronomie und der Astrologie, dem Schachspiel, der Traumdeutung, der Musik und der Unsterblichkeit. In zwei seiner populärwissenschaftlichen Bücher geht er auf kryptologische Fragen ein. Seine originellste Idee ist die des »Selbstschlüssels«. Sie läuft im wesentlichen darauf hinaus, daß das Schlüsselwort nicht vereinbart wird, sondern durch den Klartext selbst gegeben wird – siehe Seite 42.

Ebenfalls neuartig waren Cardanos Überlegungen über die Zahl der Verschlüsselungsmöglichkeiten, die durch verschiedene Schlüsselverfahren gegeben sind. Abschätzungen dieser Art spielen bei der Bewertung moderner Schlüsselgeräte eine große Rolle.

Schließlich ist noch Blaise de Vigenère zu nennen. Als Diplomat reiste er weit in der Welt herum, und 1549, in Rom, kam er erstmals mit kryptologischen Problemen in Berührung. Als er 1596 starb, hinterließ er rund 20 Bücher, darunter das berühmte »Traicté des Chiffres«. Es umfaßt mehr als 600 Seiten und enthält ein Sammelsurium von verschiedensten Berichten, Ideen und Überlegungen, u. a. beispielsweise über Alchimie, die Geheimnisse der Kabbala, die Mysterien des Universums, Methoden zur Golderzeugung usw. Dort findet man aber auch den bemerkenswerten Satz: »Alle Dinge dieser Welt sind verschlüsselt.« Heute läßt sich nicht mehr genau rekonstruieren, was damit gemeint war, doch dem Wortlaut nach nimmt dieser Gedanke die moderne Informationstheorie vorweg. Auch Vigenère hat sich mit Verschlüsselungsproblemen befaßt. Von ihm stammen zwei Vorschläge, mit denen er die Methode von Cardano verbesserte – siehe Seite 43. Dabei stützte er sich auf das unberechtigterweise nach ihm benannte quadratische Schema von Trithemius.

Auch damals schon wurden kryptographische Methoden nicht nur im Dienst des Staates, sondern auch zu illegalen Zwecken angewandt, beispielsweise zur Vermittlung von Nachrichten an Gefangene. In den Tagen Oliver Cromwells fiel ein englischer Adeliger, Sir John Trevanion, in Ungnade und wurde ins Gefängnis geworfen. Wie zwei seiner Freunde, Royalisten wie er, mußte er die Todesstrafe befürchten. Doch dann wurde ihm ein längerer Brief mit unverbindlich tröstendem Wortlaut überbracht:

Worthie Sir John: – Hope, that is ye beste comfort of ye afflicted, cannot much, I fear me, help you now. That I would saye to you, is this only: if ever I may be able to requite that I do owe you, stand not upon asking me. 'Tis not much that I can do: but what I can do, bee ye verie sure I wille, I knowe that, if dethe comes, if ordinary men fear it, it frights not you, accounting it for a high honour, to have such a rewarde of your loyalty. Pray yet that you may be spared this soe bitter, cup. I fear not that you will grudge any sufferings; only if bie submission you can turn them away, 'tis the part of a wise man. Tell me, an if you can, to do for you anythinge that you wolde have done. The general goes back on Wednesday. Restinge your servant to command. – R.T.

Trevanion konnte aber wieder Hoffnung schöpfen, denn er hatte den Text zu lesen verstanden. Beachtet man nämlich lediglich jeweils jeden dritten Buchstaben nach einem Satzzeichen, so ergibt sich folgende Information:

PANEL AT EAST END OF CHAPEL SLIDES

(auf deutsch: Täfelung am Ostende der Kapelle verschiebbar).

Der Gefangene bat darum, eine Stunde der Andacht in der Kapelle verbringen zu dürfen, doch als er in seine Zelle zurückgebracht werden sollte, war er natürlich längst über alle Berge.

Weniger gut ging es einem anderen Edelmann, dem Chevalier de Rohon, der 1674 in die Bastille geworfen wurde. Sein Komplize war gestorben, ohne ihn zu verraten, und da er dies nicht wissen konnte, versuchten ihm seine Freunde, die Nachricht zu überbringen – und zwar wohlweislich in verschlüsselter Form:

MG DULHXCCLGU GHJ YXUJ LM CT ULGC ALJ

Mit Hilfe einer einfachen Zuordnung hätte sich folgender Klartext ergeben:

LE PRISONNIER EST MORT; IL N'A RIEN DIT

(auf deutsch: Der Gefangene ist gestorben; er hat nichts gesagt).

Wahrscheinlich war der Chevalier nicht gerade in Stimmung, sich an einem Rätselspiel zu versuchen – jedenfalls gelang ihm die Lösung nicht, er gestand und wurde hingerichtet.

Nicht alle privaten Anwendungen der Kryptologie betrafen schwerwiegende Probleme – ihre Methoden erwiesen sich beispielsweise auch für den heimlichen Austausch von Liebesbriefen als nützlich. Die wichtigsten Impulse für die Weiterentwicklung dieser Wissenschaft kamen aber gerade in diesem Jahrhundert von staatlich unterstützten Stellen. In mehreren Ländern, in Frankreich, in England und auch in Nordamerika, traten Männer auf, die Meister kryptographischer und kryptanalytischer Methoden waren und hohe und gut bezahlte Ämter innehatten.

Einer jener wenigen Leute, die durch die Kryptologie reich geworden sind, war Antoine Rossignol. Er stand im Dienst des französischen Königs und konnte sich 1630 in der Nähe von Paris ein Schloß bauen. Seine Karriere begann während der Hugenottenkriege. Die königliche Armee belagerte die Festung Réalmont, in der sich die Hugenotten verschanzt hatten. Sie erklärten, für eine lange Belagerung gerüstet zu sein und lieber sterben zu wollen als sich zu ergeben. Am selben Tag wurde ein Einwohner der Stadt festgenommen, der versuchte, sich mit einer Meldung durch die Front der Belagerer zu schleichen. Doch die Meldung war verschlüsselt, und Heinrich II. von Bourbon konnte sie nicht lesen. Er hatte aber gehört, daß sich der Sohn eines ihm bekannten Ehepaars mit Geheimschriften beschäftigt hatte, und diesem jungen Mann sandte er das Kryptogramm mit der Bitte, sich daran zu versuchen. Das gelang diesem im Handumdrehen. Es stellte sich heraus, daß die Hugenotten – im Gegensatz zu ihren Versicherungen – keine Munition mehr hatten und die heranrückenden englischen Truppen dringend um Hilfe baten. Prinz Heinrich fiel ein wirksamer Schachzug ein: Er sandte den Hugenotten den geknackten Text zurück, und diese entschlossen sich daraufhin zur Kapitulation.

Die graue Eminenz von Frankreich, der Kardinal Richelieu, hatte noch mehrere Siege über die Hugenotten zu verzeichnen, und oft genug begründete sich sein Erfolg auf entzifferte Meldungen, die er Rossignol zur Bearbeitung übergeben hatte. Auch im Dienste von Ludwig XIV. und Richelieus Nachfolger, Kardinal Mazarin, machten sich Rossignols Kenntnisse bezahlt. Durch seine Arbeit bekam er auch Kenntnis verschiedenster diplomatischer Geheimnisse, und so baute sich sein beruflicher und gesellschaftlicher Rang mehr und mehr aus.

Rossignol war aber nicht nur ein hervorragender Kryptanalytiker, er entwickelte auch neue Gedanken zur wirksamen Verschlüsselung. Für die Abfassung von Geheimnachrichten bediente man sich damals umfangreicher Codes, der Zuordnung von Wortlisten, die einige Hunderte der wichtigsten Ausdrücke umfaßten. Aus Bequemlichkeitsgründen wurden diese wie auch die zugehörigen Verschlüsselungen alphabetisch geordnet. Rossignol merkte bald, daß ihm diese Tatsache wesentliche Anhaltspunkte zur Entschlüsselung gab, und er konnte zu Recht annehmen, daß auch die Kryptanalytiker der Gegenseite davon Gebrauch machten. Er ging daher dazu über, die Code-Elemente ohne erkennbare Ordnung einzureihen. Damit hatte er eine auch für die heutige Zeit wesentliche Neuerung eingeführt, und zwar die Einbeziehung von Zufallsreihen in die Kryptographie. Natürlich brauchte man von nun an zwei verschiedene Listen für die Verschlüsselung und für die Entschlüsselung, wie es bei jedem normalen Wörterbuch auch der Fall ist, doch die dadurch erreichte Sicherheit wog die zusätzliche Mühe auf. Weiter vergrößerte Rossignol auch die Zahl der Code-Elemente – seine Listen enthielten bis zu 3000 Wörter. Antoine Rossignol setzte später seinen Sohn Bonaventure als Nachfolger ein, der sich als ebenso tüchtiger Kryptologe erwies wie sein Vater und es bis zum Präsidenten des Rechnungshofs brachte.

Die beiden Rossignols haben erstmals die Bedeutung der Kryptanalyse für die polizeiliche Überwachung erkannt und können daher als Erfinder der Postzensur gelten. In Paris wie auch in anderen Städten wurden sogenannte »Schwarze Kabinette« eingerichtet, die die Aufgabe hatten, von ausländischen Diplomaten versandte Post zu kontrollieren und, wenn nötig, zu entziffern.

Das wirkungsvollste Kontrollsystem wurde im 17. Jahrhundert in Wien aufgebaut. Die »Geheime Kabinets-Kanzlei« arbeitete mit einer für damalige Verhältnisse höchst ungewöhnlichen Präzision. Täglich um sieben Uhr früh wurde die gesamte in Wien eingetroffene Diplomatenpost in die Kanzlei gebracht. Man öffnete die Briefe, indem man den Klebstoff über brennenden Kerzen schmolz. Die Briefe wurden nach Sprachen geordnet und notfalls übersetzt. Die wichtigsten Nachrichten wurden herausgesucht und abgeschrieben. Dann kamen die Briefblätter wieder in ihre Umschläge und wurden bis halb zehn an das Postamt zurückgeleitet. Dasselbe wiederholte sich im Lauf des Tages noch mehrmals. Trotz der großen Menge von Briefen, die zu bewältigen war, und der bei der Arbeit gebotenen Eile kam es nur selten vor, daß ein Blatt in einen falschen Umschlag kam. Diese wenigen Fälle genügten allerdings, um die zweifelhafte Tätigkeit der Geheimen Kabinets-Kanzlei bei den betroffenen Diplomaten bekanntzumachen, und sie sahen sich gezwungen, wichtige Nachrichten auf anderem Weg weiterzuleiten. Dennoch bildete die auf diesem Weg gewonnene Information lange Zeit die Basis der österreichischen Strategie, beispielsweise bei den Kämpfen, die Kaiserin Maria Theresia mit Friedrich dem Großen führte.

Der große Gegenspieler Rossignols in England war John Wallis. Er hatte in Cambridge studiert und wurde schon in jungen Jahren Minister. Privat beschäftigte er sich mit Arithmetik und ist als der größte englische Mathematiker vor Isaac Newton anzusehen. Eines Abends im Jahr 1643 brachte man ihm einen verschlüsselten Brief, der im Zusammenhang mit dem Puritaneraufstand in die Hände der staatlichen Stellen gelangt war. Wallis hatte bisher noch nichts mit Kryptanalyse zu tun gehabt, und darum zweifelte er am Erfolg des von ihm geforderten Entzifferungsversuchs. Zur eigenen Überraschung aber gelang es ihm dann, die Lösung praktisch zwischen Abendbrot und Nachtruhe zu finden. In der euphorischen Stimmung dieses Erfolgs bot er sich für weitere Dienste dieser Art an und erhielt auch noch mehrmals Gelegenheit, seine Fähigkeiten erneut zu beweisen. Aus diesem Anlaß begann er sich systematisch mit der kryptologischen Literatur zu beschäftigen. Allerdings waren die dort beschriebenen Methoden den modernen Anforderungen nur in begrenztem Umfang gewachsen, und so suchte und fand er – aufgrund seiner mathematischen Kenntnisse – neue Wege der Entzifferung. In den unruhigen Zeiten des 17. Jahrhunderts hatte er auch genügend Gelegenheit, sie zu erproben, beispielsweise an der Korrespondenz zwischen Ludwig XIV. und dessen Botschafter in Polen. Darunter waren so wichtige Nachrichten wie die Aufforderung des Sonnenkönigs an den polnischen König zu einem gemeinsamen Krieg gegen Preußen. Wallis war sich des Werts seiner Arbeit voll bewußt, und er zögerte auch nicht, eine entsprechende Belohnung zu verlangen – die er auch bekam. Sein Ruf sprach sich in einschlägigen Kreisen ganz Europas herum, und Wallis wurde zum Lehrmeister einer jungen Generation von Kryptanalytikern.

Wallis' Nachfolger war nur kurze Zeit im Amt, und ein danach eingesetzter Astronom war seinen Aufgaben nicht gewachsen. Erst der ab 1716 eingesetzte Edward Willes hatte ähnliche Erfolge zu verzeichnen wie der »Vater der englischen Kryptologie« Wallis. Schon mit 22 Jahren, als er mit der Leitung des englischen »Schwarzen Kabinetts« betraut wurde, spielte er eine wichtige Rolle in der Hierarchie der Anglikanischen Kirche. Eine seiner wichtigsten Arbeiten war die Entzifferung von mehr als 300 Seiten eines Schriftstücks, mit dem die Schweden versuchten, in England einen Aufstand anzustiften.

Willes nahm im Lauf seines Lebens mehrere ehrenvolle Ämter ein und wurde für seine Verdienste auch finanziell gut entlohnt. Er gab seine Erfahrungen an seine drei Söhne weiter, die gemeinsam mit einigen anderen tüchtigen jungen Leuten einen gut funktionierenden Zensur- und Entzifferungsdienst organisierten. Ähnlich wie in der Geheimen Kabinets-Kanzlei in Wien öffneten sie die Diplomatenpost, notierten die wichtigsten Nachrichten und verschlossen dann die Briefe sorgfältig mit Spezialwachs. Mit der Entzifferung verschlüsselter Nachrichten war eine besondere Abteilung, die »Decyphering Branch«, betraut. Im Gegensatz zur bürokratisch funktionierenden Zensurstelle handelte es sich hier um ein Team von freien Mitarbeitern, die ihre Arbeit meist zu Hause durchführten.

Während der Zensurbetrieb kein Geheimnis war, wußten nur wenige Leute von der Existenz der Decyphering Branch. Lediglich der König selbst und einige der wichtigsten Minister bekamen die Lösungen der abgefangenen Nachrichten zu Gesicht. Viele davon waren von höchster politischer Brisanz, beispielsweise eine Nachricht, in der von einer Allianz von Spanien und Frankreich gegen England im Siebenjährigen Krieg die Rede war. Die britische Führungsspitze handelte sofort. Sie erklärte Spanien den Krieg und überfiel eine Flotte spanischer Schiffe, die Gold aus den amerikanischen Besitzungen ins Mutterland bringen sollte. Auf diese Weise wurden die spanisch-französischen Machenschaften schon im Keim erstickt.

Die Decyphering Branch sorgte aber auch für den sicheren Austausch von Geheimnachrichten zwischen englischen Diplomaten. Diese benutzten damals Codes, bei denen die Worte des Klartexts durch Vier-Buchstaben-Codegruppen verschlüsselt waren. Zur Erhöhung der Sicherheit wurden einzelne Klartextworte mehrfach verschlüsselt, wodurch sich die für die Kryptanalytiker so aufschlußreichen Wiederholungen vermeiden ließen. Die Verschlüsselungs- und Entschlüsselungstafeln wurden auf lange Papierstreifen gedruckt und auf feste Unterlagen aufgeklebt. Wegen des großen Umfangs der Listen und der vielfachen Mehrfachverschlüsselungen ließ sich dieses System nur schwer vom Gegner knacken.

Auch in einem Land, dessen politischer Status noch lange nicht gefestigt war, wie Nordamerika, trieben Kundschafter und Spione ihr Spiel, und so wurden auch immer wieder geheime Nachrichten ausgetauscht. Nach den Befreiungskriegen trat ein Mann auf, der den großen Persönlichkeiten der europäischen Kryptologie dieser Zeit, Rossignol und Wallis, ebenbürtig war: James Lovell, 1737 in Boston geboren. Später studierte er in Harvard, worauf er 18 Jahre lang in der Sprachschule seines Vaters arbeitete. Erst im Lebensalter von 40 Jahren begann er seine Karriere, die ihm verschiedene Staatsstellen einbrachte – zuletzt die eines Marineoffiziers für den Distrikt von Boston und Charlestown.

Wann er sich für Kryptologie zu interessieren begann, ist nicht bekannt. Er trat mit einigen Vorschlägen für Verschlüsselungsmethoden hervor und bewährte sich auch als Kryptanalytiker. Es geschah im Jahr 1781, zur Zeit als Lord Cornwallis, Kommandeur britischer Truppen in Amerika, seine Pläne zur Rückeroberung verlorener Landesteile schmiedete. Ein von ihm verschicktes und abgefangenes Kryptogramm wurde Lovell vorgelegt. Er hatte vier Tage damit zu tun – es war auf komplizierte Weise verschlüsselt, und außerdem waren Zifferngruppen ohne Bedeutung eingefügt, die nur den Zweck hatten, den Kryptanalytiker zu verwirren. Als Lovell seine Lösung parat hatte, war es zu spät, um darauf zu reagieren, und doch erwies sich seine Arbeit nicht als überflüssig. Es zeigte sich nämlich, daß es sich um einen von den Engländern in großem Umfang angewandten Schlüssel handelte, und so konnte Lovell später eine Menge wichtiger weiterer Nachrichten ohne Zeitverlust entziffern.

Der Spuk der Schwarzen Kabinette endete mit der Französischen Revolution, als sich die Idee der individuellen Freiheit durchzusetzen begann. Und damit war auch eine wichtige Periode der Kryptologie zu Ende, die durch den Namen Rossignol, Wallis und Lovell gekennzeichnet war. Auch auf einer anderen Ebene ergaben sich Umwälzungen – durch die Einführung der Maschine in die Fertigungsprozesse, durch das Aufkommen der Fabriken und der Industrie. Diese Entwicklung erfaßte auch das Nachrichtenwesen, und so, am Rande des Geschehens, aber nicht ohne Bedeutung, kam es auch zu neuen Ideen im Bereich der Kryptologie.

2
Prinzipien der Verschlüsselung

So anregend und amüsant die Geschichte der Kryptologie auch erscheint, so liegt ihr eigentlicher Reiz doch in ihren Methoden. Wer sich mit ihnen beschäftigt, erhält nicht nur Einblick in die Denkweise der beteiligten Fachwissenschaften, sondern auch in die Psychologie des Menschen. Denn trotz aller mathematischen Raffinesse geht es letztlich doch darum, andere Menschen zu täuschen und zu überlisten.

Man unterscheidet zwei grundlegende Möglichkeiten der Verschlüsselung. Die eine ist das Verfahren der *Versetzung* oder der *Verwürfelung*, in der Fachsprache als *Transposition* bezeichnet. Kennzeichnend ist, daß dabei die sprachlichen Elemente, vor allem die Worte und Buchstaben, in ihrer ursprünglichen Form übernommen werden – geändert wird nur ihre Reihenfolge. Das zweite Verfahren ist das sogenannte *Ersatz- oder Tauschverfahren,* wissenschaftlich auch als *Substitution* bezeichnet. Hier ist es gerade umgekehrt: In der Reihenfolge wird nichts verändert, doch den sprachlichen Elementen der Nachricht werden Symbole zugeordnet, deren Bedeutung nicht allgemein bekannt ist.

Ersetzt man die Buchstaben durch entsprechende Zeichen, so spricht man von einem *Verschlüsselungsverfahren,* handelt es sich um die Worte, die in chiffrierter Form dargestellt werden, so spricht man von einem *Code.* Selbstverständlich kommen die Transposition und die Substitution nicht nur getrennt, sondern auch in verschiedensten Verbindungen vor.

Und noch eine weitere Methode, die selbst genaugenommen nicht zu den Schlüsselverfahren zählt, läßt sich von diesen kaum trennen. Gemeint ist die *Steganographie,* das Verbergen einer geheimen Nachricht in einem unverfänglichen Text.

Steganographische Verfahren

Ein Beispiel dafür ist die Verkleinerung von Schriftsätzen bis zur Unkenntlichkeit. Die modernen Verfahren der Photographie erlauben es beispielsweise, einige Seiten normalen Text in einem i-Punkt unterzubringen. Ein winziges Stückchen Film, unter eine Briefmarke geklebt, kann einen ganzen Schlachtplan enthalten. Im übrigen sind die Möglichkeiten, Nachrichten zu verbergen, so vielfältig, daß selbst ein Versuch, sie alle zu erfassen, sinnlos wäre.

Eine andere Möglichkeit besteht darin, zur Abfassung der eigentlichen Nachricht nur ganz bestimmte, vorher vereinbarte Stellen der Worte oder Buchstaben zu berücksichtigen. Folgender Brief hört sich recht harmlos an:

Ich und Fabian sind gestern hier angekommen.
Die Piste ist gut präpariert. Mit Ferngläsern
bewaffnet können wir das Rennen beobachten.

Liest man aber jeweils die dritten Worte jedes Satzes hintereinander, so ergibt sich ein weitaus brisanterer Text:

Fabian ist bewaffnet.

Ähnliches gilt für folgendes Telegramm:

Noch einmal tiefempfundene Anteilnahme.
Rasche Rückkehr erforderlich. Von Norbert
alles Liebe. Paula.

Auch dieser Text erscheint keiner weiteren Beachtung wert; ihr eigentlicher Sinn offenbart sich erst, wenn man die ersten Buchstaben aller Worte von hinten nach vorne liest:

Plan verraten.

Man kann auch darauf verzichten, ein festes Schema für die gültigen Worte oder Buchstaben anzugeben, und diese vielmehr in einem laufenden Text, beispielsweise in einem Buch oder in einer Zeitung, auf irgendeine Art auszeichnen. Am einfachsten gelingt das durch kleine Punkte oder Nadelstiche – ein Verfahren, das, wie erwähnt, nicht nur zum Versenden geheimer Nachrichten, sondern auch zum ungesetzlichen Einsparen von Portokosten eingesetzt wurde. Eine solche Methode ist natürlich nur so lange brauchbar, als niemand an der Harmlosigkeit der Korrespondenten zweifelt; haben sie sich erst einmal verdächtig gemacht, dann sind die Markierungszeichen kaum zu übersehen. Außerdem ist es oft recht langwierig, die gerade benötigten Buchstaben im laufenden Text zu finden, insbesondere, wenn es sich um selten vorkommende handelt. Man hat zwar versucht, sich durch Abweichen von der Orthographie, durch das Einsetzen phonetisch ähnlicher Buchstaben – f statt v, d statt t – zu behelfen, doch praxisgerecht ist das Verfahren weder für den Absender noch für den Empfänger.

Ein wenig professioneller mutet die Netz- oder Gittermethode an, die u. a. auch von Kardinal Richelieu gebraucht und weiterentwickelt wurde. Sie hat ihren Namen von einem Hilfsmittel, das sowohl der Ver- wie der Entschlüßler braucht und das als Netz,

Schablone, Gitter oder Patrone bezeichnet wird. Es dient zur Transposition von Wörtern oder Buchstaben – wir werden es im Zusammenhang mit den Schlüsselgeräten besprechen.

g	q	y	h	r	z	i	s	j
k	t	a	u	l	b	v	m	c
d	n	w	.	e	o	x	f	p

a

b Klartext (siehe unten)

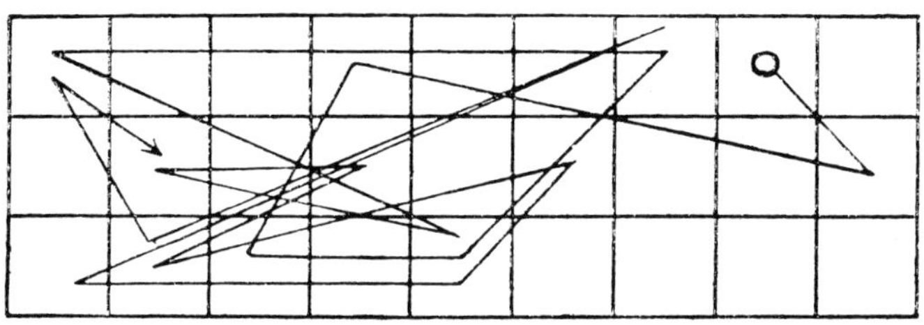

c

Beispiel für eine »Punktiermethode«: Netzschlüssel von Blaise de Vigenère. Man legt das Netz auf ein Stück Papier und sticht die Buchstaben des Klartextes der Reihe nach durch, worauf man die so markierten Punkte durch einen Linienzug verbindet. Dieser ist der Geheimtext, den man mit Hilfe des ursprünglichen Netzes, am besten als Schablone ausgebildet, dechiffrieren kann.
a Schlüssel
b Klartext: Schweiget unbedingt
c Verschlüsselter Text
(nach Figl »System des Chiffrierens«.)

Transpositionsverfahren

Damit kommen wir zu den Schlüsselverfahren, die auf dem Vorgang des Versetzens beruhen – den Transpositionen. Eines der ältesten Beispiele ist die sogenannte »Hebräische Manier« – der Text wird buchstabenweise von hinten nach vorn geschrieben. Diese Methode ist aber kaum ernst zu nehmen – jedes Kind könnte den Schlüssel knacken. Die Transposition läßt aber auch effektvollere Verschlüsselungsmöglichkeiten zu, die heute noch genutzt werden.

Man unterscheidet reguläre und irreguläre Transpositionen. Dem Schulbeispiel des regulären Falles liegt ein Vertauschungszyklus zugrunde, der fortlaufend angewandt wird. Man kann ihn durch eine Zahlenfolge kennzeichnen, beispielsweise durch

6 3 1 5 2 4; das bedeutet, daß der erste Buchstabe der ersten sechsteiligen Buchstabengruppe an die sechste Stelle kommt, der zweite Buchstabe an die dritte, der dritte an die erste Stelle usf. Dieser Vertauschungsprozeß wiederholt sich bei der zweiten Sechsergruppe, bei der dritten usf. Den Vertauschungsprozeß könnte man folgendermaßen andeuten:

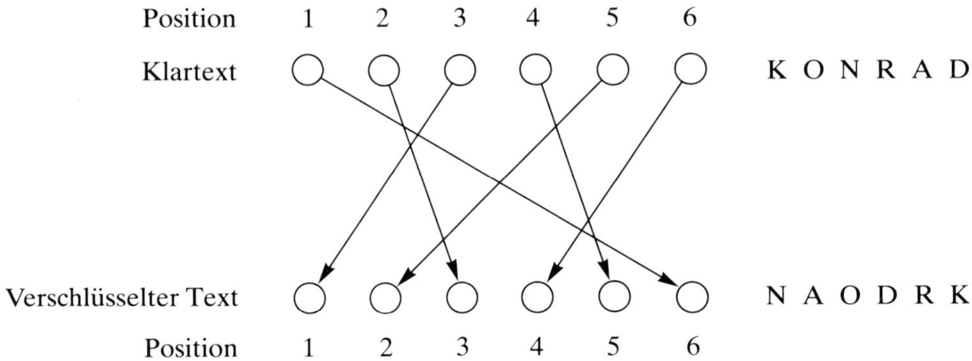

Da sich diese Prozedur laufend wiederholt, ist es praktisch, den Text zunächst einmal umzuschreiben, und zwar so, daß jede Zeile sechs Buchstaben umfaßt. Dann stehen jeweils jene Buchstaben untereinander, die bei der Vertauschung dieselbe Stelle bekommen. Nach dem ersten Schritt, der Inskription, folgt der eigentliche Vertauschungsprozeß, die Transkription. Das Kryptogramm selbst kann schließlich in fortlaufenden Zeilen oder auch in Fünfergruppen abgefaßt sein, wie das etwa im Fernschreiberverkehr üblich ist. Jener, der die Nachricht entschlüsseln soll, muß denselben Weg zurückgehen – Inskription, Transkription und, wenn nötig, Umsetzung in normale, fortlaufende Schreibweise. Um den Vertauschungsprozeß rückgängig zu machen, muß man den »inversen Schlüssel« anwenden, der in unserem Fall folgendermaßen aussieht: 3 5 2 6 4 1. Dadurch werden die versetzten Kolonnen auf ihre ursprünglichen Positionen verlagert.

Die Einführung eines »inversen Schlüssels« kann man sich ersparen, indem man die als Schlüsselwort gewählte Zahlenfolge bei der Entschlüsselung anders deutet, und zwar folgendermaßen: Der Buchstabe der sechsten Stelle ist auf Nummer 1 zu setzen, der Buchstabe der dritten Stelle auf Position 2, der Buchstabe der ersten Stelle auf Positon 3 usf. Selbstverständlich ist es auch möglich, die Verschlüsselung im Sinne der zweiten Interpretation des Schlüsselworts vorzunehmen, doch erreicht man dadurch natürlich keine prinzipiell andere Art der Umsetzung, sondern dieses Verfahren entspricht bloß der Verwendung des inversen Schlüssels statt des ursprünglichen.

Zu den regulären Transpositionen zählen auch solche, die auf geometrischen Figuren beruhen. Am gebräuchlichsten sind Quadrate und Rechtecke, doch glauben viele Autoren auch wesentliche Beiträge zur Kryptologie geleistet zu haben, indem sie andere geometrische Gebilde, beispielsweise Dreiecke, Trapeze und dgl., zur Verwendung vorschlugen. Wesentlich dabei ist, daß dem Absender wie auch dem Empfänger der Weg durch diese Verteilung bekannt sein muß. Man kann sich beispielsweise auf ein Durchwandern der Kolonnen einigen oder auch auf einen Weg, der die Figur spiralenähnlich umfährt. Schließlich gibt es auch raffiniertere Wege über die Felder des gedachten Rasters, beispielsweise solche nach dem Prinzip des Rösselsprungs oder nach jenem der »magischen Quadrate«. Dem ersten Fall liegt eine beliebte mathematische Rätselaufgabe zugrunde, nämlich die, durch eine kontinuierliche Folge von Rösselsprüngen alle Felder eines Quadratrasters zu erreichen. Es gibt übrigens viele Möglichkeiten der Lösung. Auch der zweite Fall gehört zu den mathematischen Puzzles. Die zugrundeliegende Aufgabe ist es, die Zahlen – bis zu jener, die der Anzahl der Felder im Raster entspricht – so über dieses aufzuteilen, daß die Summe sämtlicher Zeilen und Kolonnen sowie der beiden Diagonalen dieselbe Summe ergibt. Auch diese Aufgabe läßt sich nicht eindeutig lösen. Die dadurch zustande gekommene Verbindung zwischen Kryptologie und Rätselspiel entbehrt allerdings einer sachlichen Grundlage; weder das Prinzip des Rösselsprungs noch jenes des magischen Quadrats bietet besondere Vorteile gegenüber anderen, beliebigen Wegen durch das Raster. Wegen der Vieldeutigkeit der Lösung ist es nicht einmal als Gedächtnishilfe brauchbar.

Bei komplizierten Umstellungen ist es oft ein wenig schwierig, sich die als Schlüssel dienende Zahlenfolge zu merken. Deshalb setzt man gedächtnisstützende Tricks ein, wie sie in der Kryptologie übrigens oft Verwendung finden – schon deshalb, weil man ja die verschiedenen zur Verschlüsselung und Entschlüsselung nötigen Angaben am besten nur in der Erinnerung und nicht als Notiz aufbewahrt, die verloren oder gestohlen werden kann. Recht einfach ist folgende Methode: Man wählt ein beliebiges Schlüsselwort und setzt es nach folgender Vorschrift in Zahlen um: Zuerst numeriert man die A's durch, wobei man die Zahlen jeweils unter den betreffenden Buchstaben schreibt. Die Reihe der Zahlen setzt man nun bei den B's fort, geht zu den C's über usw. (nicht vorkommende Buchstaben bleiben unberücksichtigt).

K	A	T	Z	E	N	A	U	G	E
6	1	8	10	3	7	2	9	5	4

Schlüsselfolgen dieser Art eignen sich auch für Transpositionen, bei denen Zeilen und Spalten in komplizierterer Weise vertauscht werden.

Historisch interessant ist die sogenannte »Nihilistische Geheimschriftmethode«. Zunächst werden die Kolonnen anhand eines Schlüsselworts in üblicher Weise vertauscht. Dann kommt dasselbe Schlüsselwort ein zweites Mal zum Einsatz, und zwar für eine entsprechende Vertauschung der Zeilen. Es handelt sich also um eine doppelte Verschlüsselung, in der Fachsprache auch als *Überschlüsselung* bezeichnet. Wendet man, wie in diesem Fall, dieselbe Schlüsselmethode an, so ist es eigentlich lediglich eine Auffassungssache, ob man von einer einmaligen oder einer doppelten Verschlüsselung sprechen will. Es ist dann nämlich immer möglich, die beiden durch die einzelnen Schlüsselvorschriften angezeigten Vertauschungen unmittelbar hintereinander vorzunehmen, was sich auch durch einen einzelnen, wenn vielleicht auch komplizierteren Schlüssel beschreiben ließe.

Einige Beispiele für Transpositionen:

Schlüssel	P F E R D
Vertauschungsmodus	4 3 2 5 1

Klartext: Alexander kam gestern hier an

Transskription:	A L E X A
	N D E R K
	A M G E S
	T E R N H
	I E R A N

a) Transposition der Kolonnen:

A E L A X
K E D N R
S G M A E
H R E T N
N R E I A

Kryptogramm
A E L A X K E D N R S G M A E H R E T N N R E I A

b) Transposition mit Überschlüsselung: Kolonnen als Zeilen geschrieben, und zwar in der vom Schlüsselwort angegebenen Reihenfolge

Kryptogramm
X R E N A L D M E E E E G R R A K S H N A N A T I

c) Nihilistische Methode: Transposition der Kolonnen mit anschließender Transposition der Zeilen nach demselben Vertauschungsmodus

P4	A E L A X
F3	K E D N R
E2	S G M A E
R5	H R E T N
D1	N R E I A

Kryptogramm
N R E I A S G M A E K E D N R A E L A X H R E T N

Bisher wurde stillschweigend vorausgesetzt, daß die Textlängen den gewählten Schlüsseln voll entsprechen – derart, daß sich ein Zyklus oder auch die Zahl der Felder eines Rasters ohne Rest zur Unterteilung des Textes verwenden läßt. Im Realfall kommt das selten vor, und damit sind wir bei der »irregulären Transposition«. Am einfachsten ist es in solchen Fällen für den Kryptographen, doch noch die Situation der regulären Transposition zu erreichen, und zwar durch Einsetzen von Füllbuchstaben. Man könnte also etwa den freibleibenden Textraum durch eine Folge von x ausfüllen. Da das Auftreten von so vielen ungebräuchlichen Buchstaben auffallen könnte, empfiehlt es sich, andere Buchstaben, und zwar womöglich in wechselnder Reihenfolge, zu verwenden – beispielsweise die Vokale a, e, i, o, u. Es ist aber genausogut möglich, am Schluß des Textes abzubrechen, ohne Rücksicht darauf, ob die Vertauschung vollständig ist oder nicht. Sollte dabei eine Leerstelle entstehen, dann werden die Buchstaben einfach zusammengeschoben. Der Empfänger, der die Botschaft entschlüsseln will, kennt den Umfang des Zyklus. Wenn er die Gesamtzahl der Buchstaben des Textes durch die Zahl der in einem Zyklus vorkommenden Buchstaben dividiert, so bleibt ihm ein Rest. Bei dem Einschreiben des Kryptogramms in den Raster, bei der Transkription, kann er die Buchstaben des unvollständigen Zyklus dennoch an die richtige Stelle setzen, da er ja die Reihenfolge, in der sie vom Verschlüsseler eingetragen wurden, kennt. Die eigentliche Lösung erfolgt dann genauso wie bei den regulären Transpositionen.

Obwohl die für sich allein angewandte Transposition wesentlich an ihrer Bedeutung eingebüßt hat, begegnet man ihr doch gelegentlich auch in der modernen Kryptologie – beispielsweise bei der Verwürfelung des gesprochenen Worts, wie sie beim Polizeifunk gebräuchlich sind.

Einige Beispiele für Transpositionen:

Schlüssel	P F E R D
Vertauschungsmodus	4 3 2 5 1

Klartext: Ankunft von Peter abwarten

Transskription:	A N K U N
	F T V O N
	P E T E R
	A B W A R
	T E N
	N K N A U
	N V T F O
	R T E P E
	R W B A A
	N E T

Kryptogramm:

N K N A U   N V T F O   R T E P E   R W B A A   N E T

Bei drei überzähligen Zeichen laut Schlüssel erste und fünfte Stelle unbesetzt:

. . . N E T . . .

Nun Rückübertragung wie bei normaler Transposition.

Substitutionsverfahren

Zu den Substitutionsverfahren gehört das, was man landläufig als Geheimschrift bezeichnet: Jeder Buchstabe des Alphabets wird durch ein Geheimzeichen ersetzt. Dazu eignen sich alle möglichen Symbole – solche, die fremden Schriften entlehnt sind, genauso gut wie solche, die ursprünglich andere Bedeutung hatten, beispielsweise Noten- oder Spielkartenbezeichnungen. Selbstverständlich kann man aber auch höchst geheimnisvoll anmutende Symbole erfinden und so seiner geheimen Nachricht das dazugehörige Flair geben.

Beliebt sind auch Verschlüsselungen nach einem mnemotechnischen Prinzip als Gedächtnisstütze – weil dann der Benutzer keinerlei Aufzeichnungen benötigt, sondern das Schlüsselalphabet jederzeit rekonstruieren kann. Andererseits erleichtern alle Arten von leicht merkbaren Systemen den unbefugten Zugriff – hat der Entzifferer die Bedeutung einiger Buchstaben erraten, dann ist es ihm unter Umständen leicht gemacht, das Prinzip aufzudecken und die übrigen Zuordnungen zu finden.

Wer moderne Geheimtexte sieht, wird vielleicht enttäuscht sein, denn sie bestehen aus Gruppen von normalen Buchstaben oder Ziffern. Das liegt daran, daß es im wesentlichen völlig gleichgültig ist, welcher Symbole man sich bedient – die Effektivität des Verfahrens liegt vielmehr darin, in welcher Weise man sie umsetzt. Im übrigen ist man von Geheimzeichen schon deshalb abgekommen, weil es in der modernen Anwendung wichtig ist, sie auch mit den üblichen Geräten der Nachrichtenübermittlung, beispielsweise über den Fernschreiber, versenden zu können.

Im einfachsten Fall wird jedem Buchstaben des Alphabets ein – normalerweise anderer – Buchstabe der gleichen Art zugeordnet. Beim schon erwähnten Cäsar-Alphabet sind die einander zugeordneten Alphabete einfach gegeneinander verschoben:

Klartextalphabet:
a b c d e f g h i j k l m n o p q r s t u v w x y z

Verschlüsseltes Alphabet:
p q r s t u v w x y z a b c d e f g h i j k l m n o

Die Entschlüsselung ist genauso einfach wie die Verschlüsselung: Man braucht nur vom unteren Alphabet zum oberen überzugehen.

Ebenso einfach übersehbar ist das »reziproke Alphabet«:

Klartextalphabet:
a b c d e f g h i j k l m n o p q r s t u v w x y z

Verschlüsseltes Alphabet:
p o n m l k j i h g f e d c b a z y x w v u t s r q

Alphabete dieser Art zeichnen sich dadurch aus, daß beim Übergang in jeder Richtung

a Schlüssel

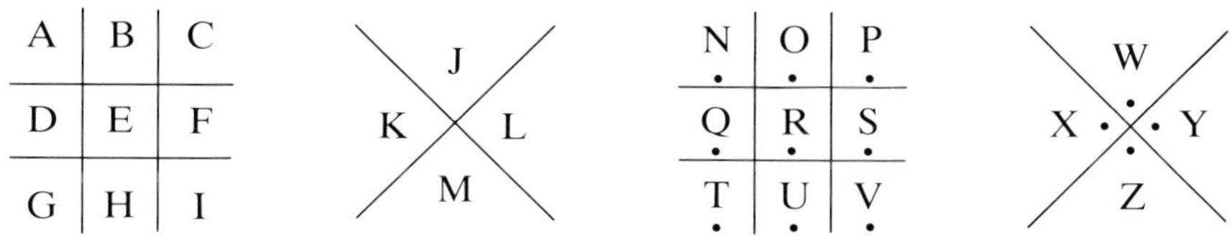

Dazugehöriges Alphabet

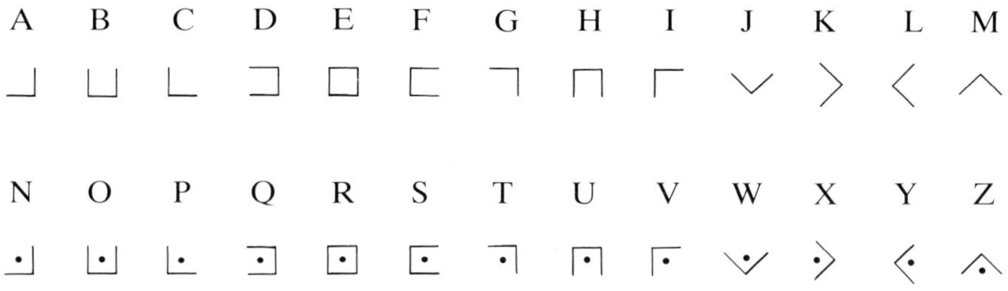

b Schlüssel

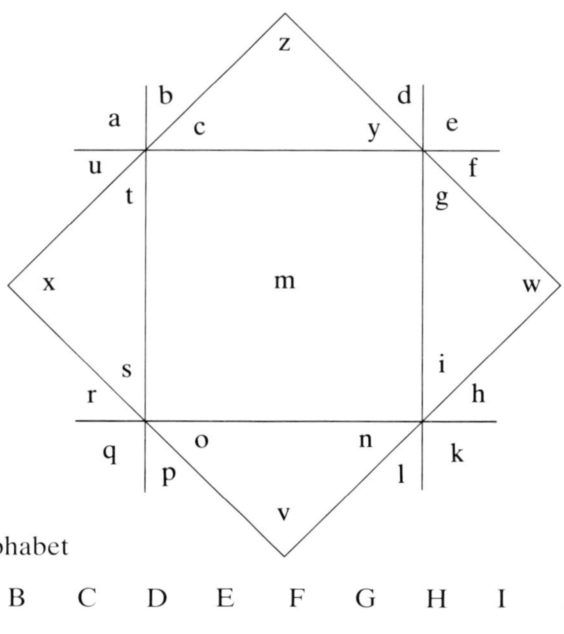

Dazugehöriges Alphabet

Zwei Beispiele für mnemotechnische Schlüssel: Winkel- oder Maurerchiffren aus dem späten 16. Jahrhundert. (Nach Smith »Cryptography« und Schneickert »Geheimschriften . . .«)

dieselben Zuordnungen zustandekommen. Der Schlüssel ist also seinem inversen Schlüssel gleich.

Zuordnungen dieser Art sind heute jedem Schulkind bekannt – in der Praxis haben sie keine Bedeutung mehr. Geschichtlich und logisch gesehen sind sie aber die Basis jener komplizierteren Methoden der Substitution, die heute noch in Gebrauch stehen.

Die Unzulänglichkeit der beschriebenen Substitutionsschlüssel liegt natürlich darin, daß sich die Ordnung des Schlüsselalphabets allzu leicht durchschauen läßt. Die Konsequenz daraus ist der Einsatz von Schlüsselwörtern, etwa in dem Sinn, daß den ersten Buchstaben des Klartextalphabets der Reihe nach die Buchstaben eines Schlüsselworts zugeordnet werden, wobei mehrfach auftretende Buchstaben ignoriert werden.

Daraufhin werden alle bisher nicht aufgetretenen Buchstaben der Reihe nach zur Auffüllung des Alphabets verwendet. Das kann etwa folgendermaßen aussehen:

Klartextalphabet:
a b c d e f g h i j k l m n o p q r s t u v w x y z

Verschlüsseltes Alphabet:
k a t z e b c d f g h i j l m n o p q r s u v w x y

Es ist klar, daß die Entzifferung für einen Unberufenen um so schwerer wird, je komplizierter die Zuordnung ist – kurze Schlüsselwörter wie in unserem Beispiel werden sicher nur geringen Schutz bieten. Selbstverständlich ist es möglich, verschiedene Arten von Schlüsselwörtern oder auch als Schlüssel verwendeter sinnloser Buchstabenfolgen zu entwerfen. Im Prinzip ändert sich dabei nichts – es handelt sich nicht um neue Methoden, sondern lediglich um Tricks, die das Gedächtnis stützen helfen sollen. Das beste Verfahren ist klarerweise eine völlig beliebige Zuordnung, etwa dadurch erhaltbar, daß man die Reihenfolge der zugehörigen Buchstaben bestimmt, indem man sie – auf Zetteln notiert – aus einem Hut ziehen läßt. Das Ergebnis könnte folgendermaßen aussehen:

Klartextalphabet:
a b c d e f g h i j k l m n o p q r s t u v w x y z

Schlüsselalphabet mit zufallsbestimmter Reihenfolge:
k o m u y r l v n s a g c i b x t f j q d h z p e w

In Form des Huts mit den darin verstreuten Zetteln begegnen wir erstmalig einem sogenannten Zufallsgenerator – eine Vorrichtung, die es erlaubt, völlig ungeordnete Serien von Buchstaben, Zahlen und dgl. hervorzubringen. Diese Aufgabe hat sich als weitaus schwerer herausgestellt, als man zuerst dachte.

Für den Kryptologen ist der Zufall vor allem ein Mittel, um Ordnungsbeziehungen zu verdecken, denn gerade diese sind es, an die sich der unberufene Entzifferer hält.

Beispiele für einige einfache Verschlüsselungsmethoden:

1. Cäsar-Schlüssel

Klartextalphabet

a b c d e f g h i j k l m n o p q r s t u v w x y z

Schlüsselalphabet

j k l m n o p q r s t u v w x y z a b c d e f g h i

Klartext

d i e c h e m i s c h e f o r m e l f u e r d e n n e u e n

Verschlüsselter Text

m r n l q n v r b l q n o x a v n u o d n a m n w w n d n w

Klartext

g i f t s t o f f i s t d e n k o n k u r r e n t e n b e r

Verschlüsselter Text

p r o c b c x o o r b c m n w t x w t d a a n w c n w k n a

Klartext

e i t s b e k a n n t

Verschlüsselter Text

h r c b k n t j w w c

2. Hebräischer Schlüssel

Klartextalphabet

a b c d e f g h i j k l m n o p q r s t u v w x y z

Schlüsselalphabet

m l k j i h g f e d c b a z y x w v u t s r q p o n

Klartext

e i n u n b e k a n n t e r m a n n w u r d e u n t e r v e r

Verschlüsselter Text

i e z s z l i c m z z t i v a m z z q s v j i s z t i v r i v

Klartext

d a e c h t i g e n u m s t a e n d e n i n e i n e r k n e i

Verschlüsselter Text

j m i k f t e g i z s a u t m i z j i z e z i e z i v c z i e

Klartext

p e a u f g e g r i f f e n

Verschlüsselter Text

x i m s h g i g v e h h i z

3. Schlüssel mit Schlüsselwort

Klartextalphabet
a b c d e f g h i j k l m n o p q r s t u v w x y z
Schlüsselalphabet
b e r t a c d f g h i j k l m n o p q s u v w x y z

Klartext
d i e   a b o r d n u n g   d e r   g e g e n s e i t e   w i r d
Verschlüsselter Text
t g a   b e m p t l u l d   t a p   d a d a l q a g s a   w g p t

Klartext
i m   l a u f e   d e r   k o m m e n d e n   w o c h e
Verschlüsselter Text
g k   j b u c a   t a p   i m k k a l t a l   w m r f a

Klartext
i n   d e r   h a u p t s t a d t   e i n t r e f f e n
Verschlüsselter Text
g l   t a p   f b u n s q s b t s   a g l s p a c c a l

Ein Schlüssel in Form eines durcheinandergewürfelten Alphabets läßt sich nun sicher von niemandem erraten, doch gibt es Methoden, die eine Rekonstruktion zulassen. Sie beruhen auf den für alle Sprachen charakteristischen Prozentsätzen, in denen die einzelnen Buchstaben auftreten. In einem späteren Kapitel »Die Kunst der Entzifferung« werden wir uns noch genauer mit den kryptanalytischen Methoden beschäftigen, die auf statistischen Untersuchungen beruhen.

So kommt es zunächst einmal darauf an, die für den Unberufenen so aufschlußreichen Buchstabenhäufungen zu vermeiden. Das gelingt beispielsweise dadurch, daß man einem Buchstaben des Klartextalphabets nun nicht mehr einen einzigen Buchstaben des verschlüsselten Alphabets zuordnet, sondern mehrere. Verwendet man beispielsweise vier Schlüsselalphabete, so ist es entweder dem Verschlüsseler überlassen, welches er in jedem einzelnen Fall verwendet, oder er wechselt bei jedem Buchstaben, den er sich vornimmt, zum nächsten.

Wir führen hier ein Beispiel an, das auf dem Einsatz eines Schlüsselworts beruht. Dabei ist ein Alphabet von 25 Buchstaben zugrunde gelegt – um mit zweistelligen

Zahlen auszukommen, wird i = j gesetzt. Die Verschlüsselung erfolgt durch die Zahlen von 0 bis 99. Dabei besteht jedes Schlüsselalphabet aus einer Gruppe von fortlaufenden 25 Zahlen. Das Schlüsselwort gibt die Buchstaben an, bei denen die zugeordneten Reihen begonnen werden. Das Schlüsselwort FELD sagt also aus, daß beim Buchstaben F mit 00 begonnen wird, und das bedeutet, daß das erste Alphabet mit 20, 21, 22 beginnt usf.

Die bekannten, für einzelne Sprachen typischen Buchstabenfrequenzen vermeidet man natürlich nur dann, wenn man die Zuordung zu den vier in Frage kommenden Zahlen in ungleichmäßiger Reihenfolge, am besten völlig willkürlich, vornimmt.

Klartext: Zwölf Stunden Sendepause

Klartextalphabet	Schlüsselwort F	E	L	D
A	20	46	65	97
B	21	47	66	98
C	22	48	67	99
D	23	49	68	75
E	24	25	69	76
F	00	26	70	77
G	01	27	71	78
H	02	28	72	79
I	03	29	73	80
K	04	30	74	81
L	05	31	50	82
M	06	32	51	83
N	07	33	52	84
O	08	34	53	85
P	09	35	54	86
Q	10	36	55	87
R	11	37	56	88
S	12	38	57	89
T	13	39	58	90
U	14	40	59	91
V	15	41	60	92
W	16	42	61	93
X	17	43	62	94
Y	18	44	63	95
Z	19	45	64	96

Verschlüsselte Alphabete

Verschlüsselter Text: 64168 52405 77125 89133 75240 71225
33682 40997 14382 4

Damit kommen wir zu den schon erwähnten polyalphabetischen Methoden, um die sich insbesondere Johannes Trithemius, Giovanni Battista Porta und Blaise de Vigenère verdient gemacht haben. Der zugrunde liegende Gedanke ist folgender: Zur Verschlüsselung steht eine ganze Reihe verschiedener Alphabete zur Verfügung, die von Buchstabe zu Buchstabe nach bestimmten Regeln gewechselt werden. Dabei stützt man sich auf jene schon erwähnte Tabelle, die heute fälschlicherweise als Vigenère-Tafel bezeichnet wird.

Es handelt sich um 26 untereinander geschriebene Alphabete, von denen das zweite mit einem b, das dritte mit einem c anfängt usf.

a	b	c	d	e	f	g	h	i	j	k	l	m	n	o	p	q	r	s	t	u	v	w	x	y	z
b	c	d	e	f	g	h	i	j	k	l	m	n	o	p	q	r	s	t	u	v	w	x	y	z	a
c	d	e	f	g	h	i	j	k	l	m	n	o	p	q	r	s	t	u	v	w	x	y	z	a	b
d	e	f	g	h	i	j	k	l	m	n	o	p	q	r	s	t	u	v	w	x	y	z	a	b	c
e	f	g	h	i	j	k	l	m	n	o	p	q	r	s	t	u	v	w	x	y	z	a	b	c	d
f	g	h	i	j	k	l	m	n	o	p	q	r	s	t	u	v	w	x	y	z	a	b	c	d	e
g	h	i	j	k	l	m	n	o	p	q	r	s	t	u	v	w	x	y	z	a	b	c	d	e	f
h	i	j	k	l	m	n	o	p	q	r	s	t	u	v	w	x	y	z	a	b	c	d	e	f	g
i	j	k	l	m	n	o	p	q	r	s	t	u	v	w	x	y	z	a	b	c	d	e	f	g	h
j	k	l	m	n	o	p	q	r	s	t	u	v	w	x	y	z	a	b	c	d	e	f	g	h	i
k	l	m	n	o	p	q	r	s	t	u	v	w	x	y	z	a	b	c	d	e	f	g	h	i	j
l	m	n	o	p	q	r	s	t	u	v	w	x	y	z	a	b	c	d	e	f	g	h	i	j	k
m	n	o	p	q	r	s	t	u	v	w	x	y	z	a	b	c	d	e	f	g	h	i	j	k	l
n	o	p	q	r	s	t	u	v	w	x	y	z	a	b	c	d	e	f	g	h	i	j	k	l	m
o	p	q	r	s	t	u	v	w	x	y	z	a	b	c	d	e	f	g	h	i	j	k	l	m	n
p	q	r	s	t	u	v	w	x	y	z	a	b	c	d	e	f	g	h	i	j	k	l	m	n	o
q	r	s	t	u	v	w	x	y	z	a	b	c	d	e	f	g	h	i	j	k	l	m	n	o	p
r	s	t	u	v	w	x	y	z	a	b	c	d	e	f	g	h	i	j	k	l	m	n	o	p	q
s	t	u	v	w	x	y	z	a	b	c	d	e	f	g	h	i	j	k	l	m	n	o	p	q	r
t	u	v	w	x	y	z	a	b	c	d	e	f	g	h	i	j	k	l	m	n	o	p	q	r	s
u	v	w	x	y	z	a	b	c	d	e	f	g	h	i	j	k	l	m	n	o	p	q	r	s	t
v	w	x	y	z	a	b	c	d	e	f	g	h	i	j	k	l	m	n	o	p	q	r	s	t	u
w	x	y	z	a	b	c	d	e	f	g	h	i	j	k	l	m	n	o	p	q	r	s	t	u	v
x	y	z	a	b	c	d	e	f	g	h	i	j	k	l	m	n	o	p	q	r	s	t	u	v	w
y	z	a	b	c	d	e	f	g	h	i	j	k	l	m	n	o	p	q	r	s	t	u	v	w	x
z	a	b	c	d	e	f	g	h	i	j	k	l	m	n	o	p	q	r	s	t	u	v	w	x	y

Die Anleitung zum Gebrauch ist einfach: Den ersten im Text auftretenden Buchstaben sucht man in der ersten Zeile auf und verschlüsselt ihn durch den darunterstehenden der zweiten; beim zweiten Buchstaben geht man wieder von der ersten Zeile aus, benutzt aber die dritte zur Verschlüsselung usw. So erfolgt also bei dem Schritt zum nächsten Buchstaben des Klartexts ein Wechsel des Schlüssels. Dazu ein Beispiel:

Klartext:	a l l e A k t i o n e n e i n s t e l l e n
Verschlüsselter Text:	b n o i f q a q x x p z r w c i k w e f z j

Es handelt sich also um eine »polyalphabetische Substitution«, wie sie bereits Alberti eingeführt hatte, allerdings in einer verbesserten Form. Das Prinzip des sukzessiven Wechsels von Buchstabe zu Buchstabe wird auch bei den modernen elektronischen Schlüsselmaschinen verwendet.

LITERAE SCRIPTI.

LITERAE CLARIS.

AB	a	b	c	d	e	f	g	h	i	l	m
	n	o	p	q	r	ſ	t	u	x	y	z
CD	a	b	c	d	e	f	g	h	i	l	m
	z	n	o	p	q	r	ſ	t	u	x	y
EF	a	b	c	d	e	f	g	h	i	l	m
	y	z	n	o	p	q	r	ſ	t	u	x
GH	a	b	c	d	e	f	g	h	i	l	m
	x	y	z	n	o	p	q	r	ſ	t	u
IL	a	b	c	d	e	f	g	h	i	l	m
	u	x	y	z	n	o	p	q	r	ſ	t
MN	a	b	c	d	e	f	g	h	i	l	m
	t	u	x	y	z	n	o	p	q	r	ſ
OP	a	b	c	d	e	f	g	h	i	l	m
	ſ	t	u	x	y	z	n	o	p	q	r
QR	a	b	c	d	e	f	g	h	i	l	m
	r	ſ	t	u	x	y	z	n	o	p	q
ST	a	b	c	d	e	f	g	h	i	l	m
	q	r	ſ	t	u	x	v	z	n	o	p
VX	a	b	c	d	e	f	g	h	i	l	m
	p	q	r	ſ	t	u	x	y	z	n	o
YZ	a	b	c	d	e	f	g	h	i	l	m
	o	p	q	r	ſ	t	u	x	y	z	n

THE PORTA TABLE

Die digraphische Chiffriertafel von Giovanni Battista Porta nach einer zeitgenössischen Darstellung.

Das weitaus bekannteste polyalphabetische System stammt von Blaise de Vigenère, der es 1586 an die Öffentlichkeit brachte. Er stützt sich auf die von Trithemius eingeführte »tabula recta« und wendet Schlüsselwörter an, um die Reihenfolge der eingesetzten Schlüsselalphabete zu kennzeichnen. Wählt man beispielsweise das Schlüsselwort BORIS, dann sucht man zur Verschlüsselung des ersten Buchstabens jene Zeile auf, die mit einem B beginnt. Durch dieses Alphabet wird nun der erste Buchstabe des Klartexts verschlüsselt, wobei die erste Zeile als Klartextalphabet benutzt wird. Zur Verschlüsselung des nächsten Buchstabens sucht man jene Zeile auf, die mit einem O beginnt und verschlüsselt auf gleiche Weise. Der Satz »Benoetigen dringend Nachschub« würde nach folgendem Schema umgesetzt werden:

Klartext: b e n o e t i g e n   d r i n g e n d   n a c h s c h u b
Schlüssel: b o r i s b o r i s   b o r i s b o r   i s b o r i s b o

Ausschnitt aus Vigenère-Tafel

a	a	b	c	d	e	f	g	h	i	j	k	l	m	n	o	p	q	r	s	t	u	v	w	x	y	z
b	b	c	d	e	f	g	h	i	j	k	l	m	n	o	p	q	r	s	t	u	v	w	x	y	z	a
i	i	j	k	l	m	n	o	p	q	r	s	t	u	v	w	x	y	z	a	b	c	d	e	f	g	h
o	o	p	q	r	s	t	u	v	w	x	y	z	a	b	c	d	e	f	g	h	i	j	k	l	m	n
r	r	s	t	u	v	w	x	y	z	a	b	c	d	e	f	g	h	i	j	k	l	m	n	o	p	q
s	s	t	u	v	w	x	y	z	a	b	c	d	e	f	g	h	i	j	k	l	m	n	o	p	q	r

Verschlüsselter Text:

c s e w w u w x m f e f z v y f b u w s d v j k z v p

Blaise de Vigenère dachte sich noch mehrere andere Varianten seines Systems aus. Bei einer griff er auf eine Idee von Girolamo Cardano zurück, und zwar auf die des schon erwähnten »Selbstschlüssels«. Dabei verwendet man den Klartext selbst als Schlüsselwort, und zwar für jedes neue Wort des Klartexts wieder von Anfang an. Dann sucht man auf einer Vigenère-Tafel für jeden Buchstaben des Klartexts jene Zeile auf, die mit dem darüberstehenden Buchstaben beginnt und benützt sie in der schon bekannten Weise zum Verschlüsseln, wie es etwa in folgendem Beispiel geschieht:

Klartext: l e t z t e   N a c h r i c h t   u n l e s e r l i c h

Schlüssel: l e t z t e   l e t z t e n a c   l e t z t e n a c h r

Verschlüsselter Text:

z z z z z z b v i h x d o g q i i r e y z d k f u p

So wie es Cardano vorgeschlagen hatte, ist sein System allerdings nicht brauchbar, und zwar deshalb, weil es bei der Entschlüsselung Schwierigkeiten bereitet. So ist ja jenem, der die Nachricht in Klartext übersetzen soll, das erste Wort nicht bekannt, und somit hat er keine Möglichkeit, die zugehörigen Schlüsselalphabete festzustellen.

Blaise de Vigenère gab zwei brauchbare Abwandlungen des Selbstschlüsselverfahrens an. Zunächst einmal setzte er einen einzelnen Buchstaben als Anfangsschlüssel fest, der sowohl dem Absender wie dem Empfänger bekannt sein mußte. Nun ist es möglich, anhand einer Vigenère-Tafel den ersten Buchstaben der Geheimnachricht in den Klartext zu übersetzen. Dieser dient nun als Schlüssel für die Übersetzung des zweiten Buchstabens des Kryptogramms – von nun an wird der jeweils um eine Stelle verschobene Klartext als Schlüsselfolge verwendet, beispielsweise auf folgende Art:

Klartext: l e t z t e N a c h r i c h t u n l e s e r l i c h

Schlüsselbuchstabe: d

Schlüssel: d l e t z t e n a c h r i c h t u n l e s e r l i c

Verschlüsselter Text:
h s o f t k i m b e j q t e l a s x s n l m t w t e

In diesem Fall wurde also die Zuordnung des verschlüsselten Textbuchstabens h zum Klartextbuchstaben l durch den Anfangsschlüssel d festgelegt.

Eine zweite, ebenfalls von Vigenère angegebene Möglichkeit zur Benutzung des Selbstschlüssels ist es, den verschlüsselten Text in analoger Weise als Schlüsselfolge zu verwenden. Wieder muß der Anfangsschlüssel für die Übersetzung des ersten Geheimtextbuchstabens vereinbart werden. Zur Kennzeichnung des Schlüsselalphabets für den zweiten Geheimtextbuchstaben auf der Vigenère-Tafel dient dann der erste Buchstabe eben dieser Nachricht. Zur Kennzeichnung des Schlüsselalphabets für den dritten Buchstaben dient der zweite usf. bis zum Ende der Nachricht. Ein Beispiel dafür geben wir anhand des folgenden Satzes:

Klartext: l e t z t e N a c h r i c h t u n l e s e r l i c h

Schlüsselbuchstabe: d

Schlüssel: d h w w c q n z a b f l w f b r c k a d o p b j y d

Verschlüsselter Text:
h w w c q n z a b f l w f b r c k a d o p b j y d d

Beide Methoden haben Vor- und Nachteile: So wird im ersten Fall durch einen einzigen Zuordnungsfehler die gesamte weitere Entschlüsselung unmöglich gemacht. Dagegen bieten sich für den Entzifferer gewisse Vorteile: Da eine der normalen Sprache entnommene Schlüsselfolge eingesetzt wird, ist es nicht unmöglich, die Schlüsselfolge zu erraten, insbesondere, wenn schon ein Satzfragment entziffert wurde. Diese Nachteile werden zwar durch die zweite Methode vermieden, doch dafür liegt dem Kryptanalytiker die gesamte Schlüsselfolge offen vor Augen.

Das System von Vigenère bildet die Grundlage von vielen weiteren Verfahren, die heute noch in Gebrauch sind – insbesondere solcher, die mit Hilfe von mechanischen Geräten oder Maschinen ausgeübt werden. Diese kamen erstmals im Ersten Weltkrieg systematisch zum Einsatz, und deshalb soll hier der Exkurs in die Methodik unterbrochen werden, und wir wenden uns wieder der Geschichte zu.

3
Der Erste Weltkrieg

Als im August 1914 der Erste Weltkrieg ausbrach, gewann die Kryptologie schlagartig an Bedeutung, und zwar sowohl unter dem Aspekt der Kryptographie, des Verschlüsselns, als auch unter jenem der Kryptanalyse, des Entzifferns abgefangener Feindnachrichten. Doch, wie sich bald herausstellte, waren die Kryptologen der beteiligten Länder höchst unterschiedlich darauf eingestellt. In der österreich-ungarischen Armee gab es einen gut organisierten »Dechiffrierdienst«, der sich zu Kriegsbeginn vorwiegend gegen die Russen wandte und einen großen Anteil an den Erfolgen an der Ostfront hatte. Einer ernsten Bewährungsprobe wurde er erst unterworfen, als Italien 1915 zu den Alliierten überlief; doch auch hier zeigte sich Andreas Figl, damals Major und Leiter der kryptanalytischen Sektion, zunächst als überlegen. In Marburg an der Drau wurde eine Abhorchstation installiert, und schon wenige Tage später wurden die ersten Nachrichten abgefangen. Die Italiener benutzten den sogenannten »cifrario rosso«, den »Roten Schlüssel«, der den Österreichern schon bekannt war – sie konnten die Texte mühelos ins Deutsche übersetzen. Zwar änderten die Italiener den Schlüssel schon nach wenigen Tagen, doch die österreichischen Kryptanalytiker knackten auch den neuen bald, und das gelang ihnen noch mehrmals innerhalb weniger Stunden oder Tage.

Auf diese Weise konnte die österreichische Armee vielen Maßnahmen der Italiener zuvorkommen – u.a. war sie dadurch auf die Sommeroffensive im Jahr 1916 am Isonzo vorbereitet.

Erst gegen Ende des Krieges hatten die Italiener Gegenmaßnahmen eingeleitet. Zu ihren fähigsten Leuten gehörte der Ingenieur-Leutnant Luigi Sacco. Ihm gelang es, den österreichischen Schlüssel zu brechen, der auf einem Vigenère-Alphabet mit den zusätzlichen Buchstaben ä, ö und ü beruhte. Sein Erfolg kam noch rechtzeitig, um den Italienern in der Schlacht von Gorizia im August 1917 von Nutzen zu sein. Inzwischen hatten die Italiener ihre einfachen Schlüssel gegen ein Codesystem ausgetauscht, und noch in diesem Jahr kam einer der bekanntesten französischen Kryptanalytiker, der Chef des französischen kryptologischen Bureaus François Cartier, nach Italien, um den italienischen Kollegen mit seinen Erfahrungen zu helfen. Das alles trug dazu bei, um die Erfolgsserie des österreichischen Dechiffrierdienstes ganz abrupt abbrechen zu lassen.

Ganz im Gegensatz zu Osterreich hatte man in Deutschland die Entwicklung des Geheimschriftwesens völlig verschlafen, und es bedurfte der Erfahrung von zwei

Kriegsjahren, um die Gründung des deutschen »Abhorchdienstes« zu veranlassen; der Sitz dieser Organisation war Neumünster. Später wurde eine weitere Station in Belgien aufgebaut. Es waren vor allem Mathematiker, die mit der Aufgabe der Entzifferung betraut wurden, und sie kamen auch relativ rasch zu Erfolg. Mitunter genügte ihnen ein Tag, um einen neu eingeführten Schlüssel zu brechen. Auch die Codes der britischen Marine waren ihnen bekannt – wobei ungeklärt blieb, ob sie das ihren kryptologischen Bemühungen oder der Tätigkeit ihrer Agenten zu verdanken hatten. Im großen und ganzen hielten sich aber die Erfolge des deutschen Abhorchdienstes in Grenzen.

In Frankreich dagegen bestand von Anfang an eine eingespielte Organisation für alle Belange des Geheimwesens, und es dauerte nur wenige Tage, um diese den Erfordernissen des Krieges entsprechend zu erweitern. Außer dem Chef der kryptologischen Sektion, François Cartier, standen den Franzosen mehrere tüchtige Kryptanalytiker zur Verfügung, u.a. Major Marcel Givierge, der als Assistent von Cartier eingesetzt war. Über das ganze Land waren Abhorchstationen verteilt, zwei davon befanden sich in Paris, und zwar hatte man die eine im Eiffelturm und die andere in der Métro-Station Trocadéro.

Alle Stationen waren mit dem Kriegsministerium verbunden, in dem Colonel Cartier sein Büro hatte. Die französischen Kryptanalytiker waren außerordentlich aktiv – irgend jemand, der die Zahl der Worte abgefangener Feindnachrichten abzuschätzen versuchte, kam auf 100 000.

Ein großer Teil der Nachrichten, mit denen sich der französische Entzifferungsdienst beschäftigte, stammte aus dem Funkverkehr zwischen deutschen Spionen und ihren Auftraggebern. Dabei wurden insbesondere Informationen über die Routen und Zeitpläne französischer Nachschubschiffe durchgegeben, die dann eine leichte Beute der Deutschen wurden. Aufgrund der abgefangenen Funksprüche war es oft möglich, die Schiffe im letzten Moment auf andere Routen zu dirigieren.

Die Deutschen hatten offenbar nichts davon bemerkt, daß man ihren Schlüssel – eine doppelte Transposition – gebrochen hatte, obwohl das unter den französischen Soldaten ein offenes Geheimnis war. Erst als die Franzosen aufgrund eines entschlüsselten Telegramms die besetzte belgische Stadt Thielt genau zu jenem Zeitpunkt bombardierten, als sich Kaiser Wilhelm II. dort aufhielt, schöpften die deutschen Stellen Verdacht und führten ein neues Schlüsselsystem ein. Der neue Schlüssel war vom Typ Vigenère – mit dem Schlüsselwort ABC und einer nachfolgenden Transposition. Dieser Schlüssel hielt den Bemühungen der Franzosen immerhin drei Wochen stand, doch dann half ihnen der Fehler eines deutschen Verschlüßlers zur Lösung. Die Deutschen hatten endlich eingesehen, daß sie mit dem Knacken ihrer Schlüsselsysteme rechnen mußten – in rascher Folge führten sie verschiedene Systeme ein, die ihren Gegnern immer größeres Kopfzerbrechen bereiteten. Als kryptologische Glanzleistungen darf man jene beiden Schlüssel bezeichnen, die unter dem Namen ADFGX und ADFGVX bekannt geworden sind. Mit ihnen verbindet sich die Geschichte eines Mannes, der zu den größten Begabungen auf dem Gebiet der Kryptanalyse zu zählen ist: Georges Jean Painvin. Wie viele andere bekannte Kryptologen war er bemerkenswert vielseitig – er hatte Paläontologie studiert, war aber auch ein preisgekrönter Cellist. Anfang des Jahres 1915 befand er sich als Reserveleutnant der Artillerie an der französisch-deutschen Front. In der Zeit des Stellungskriegs fand er Zeit, sich mit einem Hobby zu beschäftigen, der Kryptanalyse, für die ihn ein Freund interessiert hatte. Zur Überraschung der Berufskryptologen im französischen Kriegsministerium traf eines Tages ein Brief von Painvin ein, mit dem er eine vereinfachte Methode zur Lösung eines von den Deutschen benutzten Schlüssels angab.

Cartier und seine Mitarbeiter merkten bald, daß sie in Painvin ein ungewöhnliches kryptanalytisches Talent gefunden hatten, und er wurde in das französische Dechiffrierbüro versetzt, wo er bis zum Ende des Krieges mit beachtlichem Erfolg tätig war.

Es war anfangs des Jahres 1915, als man ihm einen abgefangenen Funkspruch auf den Tisch legte. Zu seinem Erstaunen stellte er fest, daß darin nur fünf verschiedene Zeichen, und zwar die Buchstaben A, D, F, G und X auftraten. Es sind übrigens solche, deren Morsezeichen A . – D – . . F . . – . G – – . X – . . – besonders gut zu unterscheiden und dadurch vor Verwechslungen geschützt sind. Doch dies war auch schon alles, was ohne weiteres zu erkennen war.

Die Franzosen erwarteten damals einen neuen Angriff der Deutschen, und die Einführung der neuen Chiffre konnte als Zeichen dafür gelten, daß damit schon in den nächsten Tagen zu rechnen war. Trotz aller Bemühungen aber gelang es vorderhand nicht, das neue Schlüsselsystem zu brechen, und als am 21. März von den Deutschen die Schlacht an der Somme eingeleitet wurde, waren die französischen Streitkräfte über eine lange Linie verteilt. Es dauerte lang, bis sie sich zur Gegenoffensive sammeln konnten, und inzwischen waren die Deutschen 50 Kilometer weit vorgedrungen, ehe sie zum Halten gebracht werden konnten.

Inzwischen wußte Painvin natürlich schon ein wenig mehr über den ADFGX-Schlüssel – es handelte sich um ein Schachbrettsystem nach dem Vorbild des Polybius mit nachfolgender Transposition. Dieser Schlüssel wurde jeden Tag gewechselt, und so war es schwierig, ihn mit der einzig aussichtsreichen Methode, der Buchstabenfrequenzanalyse, zu brechen. Erst am 1. April 1918 war der deutsche Funkverkehr so rege, daß Painvin 18 abgefangene Nachrichten erhielt. Darunter befanden sich zwei mit gleichlautenden Textabschnitten, und das verhalf Painvin zu seinem ersten Erfolg mit dem neuen deutschen Schlüsseltyp. Es gelang ihm aber nicht, eine generelle Lösung zu finden. Aussicht auf erfolgreiche Arbeit bestand nur an Tagen mit starkem deutschen Funkverkehr. Alles in allem wurden damals etwa 50 Prozent der deutschen Geheimnachrichten entziffert.

Die Deutschen behielten den ADFGX-Schlüssel bis zum Jahr 1918 bei, und dann kam es zu einer Wendung, die man fast als eine Wiederholung der Situation des Jahres 1915 ansehen kann. Daß sich wichtige Ereignisse anbahnten, war Painvin von dem Moment an klar, als er am 1. Juni 1918 wieder einmal einen abgefangenen Funkspruch erhielt: Auf den ersten Blick stellte er fest, daß die Deutschen einen neuen Schlüssel eingeführt hatten, in dem nun sechs verschiedene Zeichen vorkommen, und zwar A,

D, F, G, V und X. Wieder rechneten die Franzosen mit einer deutschen Offensive, und wieder war es für sie außerordentlich wichtig, Näheres darüber zu erfahren.

Schon am Nachmittag desselben Tages begann Painvin mit seiner Arbeit. Und er hatte unglaubliches Glück: Unter den ihm vorliegenden Funksprüchen waren zwei, die sich nur durch die Adresse unterschieden. Damit hatte man Painvin bereits am ersten Tag zum wichtigsten Lösungsschritt verholfen. Es dauerte nicht lang, und er hatte den neuen Polybius-Raster aufgeklärt, in den nun auch die Ziffern 0 – 9 einbezogen waren:

	A	D	F	G	V	X
A	c	o	8	x	f	4
D	m	k	3	a	z	9
F	n	w	l	0	j	d
G	5	s	i	y	h	u
V	p	l	v	b	6	r
X	e	q	7	t	2	g

Der Klartext dieser Nachricht war nicht besonders wichtig, doch er lieferte den Beweis, daß das neue deutsche System zu brechen war, wenn auch nur unter günstigen Voraussetzungen.

Am 3. Juni wurde ein weiterer Funkspruch abgefangen, und der mußte wichtig sein, denn er kam, wie mit Hilfe französischer Peilsender festgestellt wurde, direkt vom deutschen Hauptquartier. Es gelang Painvin zwar zunächst noch nicht, ihn zu entziffern, doch ließ sich immerhin der Sinn ermitteln – es handelte sich um eine Aufforderung, den Nachschub mit Munition zu beschleunigen. Auch die Adresse war bekannt: das Generalquartier der 18. Armee in Remaugies. Nun kannten die Franzosen jene Stelle, an der der Angriff zu erwarten war, und sie stellten sich darauf ein. Als Ludendorff schließlich am 9. Juni losschlug, standen fünf Divisionen bereit, warfen sich den Deutschen entgegen und brachten sie dazu, ihr Vorhaben aufzugeben, bevor sie das Ziel – die französische Hauptstadt – erreicht hatten. Damit war der deutsche Vormarsch endgültig zum Scheitern gebracht worden, die Alliierten gewannen mehr und mehr die Oberhand und zwangen die Achsenmächte schließlich zur Kapitulation. Nur wenige wissen, daß es französische Kryptanalytiker gewesen waren, die die entscheidende Wende herbeigeführt hatten.

Nach dem Kriegsende war Georges Jean Painvin mit seinen Kräften am Ende, er hatte über 15 Kilogramm an Gewicht verloren und brauchte eine längere Erholungszeit, ehe er eine erfolgreiche zivile Karriere in der französischen Industrie beginnen konnte. Doch, wie er später berichtete, fand er niemals wieder jene Befriedigung an seinen Erfolgen wie seinerzeit, als es ihm gelungen war, das ADFGVX-System zu brechen.

Auch die englische Abwehr war durch die Anforderungen, die das geheime Nachrichtenwesen stellten, völlig überrascht worden. Doch schon am ersten Kriegstag wurde Sir Alfred Ewing, der Direktor für Erziehungsfragen in der britischen Marine, dessen Interesse an kryptologischen Fragen der Admiralität bekannt war, mit der Entschlüsselung von Kryptogrammen beauftragt. Mit einigen Lehrern, die ausgezeichnet Deutsch konnten, bildete er ein Team, das zunächst damit begann, alle Informationen über Verschlüsselung und Codierung in der Bibliothek des Britischen Museums ausfindig zu machen. Der Weg zu praktischen Erfolgen erwies sich als recht schwierig, und unter den abgefangenen Geheimtexten, deren Entzifferungen ihnen erst viel später gelang, waren einige von entscheidender Bedeutung. Darunter befand sich auch eine Radiodepesche an Admiral Wilhelm Souchon, den Kommandaten der deutschen Mittelmeerflotte.

Sie betraf die Allianz mit der Türkei und enthielt den Befehl, mit den Kriegsschiffen Göben und Breslau zu den Dardanellen zu fahren, um die Verbindung der Russen mit den übrigen Alliierten abzuschneiden. Die Engländer hatten dagegen erwartet, daß die Schiffe einen Angriff auf Gibraltar planten und sie deshalb westwärts von Sizilien gesucht. So aber konnten die Deutschen ihren Plan durchführen – ein wesentlicher Beitrag zur Niederwerfung Rußlands. Ein wirkungsvoller Entschlüsselungsdienst hätte vielleicht zu ganz anderen Entwicklungen geführt.

Inzwischen taten die britischen Kryptanalytiker ihr möglichstes, um die deutschen Schlüssel zu brechen. Sie studierten die Code-Bücher mehrerer deutscher Firmen und beschäftigten sich auch mit einem Buch zur Verschlüsselung wirtschaftlicher Nachrichten, die sie von einem in Australien lebenden deutschen Kaufmann bekommen hatten, doch alles das führte nicht zum erhofften Durchbruch.

Gerade zur rechten Zeit, im Herbst 1914, kam es zu einem Ereignis, einem geradezu einmaligen Glücksfall für die britischen Entzifferer, der ihnen zum Durchbruch verhalf. Anfang September sank der deutsche leichte Kreuzer Magdeburg in der Ostsee. Wenige Stunden später wurde von den Russen die Leiche eines deutschen Unteroffiziers aufgefischt, der nicht nur minutiös gezeichnete Karten der Nordsee und der Bucht von Helgoland bei sich trug, sondern auch die Schlüssel- und Signalbücher der deutschen Marine. Die Russen setzten sich mit den Engländern in Verbindung und boten ihnen das erbeutete Material zur Auswertung an. Winston Churchill, erster Lord der britischen Admiralität (was einem Marine-Minister entspricht), erkannte die Bedeutung der gebotenen Chance und sandte ein Schiff nach Rußland, das die Bücher bringen sollte, und er nahm sie dann persönlich in Empfang.

Als sich nun das britische Kryptologenteam anhand der neuen Unterlagen an den Versuch einer Entzifferung machte, war die Enttäuschung groß, denn sie erbrachte keine leserlichen Ergebnisse. Und doch war damit das schwerste Hindernis beseitigt; es stellte sich heraus, daß die Nachrichten der deutschen Marine ein zweites Mal verschlüsselt worden waren, und zwar durch eine einfache monoalphabetische Substitution. Ewing mit seinen Leuten mußte sich also noch einmal an die Arbeit machen, und es dauerte immerhin weitere drei Wochen, bevor sie die ersten Depeschen aus dem

Nachrichtenverkehr der deutschen Marine in Klartext vor sich liegen hatten. Und obwohl die meisten entzifferten Texte nur Routinemeldungen betrafen, so ergab sich doch eine immer bessere Übersicht über die Situation in der Bucht von Helgoland, und die Auftraggeber waren mit der Arbeit ihres Kryptologenteams zufrieden.

Die Zahl der abgefangenen Funksprüche nahm zu, und Ewing mußte seinen Mitarbeiterstab vergrößern. Im November 1914 zog er in die alten Gebäude der Admiralität in London ein, und zwar in den »Raum 40« – eine Bezeichnung, die später als Deckname der »Intelligence Division 25« diente, der öffentliche Name der kryptanalytischen Sektion.

Ewings Arbeit war auch weiterhin vom Glück begünstigt. Ende Dezember fischte die Besatzung eines englischen Trawlers eine Kiste auf, die sie, gemeinsam mit anderen Überresten eines versenkten deutschen Zerstörers, im Wasser treibend gefunden hatte. Sie enthielt ein Codebuch, das den britischen Kryptanalytikern gerade noch fehlte. Wie sich herausstellte, wurde es nicht nur für den Nachrichtenaustausch zwischen deutschen Kriegsschiffen, sondern auch in der Kommunikation zwischen Berlin und den höchsten Befehlsstellen der deutschen Marine gebraucht.

Zum wichtigsten Aufgabenbereich von Raum 40 gehörten Vermittlungen über die Aktivität der deutschen Schiffe, die den über das Meer kommenden Nachschub für England zu unterbinden versuchten. Aufgefangene und entzifferte Nachrichten waren willkommene Grundlage dafür, die Geleitzüge so durch die gefährdeten Gewässer zu dirigieren, und sie unversehrt ans Ziel zu bringen. Wie die Öffentlichkeit erst später erfuhr, waren aber auch die Gründe für mehrere andere Erfolge der englischen Flotte in Raum 40 zu suchen. Das gilt beispielsweise für die Schlacht an der Doggerbank. Deutsche Kriegsschiffe hatten schon einige Male militärisch wichtige Bereiche der englischen Küste beschossen und waren dann ebenso unbemerkt entschwunden, wie sie gekommen waren. Ende Januar 1915 aber gelang es durch Entzifferung einiger Funksprüche, rechtzeitig Informationen über eine weitere geplante Aktion zu erhalten. So war es einer Reihe von englischen Kriegsschiffen möglich, den Deutschen den Rückzug abzuschneiden. Bei der dadurch ausgelösten Seeschlacht wurde das deutsche Schlachtschiff Blücher versenkt und die beiden Schiffe Seydlitz und Derfflinger schwer beschädigt; nur mit Glück konnten sie einen deutschen Hafen erreichen. Es dauerte ein Jahr, bis die deutsche Flotte wieder voll einsatzbereit war.

Da die Deutschen die Anfälligkeit größerer Kriegsschiffe erkannten, stellten sie sich mehr und mehr auf den U-Boot-Krieg ein und fügten den Alliierten erhebliche Verluste zu. Deshalb wurde es immer wichtiger, den Standort der deutschen Unterwasserjäger herauszufinden. Eine der wenigen Möglichkeiten dazu lieferte der Funkverkehr zwischen diesen und ihren Befehlsstellen. Dazu verwendeten die Deutschen einen Vier-Buchstaben-Code, der durch Spalten-Transposition überschlüsselt war. Als Gegenmaßnahme zur unbefugten Entschlüsselung wurde überdies alle paar Tage das Schlüsselwort geändert. Einige Angehörige von Raum 40 hatten sich auf Nachrichten von und zu den U-Booten spezialisiert; die deutschen Verschlüsselungsmaßnahmen bereiteten ihnen kaum Schwierigkeiten, und sie waren stets bestens über alles informiert, was überhaupt durch Nachrichten ausgedrückt wurde. Überdies gab es einen Taucher, E. C. Miller, der sich auf die Erkundung versenkter deutscher U-Boote spezialisiert hatte. Er wußte genau, wo die Deutschen ihre Code-Bücher aufzubewahren pflegten: nämlich in Stahlbehältern, die in den Offiziersquartieren verwahrt wurden. Und er brachte es auch immer wieder fertig, das wichtige Material zu bergen und an die Belegschaft von Raum 40 weiterzuleiten. Deren Tätigkeit wurde dadurch fast zur Routinearbeit – kaum glaubliche Mengen von laufend eintreffenden Funksprüchen wurden innerhalb kürzester Zeit entziffert und ausgewertet.

Im Mai 1916 wurde Ewing auf den Posten eines Präsidenten der Universität von Edinburgh berufen. In der Leitung von Raum 40 löste ihn Captain William Reginald Hall ab, eine bemerkenswerte Persönlichkeit in der Geschichte der Kryptologie. Gleich zu Beginn seiner neuen Tätigkeit erhielt er Gelegenheit zur Bewährung. Aus abgefangenen Funksprüchen ging hervor, daß die deutsche Kriegsmarine einen größeren Schlag vorbereitete, und am Morgen des 30. Mai 1916 kam die Nachricht, daß die Schiffe ihren Stützpunkt Wilhelmshaven verließen und sich an einem Punkt sammelten, von dem aus sie die das Meer erreichen konnten. Der Oberbefehlshaber der britischen Kriegsflotte, Lord Jellicoe, gab seinen Schiffen den Befehl, Kurs auf die Sammelstelle der deutschen Schiffe zu nehmen und sie anzugreifen. Es kam zur Seeschlacht am Skagerrak, in der die deutsche Kriegsmarine praktisch vernichtet wurde. Es war die erste große Seeschlacht des Ersten Weltkriegs, und wahrscheinlich war es auch die letzte der Geschichte – die schweren Schiffe erwiesen sich den modernen Geschützen gegenüber als viel zu anfällig. Ihre strategischen Aufgaben im Bereich der Hochsee wurden von U-Booten und Flugzeugen übernommen.

Durch die Erfolge von Raum 40 hatte die englische Kryptologie einen geradezu legendären Ruf bekommen, und im Zweiten Weltkrieg setzte sich diese Tradition fort. Sie ist aber nicht nur der theoretischen Beschlagenheit der Mitarbeiter zu verdanken, sondern auch ihrer Fähigkeit, sich auf die Erfordernisse der Praxis einzustellen. Hatte man bisher kryptologische Aufgaben als isolierte Probleme gesehen, die sich durch Tüftelei in der Abgeschlossenheit »Schwarzer Kabinette« lösen ließen, so war nun gerade der lebendige Gedankenaustausch mit Institutionen, vor allem den verschiedenen Nachrichtendiensten, ausschlaggebend. Oft genug kamen die Anhaltspunkte für die Kryptologen, die schließlich zu verwertbaren Resultaten führten, von Aufklärungseinheiten und Agenten.

Zu Beginn des Ersten Weltkriegs waren die Mittel des militärischen Funkverkehrs erst einige Jahre alt, und ein großer Teil der Nachrichtenverbindung lief noch über Telephon. Die meisten Feldtelephonanlagen arbeiteten mit einer einzelnen Verbindungsleitung – der Stromkreis wurde durch Erdung geschlossen. Lange Zeit hielt man diese Art des Nachrichtenaustausches für sicher – es sei denn, es gelang dem Feind, die Leitung anzuzapfen. Aus diesem Grund fand niemand etwas dabei, Telephongespräche in Klartext zu führen.

Auf das Abhorchen des feindlichen Telephonverkehrs war der deutsche Geheimdienst gut eingestellt. Er hatte einen neuartigen Verstärker zur Verfügung, der mit den neu entwickelten Vakuumröhren arbeitete. Die schwachen Stromstöße, die von dem durch die Erde geleiteten Rückstrom stammten, genügten, um die Gespräche hörbar zu machen. Erst 1915 wandten die Truppen der britischen Infanterie ein Gegenmittel an, einen von der British Western Electric entwickelten elektrischen Rauschgenerator. Mit ihm wurden in der Nähe der Feldtelephone ungeordnete Stromstöße ins Erdreich geleitet, die die abgehörten Gespräche unverständlich machten. 1916 setzten die britischen Nachrichtentruppen selbst eine sehr effektvolle Verstärkeranlage zum Abhören der deutschen Telephongespräche ein, die Erdströme noch in Entfernungen von fünf Kilometern aufnahmen. Daraufhin wurde in vielen Fällen der Gebrauch des Feldtelephons verboten.

Im Ersten Weltkrieg setzte man aber auch schon das neue Mittel der drahtlosen Nachrichtenübermittlung, den Funk, voll ein. Schon am 5. August 1914 war das britische Kabelschiff Telconia durch die Nordsee nahe an die deutsche Küste gekommen. Es hob die deutschen Überseekabel und kappte sie. Dadurch wurden die Deutschen gezwungen, den Funkverkehr einzusetzen, soweit es nicht Ausweichmöglichkeiten über andere Länder gab.

Am 19. August 1914 war die Geburtsstunde der elektronischen Abwehr. Britische Funkwagen hatten sich im Rathausgarten der nordfranzösischen Stadt Le Cateau installiert und begannen, deutsche Funksprüche abzuhören. Die Wirksamkeit dieser Tätigkeit lag klar auf der Hand, und bald waren es insgesamt zehn Funkwagen, die in Frankreich wie auch in England im Einsatz standen.

Selbstverständlich war es das erste Ziel, die Funksprüche mit genügender Genauigkeit zur Entzifferung aufzunehmen. Aber selbst wenn das nicht möglich war, konnte die Überwachung zu verwertbaren Resultaten führen. So wurde es üblich, die Zahl der aufgefangenen Funksprüche statistisch auszuwerten; ein Anstieg der Funkaktivität wie auch eine Funkstille deuteten stets auf bevorstehende Ereignisse hin und forderten zu erhöhter Wachsamkeit heraus.

Aber selbst eine Funkverkehrsanalyse ist nur möglich, wenn es gelingt, den gegnerischen Sender zu empfangen. Anfang des Krieges war als Empfänger der Kristalldetektor allgemein gebräuchlich. Für den Einsatz der Abhorchdienste war er jedoch zu wenig empfindlich, und so wurde er mit elektronischen Verstärkerröhren kombiniert, die die Leistung beträchtlich erhöhten. Es waren die ersten Geräte der elektronischen Kriegsführung. Doch der beste Verstärker nützt wenig, wenn die Sendefrequenz unbekannt ist, weswegen diese als militärisches Geheimnis gilt. Um die Sender zu finden, ist es zunächst nötig, den in Frage kommenden Frequenzbereich abzusuchen – genauso wie wir es mit dem Abstimmknopf unserer Radiogeräte tun, wenn wir einen nicht näher bezeichneten Sender suchen.

Noch eine andere Größe ist wichtig: der Standort des Senders. Um ihn zu ermitteln, muß man zunächst herausfinden, aus welcher Richtung Radiowellen kommen. Eine Methode dazu ist die Peilung. Sie beruht auf der Tatsache, daß eine Rahmenantenne den besten – und stärksten – Empfang hat, wenn sie senkrecht auf die Laufrichtung der Wellen eingestellt ist. Dazu benutzt man besonders konstruierte Peilantennen, die so lange geschwenkt werden, bis der Empfang optimal ist. Zur Bestimmung der Position des Senders braucht man nun noch seine Entfernung. Diese läßt sich einigermaßen abschätzen, wenn man die Sendeleistung kennt, und zwar aufgrund der mit wachsender Entfernung abnehmenden Empfangsintensität.

Am Anfang des Krieges standen den Franzosen keine Anlagen zur Verfügung, die ihnen eine genaue Winkelbestimmung oder eine Messung der Empfangsintensität gestattet hätten. Zur Peilung verwendeten sie normale Sendeantennen, und die Entfernung schätzten sie danach ein, ob die Signale laut oder leise empfangen wurden; dabei setzten sie voraus, daß alle deutschen Sender mit etwa der gleichen Intensität arbeiteten. Das war aber sicher nicht der Fall; der wichtigste deutsche Sender war jener von Nauen, der mit einer Sendeleistung von 200 kW der stärkste Sender der Welt war. Von ihm aus wurde die Verbindung mit den Schiffen der Kriegs- und Handelsmarine, insbesondere aber auch mit der deutschen Unterseebootflotte aufrechterhalten. Auch die Kommunikation mit den deutschen Kolonien in Afrika und den amerikanischen Handelspartnern – die USA befanden sich damals noch nicht im Krieg – ging von Nauen aus.

Die Standortbestimmung der Sender ist nicht nur zur Identifizierung wünschenswert, sondern sie bringt oft genug auch strategisch wichtige Information. Das ist beispielsweise bei den Einheiten der Marine der Fall, wo jeder Funkspruch zur Entdeckung des Absenders führen kann. Das galt insbesondere für die U-Boote, die damals zum Empfangen und Versenden von Funksprüchen auftauchen mußten.

Schon im September 1914 brachte der geheime Nachrichtendienst der britischen Armee mehrere Stationen mit eigens entwickelten Peilanlagen zum Einsatz – zwei davon in Frankreich. Durch die Verwendung von zwei und mehreren Standorten bei der Anpeilung läßt sich durch eine Winkelbestimmung der Standort des gegnerischen Senders relativ genau feststellen. Sowohl die Peilanlagen als auch die Sender wurden im Laufe des Krieges mehrmals durch neuere Typen ausgetauscht.

Eine besondere Anwendung des Peilverfahrens in der Abwehr ist die Suche von Spionen, die über Sender mit ihren Auftraggebern in Verbindung treten. Auch hierbei hatte der britische Geheimdienst mehrmals Erfolg. Einer dieser Fälle stand im Zusammenhang mit dem Bombardement englischer Städte durch deutsche Zeppeline. Da damals in England Verdunkelung befohlen war, fiel es den Piloten schwer, ihre Ziele zu finden. Deutsche Agenten in London hatten deshalb den Befehl erhalten, bei der Navigation über Funk behilflich zu sein. Der Geheimsender wurde angepeilt, und wenig später wurden die Spione überrumpelt: Es war ein Klavierlehrer mit seiner Tochter, die ihre Sender und Empfänger in ihren Musikinstrumenten untergebracht hatten.

Dieses Ereignis beendete den Einsatz der deutschen Zeppeline. Die britischen Spezialisten legten nämlich den erbeuteten Sender nicht still, sondern benützten ihn, um bei nächster Gelegenheit die anfliegenden deutschen Luftschiffe in eine abseits liegende Heidelandschaft im Norden von London zu leiten. Dort erfolgte ein Überraschungsangriff britischer Kampfflugzeuge – nur wenige der schwer navigierbaren

Flugkörper erreichten mit knapper Not schließlich das rettende Ufer der Heimat.

Auch dieser Fall zeigt, daß Maßnahmen der Abwehr oft genug zu entscheidenden Wendungen im Kriegsgeschehen führten. Das eindrucksvollste Beispiel des Ersten Weltkriegs dafür ist aber zweifellos die Affaire um die sogenannte »Zimmermann-Depesche«. Sie hatte den Eintritt der USA in den Ersten Weltkrieg zur Folge.

Damals versuchten die Engländer den deutschen Widerstand durch eine »Blockade« zu brechen – indem sie Deutschland von allen Hilfsquellen der übrigen Welt abzuschneiden versuchten. Sie selbst aber erhielten insbesondere aus dem befreundeten Amerika Schiffsladungen mit dringend benötigten Nachschubgütern. Dieser rege Schiffsverkehr war den Deutschen ein Dorn im Auge, und es war ein verheißungsvoller Gedanke für sie, England selbst durch eine Unterbrechung des Güterverkehrs mit Amerika einer Blockade zu unterwerfen. Doch obwohl der amerikanische Präsident die letzte Wahl unter der Devise gewonnen hatte: »Die USA halten sich aus dem Krieg heraus«, war doch zu befürchten, daß eine Versenkung amerikanischer Handelsschiffe zum Kriegseintritt der USA führen würde. Der deutsche Außenminister Arthur Zimmermann erwog deshalb ein Bündnis mit Mexiko, das sich insbesondere gegen Amerika richten sollte. Die erste Maßnahme sollte ein uneingeschränkter U-Boot-Krieg gegen die amerikanischen Nachschubschiffe sein. Als Belohnung stellte der deutsche Außenminister den Mexikanern die Eingliederung von Neumexiko, Arizona und Texas in Aussicht.

Wegen der Wichtigkeit der Nachricht wurde sie auf zwei Wegen nach Amerika gesandt. Einmal ging sie über Funk, und das andere Mal wurde ein Umweg über Schweden gewählt. Die Engländer fingen beide Telegramme ab und leiteten sie an Raum 40 weiter. Aufgrund des Empfängers und des Absenders war man sich der Wichtigkeit der Nachricht klar, und es gelang zumindest zum Teil, sie zu entziffern.

Für die Briten stand es fest, daß der Wortlaut brisant genug war, um die USA zum Eintritt in den Krieg an ihrer Seite zu veranlassen – ein Entschluß, der ihnen sehr willkommen gewesen wäre – doch sie zögerten lang, von ihrem Wissen Gebrauch zu machen, und das hatte seine Gründe. Vor allem hätten dann die Deutschen erfahren, daß der Feind Kenntnis ihres geheimsten Schlüssels hatte. Und einige Zeit hindurch waren die Beziehungen zwischen den USA und Deutschland so düster geworden, daß ein Kriegseintritt der Amerikaner vielleicht auch ohne den Einsatz des Zimmermann-Telegramms zu erwarten war. Als sich diese Hoffnung letztlich als trügerisch herausstellte, entschloß man sich doch noch, es der amerikanischen Regierung zu offenbaren. Um die Herkunft zu verschleiern, wurde es so präpariert, daß die Öffentlichkeit annehmen mußte, die undichte Stelle, durch die es den Engländern zugekommen war, läge in Mexiko. Und in der Tat erfuhren die Deutschen erst viel später, auf welche Weise die Gegner Einblick in ihren Nachrichtenverkehr gewonnen hatten.

Im Februar 1917 wurde der amerikanische Präsident informiert, und der Wortlaut des Telegramms kam in die Presse. Durch diese Ereignisse überrumpelt, tat der deutsche Außenminister Zimmermann ein übriges, indem er die Authentizität des Telegramms zugab. Das genügte, um die amerikanische Bevölkerung gegen die

Deutschen aufzubringen und die öffentliche Meinung für den Eintritt in den Krieg zu gewinnen. Und als Präsident Wilson den Kongreß aufforderte, einer Kriegserklärung zuzustimmen, erhielt er dafür brausenden Beifall. Damit war der Krieg in eine entscheidende Phase getreten, die für den Sieg der Alliierten bestimmend war. Aber erst viel später wurde das Geheimnis enthüllt: daß die Initiative dazu von den Kryptologen in Raum 40 ausgegangen war.

4
Die Kunst der Entzifferung

Während des Ersten Weltkriegs hatten die Spezialisten der »Intelligence« bemerkenswerte Fortschritte gemacht und eine Fülle von Erfahrungen für die Anwendung ihrer Fachkenntnisse in der Praxis gewonnen. Die Kryptographie dagegen, der Entwurf neuer Verschlüsselungsmethoden, hatte sich kaum weiterentwickelt. Die zwischen 1914 und 1918 angewandten Schlüsselverfahren waren längst bekannt, viele stammten aus früheren Jahrhunderten.

Neu hinzugekommen war lediglich die systematische Überschlüsselung – die Anwendung verschiedener Schlüsselverfahren hintereinander. So wurden beispielsweise manche durch Substitution verschlüsselte Botschaften durch eine nachfolgende Transposition zusätzlich gesichert.

Der Grund für diese unlogisch scheinende Entwicklung lag an der besonderen Situation: Zwei Jahre lang kümmerten sich die Deutschen so gut wie gar nicht um die Kommunikation ihrer Gegner, und so bestand für die Briten und Franzosen keinerlei Grund zur Ausarbeitung raffinierterer Methoden. Im übrigen hätten die von den Engländern eingesetzten Schlüssel erfahrenen Kryptologen keine ernsthaften Schwierigkeiten bereitet.

Als die Deutschen 1916 endlich damit begannen, einen Entzifferungsdienst zu organisieren, hatten sie einen gewaltigen Vorsprung der Gegenseite aufzuholen. Für die Alliierten genügte es, ihre Schlüssel in geringeren Intervallen zu wechseln und mehrfache Überschlüsselungen anzuwenden.

Die Praxis zeigte aber auch sehr gut, daß sich die Kryptographie auf den Erkenntnisstand der Kryptanalyse einstellen mußte, und da hierin in Deutschland lange Zeit hindurch keinerlei Aktivitäten zu verzeichnen waren, erwiesen sich die deutschen Schlüsselverfahren oft genug als überholt. Als sich bei den höheren deutschen Stellen Mitte des Krieges endlich doch eine bessere Einsicht über die Wichtigkeit kryptologischer Maßnahmen durchsetzte, gab es eine Phase der Konfusion – in raschem Wechsel wurden verschiedenste Schlüsselmethoden erprobt und wieder verworfen. Erst durch den Anstoß von fachlich fundierten Kryptologen kam es auch zur Verwendung wirksamerer Methoden, die sich mit großem Erfolg nach und nach durchzusetzen begannen.

In der Kryptanalyse gibt es mehrere streng wissenschaftlich untermauerte Lösungsverfahren, die – insbesondere bei einfachen Schlüsseln – routinemäßig zum Erfolg führen. Die Beherrschung dieser Methoden ist eine Selbstverständlichkeit für den professionellen Entzifferer. Im Ernstfall wird er freilich mit seinem angelernten Wissen nicht weit kommen – in vielen Fällen wird es nötig sein, neue Analyseverfahren zu erfinden. Es hat seinen Grund, daß unter den Pionieren der Kryptologie mehrere Wissenschaftler sind, die sich auch in anderen Fachgebieten hervorgetan haben – beispielsweise Charles Wheatstone, dessen Name auch der heutigen Technikergeneration noch gut bekannt ist, und zwar durch eine Anordnung der elektrischen Meßtechnik, die nach ihm benannte Brückenschaltung, oder Charles Babbage, der Konstrukteur der ersten, mechanisch arbeitenden Rechenmaschine, und Claude E. Shannon, der Begründer der Informationstheorie – um nur einige Persönlichkeiten aus jüngerer Zeit zu nennen. Aber selbst die besten Verfahren haben ihre Grenzen, und oft genug hilft jene Eigenschaft, die man Intuition nennt und die auf dem spontanen Erfassen von mehr oder weniger verdeckten Zusammenhängen beruht. Und noch ein Faktor gehört dazu, der auch in anderen Lebenslagen hilfreich ist: eine gewisse Portion von Glück.

In vielen Fällen ist das Glück ein Geschenk des Himmels, im Fall der Kryptologie jedoch ist es meist dem Gegner zu verdanken – dessen Unwissenheit, Faulheit oder Schlamperei. Ein besonders eklatanter Fall trug sich gegen Ende des Ersten Weltkriegs zu. Inzwischen war auch der amerikanische Abhördienst aktiv geworden, und oft gelang es ihm, Nachrichten abzufangen, die den anderen Alliierten entgangen waren.

Am 11. März 1918 hatten die Deutschen einen neuen Code eingeführt, und schon wenige Stunden später lag ein abgefangener Funkspruch vor Leutnant Hugo A. Berthold, dem Leiter einer der amerikanischen Kryptanalyse-Abteilungen:

00:25 CHI – 13 845 422 373 792 240 245 068 652 781 245 659 659 504

An den Zifferngruppen sah Berthold sofort, daß es sich um einen neuen Code handelte, und er machte sich auf schwere Arbeit in den nächsten Tagen gefaßt. Doch schon wenige Minuten später lag ein offenbar im alten Code abgefaßtes Antworttelegramm vor ihm:

CHI–13/OS RGV KZD

Diesen Code kannte Berthold gut – die Gruppe OS bedeutete »ohne Sinn«, RGV bedeutete »alt«, und KZD war ihm unbekannt. Mit etwas Phantasie konnte man diese Nachricht ergänzen: »Sende im alten Code«, doch Berthold konnte nicht glauben, daß der Empfänger das ernst meinte, und schon gar nicht, daß ihm der Absender folgen würde. Doch nur fünf Minuten später kam der nächste Funkspruch:

00:25 CHI-14 UYC REM KUL RHI KWZ RLF RNQ KRD RVJ UOB KUU UQX UFQ RQK

Es schien tatsächlich dieselbe Nachricht zu sein, und da sie nach dem alten Verfahren codiert war, konnte sie Berthold mühelos lösen. In Zusammenarbeit mit englischen und französischen Fachleuten ließ sich dann der neue Code rasch brechen, und die Alliierten waren mit ihm bald besser vertraut als die Deutschen selbst. Dieser Code, mit dem Namen »Schlüsselheft«, diente vor allem dem aktuellen Nachrichtenaustausch an der Front. So waren die Alliierten in dieser Zeit gut über die deutschen Pläne informiert – die Gedankenlosigkeit, die den Amerikanern die Lösung des neuen Codes gleich ins Haus geliefert hatte, kostete Tausenden deutschen Soldaten das Leben.

Für einen Kryptologen ist es natürlich ein gefundenes Fressen, wenn er ein und dieselbe Nachricht in zwei verschiedenen Arten der Verschlüsselung erhält – selbst dann, wenn er keinen der Schlüssel kennt. Es müssen aber nicht unbedingt ganze Nachrichten oder ganze Sätze sein – schon identische Passagen, ja sogar gleiche Wörter sind von Nutzen. Es war gerade die Vorliebe der Deutschen zur Ordnung und zur Norm, die den Kryptologen im gegnerischen Lager immer wieder Anhaltspunkte zur Lösung gab. David Kahn, der mit seinem Buch »The Codebreakers« die ausführlichste Darstellung der Kryptologie gegeben hat und durch den auch das oben erwähnte Beispiel bekannt wurde, erwähnt noch eine Reihe anderer Fälle.

So bedienten sich die Deutschen beispielsweise stets derselben Fassung einer Meldung, auch wenn der Schlüssel oder der Code inzwischen geändert worden war – wie etwa »Im Westen nichts Neues«. Sie benützten stets gleichbleibende Ausdrücke, die insbesondere am Beginn der Nachrichten leicht zu identifizieren waren, beispielsweise »Dringend – sofort erledigen«, »Bezug nehmend auf ...«, »Geheime Kommandosache« usw. Als Standardtext zum Testen von Codes setzten sie mit Vorliebe bekannte deutsche Sprichworte ein, beispielsweise »Morgenstund hat Gold im Mund«. Bekannt war auch die Vorliebe der Deutschen für patriotische Begriffe, die sie bevorzugt als Schlüsselwörter verwendeten, beispielsweise VATERLAND, KAISER, DEUTSCHLAND u.ä. Manchmal brauchten die Franzosen nur einige wenige Möglichkeiten durchzuchecken – und hatten schon die Lösung parat.

Natürlich darf der Kryptologe nicht damit rechnen, daß es ihm der Gegner so leicht macht, doch selbst bei einer durchaus sachgemäßen Verschlüsselung läßt es sich nie ganz ausschließen, daß sich bestimmte Wortgruppen in mehreren Nachrichten hintereinander wiederholen, daß manche Begriffe mehrfach gebraucht werden usw. All das aber liefert jene Ansatzpunkte, von denen aus sich Schlüssel knacken lassen.

Und damit sind wir an jener Stelle angekommen, wo die systematische Arbeit beginnt. Lehrer der Kryptologie empfehlen ihren Schülern, sich zunächst einige Dinge zurechtzulegen – einen gut gespitzten Bleistift, kariertes Papier, einen Radiergummi, Wörterbücher und all jene Listen und Tabellen, deren Bedeutung wir noch kennenlernen werden. Und dann beginnt eine Abschätzung der Situation. Der Kryptologe Donald Millikin von der New Yorker Universität hat jene Punkte zusammengefaßt, die in dieser Anfangsphase Bedeutung verdienen. Sie betreffen alle Informationen im Zusammenhang mit dem Kryptogramm: Wo und wann wurde es empfangen? Wer kommt als Absender, wer als Empfänger in Frage? In welchem Zusammenhang könnte der Inhalt stehen – ist er diplomatischer Art oder militärischer? Betrifft er Fragen der Infanterie, der Marine, der Luftwaffe? Könnte die Nachricht im Zusammenhang mit anderen, vorher abgefangenen Nachrichten stehen? Diese letzten Fragen zeigen, daß gute Kenntnisse über den Gegner, seine Gewohnheiten und seine Aktionen wichtig sind.

Und nun erst beginnt man sich mit dem Text zu beschäftigen. In welcher Form liegt er vor? In Buchstaben, in Ziffern oder in anderen Zeichen? Wieviele verschiedene Zeichen treten auf? Sind sie in Gruppen unterschiedlicher oder gleicher Länge geordnet? Läßt sich eine Annahme über die verwendete Sprache machen? Millikin hat für die wichtigsten Fragen, über die man sich klar sein sollte, ein Formular entworfen, und er empfiehlt, es auf jeden Fall, selbst wenn die Informationen lückenhaft sind, so gut wie möglich auszufüllen.

Und noch eine praktische Empfehlung, die diesmal vom französischen Meisterkryptologen, General M. Givierge, stammt und recht hilfreich sein kann: Treten ungebräuchliche Zeichen auf, so ist es angebracht, sie durch übliche, beispielsweise Buchstaben oder Ziffern, zu ersetzen. Die Praxis hat gezeigt, daß dadurch eine wesentlich bessere Übersicht erreicht wird – der erfahrene Entzifferer hat dann eine größere Chance, irgendwelche Regelmäßigkeiten, Wiederholungen und dgl. aufzufinden, die im anderen Fall verdeckt bleiben können. Für diese Übertragung wird man das eingangs erwähnte karierte Papier verwenden, das die immer notwendigen Zählvorgänge erleichtert.

Für den Einstieg in das eigentliche Lösungsverfahren gibt es zwei Wege. Der erste ist als »Methode der wahrscheinlichen Wörter« bekannt. Sie wird von jenen Kryptanalytikern bevorzugt, die gern auf intuitiver Basis arbeiten. Ihre Grundlage sind Wörter aus der Fachsprache von Sender und Empfänger, aus dem Umkreis jener Probleme, die erwartungsgemäß behandelt werden. In militärischen Nachrichten der Bodentruppen wird beispielsweise von ANGRIFF, RÜCKZUG, GESCHÜTZ, DIVISION usw. die Rede sein. Diese Wörter haben ihren bestimmten Aufbau, manche Buchstaben kommen mehrmals vor, manche weisen Symmetrien auf wie die Drei-Buchstaben-Gruppen IVI und ISI in DIVISION usw. Findet man diese »wahrscheinlichen Wörter«, dann gelingt es oft, das Kryptogramm von ihnen aus aufzubrechen. Sind nämlich erst einige Zeichen identifiziert, hat man einige Worte erkannt, dann ergeben sich aus den Zusammenhängen verschiedenste Möglichkeiten, um auf einem systematischeren Weg weiterzugehen. So wird man beispielsweise versuchen, aufgrund der vermuteten Zuordnung eine buchstabenweise Übersetzung vorzunehmen – am besten, man schreibt die Klartextzeichen über jene des verschlüsselten Textes. Die Methode der wahrscheinlichsten Wörter folgt dem »Prinzip von Versuch, Fehler und Erfolg« (trial and error method) – das heißt, daß man so lange probiert, bis man Erfolg hat, und dann wieder durch Probieren weitermacht.

Diese Methode erbringt oft überraschende Erfolge, oft genug aber – wenn etwas kompliziertere Schlüsselverfahren verwendet wurden – führt sie nicht zum Ziel. Immerhin ist es empfehlenswert, auch in jedem Stadium einer Entzifferung nach anderen Arten auf das Auftreten »wahrscheinlicher Wörter« zu achten.

Das systematische Verfahren, das heute in Fachkreisen routinemäßig angewandt wird, beruht auf statistischen Methoden, und zwar auf der sogenannten Buchstabenfrequenz-Analyse. Diese Buchstabenfrequenz-Analyse hilft insbesondere bei der ersten wichtigen Unterscheidung, die zu treffen ist: Handelt es sich um eine Substitution oder um eine Transposition?

Frequenzen und Sequenzen

Die Frequenz-Analyse beruht auf der Tatsache, daß die Häufigkeiten der einzelnen Buchstaben in Texten für jede Sprache anders und für diese charakteristisch sind. So kommt beispielsweise in den gebräuchlichsten Sprachen der westlichen Welt das e am häufigsten vor, während Buchstaben wie j, q, x und z relativ selten sind. Kryptologen und Sprachwissenschaftler haben umfangreiche statistische Untersuchungen vorgenommen, deren Ergebnisse in Form von Listen oder auch von graphischen Darstellungen, sogenannten Frequenzspektren, vorliegen; wir geben hier einige Tabellen aus dem Buch »Cours de cryptographie« von General Givierge wieder. Selbstverständlich kann es sich dabei nur um Durchschnittswerte handeln, doch zeigt die Erfahrung, daß sich die Schwankungen in Grenzen halten. Voraussetzung dazu ist natürlich, daß man genügend lange Texte zum Auszählen verwendet, was in der kryptologischen Praxis nicht immer der Fall ist. Es gibt aber einige Kennzeichen von hoher Signifikanz; damit ist gemeint, daß sie selbst unter ungünstigen Umständen, bei kurzen oder schwer leserlichen Texten, brauchbare Anhaltspunkte liefern. Tritt in einem Text beispielsweise ein Buchstabe mit einer Häufigkeit von 17 bis 18 Prozent auf, dann ist es ziemlich sicher, daß die Nachricht in Französisch oder Deutsch abgefaßt wurde. Der fragliche Buchstabe ist das e, das in keiner anderen Sprache so hohe Dominanz erreicht. Ein Vorherrschen des Buchstabens a dagegen deutet auf die romanischen Sprachen hin, und im Russischen ist der Buchstabe o am häufigsten.

Millikin empfiehlt die überschlägige Einschätzung der Prozentzahlen einiger charakteristischer Buchstabengruppen.

Reihenfolge der Häufigkeiten für Buchstaben und Buchstabengruppen im Deutschen:

Einzelne Buchstaben	Zweiergruppen	Doppelbuchstaben	Dreiergruppen	Vierergruppen
E	EN	EE	EIN	ICHT
N	ER	TT	ICH	KEIT
R	CH	LL	DEN	HEIT
I	DE	SS	DER	CHON
S	GE	DD	TEN	CHEN
T	EI	MM	CHT	CHER
U	IE	NN	SCH	URCH
D	IN		CHE	EICH
A	NE		DIE	DERN
H	BE		UNG	AUCH
G	EL		GEN	SCHA
L	TE		UND	SCHE
O	UN		NEN	SCHI
C	ST		DES	SCHO
M	DI		BEN	SCHU
B	ND		RCH	
Z	UE			
F	SE			
W	AU			
K	RE			
V	HE			
P	IT			
J	RI			
Q	TZ			
X				
Y				

(nach Donald D. Millikin »Elementary Cryptography . . .«.)

Wie die Praxis ergibt, gehen die Schwankungen selten über 5 Prozent hinaus.

Schließlich ist es nur eine Frage des Aufwands, ob man eine Statistik jedes einzelnen Buchstabens ermitteln will; das so erhaltene Frequenzspektrum kann man dann mit den charakteristischen Durchschnittsverläufen vergleichen, was in den meisten Fällen zur Identifikation führen wird. Seit den Kryptologen Computer zur Durchführung umständlicher Rechnungen zur Verfügung stehen, gibt es kein ernsthaftes Hindernis dafür, ein Kryptogramm nach allen Regeln der Statistik zu durchforsten.

Vergleichstabelle für die Häufigkeiten der Einzelbuchstaben bezogen auf 100-Wörter-Texte

deutsch		englisch		französisch		italienisch		spanisch		portugiesisch	
A	5.	A	7.81	A	9.42	A	11.74	A	12.69	A	13.5
B	2.5	B	1.28	B	1.02	B	.92	B	1.41	B	.5
C	1.5	C	2.93	C	2.64	C	4.50	C	3.93	C	3.5
D	5.	D	4.11	D	3.38	D	3.73	D	5.58	D	5.
E	18.5	E	13.05	E	15.87	E	11.79	E	13.15	E	13.
F	1.5	F	2.88	F	.95	F	.95	F	.46	F	1.
G	4.	G	1.39	G	1.04	G	1.64	G	1.12	G	1.
H	4.	H	5.85	H	.77	H	1.54	H	1.24	H	1.
I	8.	I	6.77	I	8.41	I	11.28	I	6.25	I	6.
J	...	J	.23	J	.89	J	...	J	.56	J	.5
K	1.	K	.42	K	...	K	...	K	...	K	...
L	3.	L	3.60	L	5.34	L	6.51	L	5.94	L	3.5
M	2.5	M	2.62	M	3.24	M	2.51	M	2.65	M	4.5
N	11.5	N	7.28	N	7.15	N	6.88	N	6.95	N	5.5
O	3.5	O	8.21	O	5.14	O	9.83	O	9.49	O	11.5
P	.5	P	2.15	P	2.86	P	3.05	P	2.43	P	3.
Q	...	Q	.14	Q	1.06	Q	.61	Q	1.16	Q	1.5
R	7.	R	6.64	R	6.46	R	6.37	R	6.25	R	7.5
S	7.	S	6.46	S	7.90	S	4.98	S	7.60	S	7.5
T	5.	T	9.02	T	7.26	T	5.62	T	3.91	T	4.5
U	5.	U	2.77	U	6.24	U	3.01	U	4.63	U	4.
V	1.	V	1.00	V	2.15	V	2.10	V	1.07	V	1.5
W	1.5	W	1.49	W	...	W	...	W	...	W	...
X	...	X	.30	X	.30	X	...	X	.13	X	.2
Y	...	Y	1.51	Y	.24	X	...	X	1.06	X	...
Z	1.5	Z	.09	Z	.32	Z	.49	Z	.35	Z	.3

	deutsch	englisch	französisch	italienisch	spanisch	portugiesisch
Anteil der Vokale	40	40	45	48	47	48
Anteil der häufigsten Konsonanten L, N, R, S, T	34	33	34	30	31	29

(nach Helen F. Gaines »Elementary Cryptanalysis«.)

Charakteristische Häufigkeiten existieren aber nicht nur für einzelne Buchstaben, sondern auch für Buchstabengruppen und für Wörter. So kommen beispielsweise im Englischen die Bigramme TH, HE, AN häufiger vor als alle anderen. Hier gibt es zwar weitaus größere Abweichungen, trotzdem kann auch die »Sequenz-Analyse«, wie man diese Methode nennt, wichtige Informationen erbringen. So erlaubt sie beispielsweise eine gute Unterscheidung zwischen Englisch und Deutsch, in dem das Bigramm TH zu den seltenen Verbindungen gehört. Sehr hilfreich für den Kryptologen ist auch die Tatsache, daß von den rund gerechnet 700 Bigrammen, die man aus den Buchstaben des gebräuchlichen Alphabets zusammenstellen kann, dieselben 50 bis 60 vorherrschend sind (siehe die Liste auf Seite 63). Ist es nämlich erst einmal gelungen, auch nur einen Buchstaben, beispielsweise das e, zu identifizieren, so ist es schon erheblich leichter, die richtigen Buchstaben davor oder dahinter zu finden. Entsprechend liegt der Fall auch bei den Dreiergruppen, den Trigrammen (siehe Liste auf Seite 62). Hat man erst einmal einige Dreiergruppen entziffert, so ist es unter Umständen schon möglich, das eine oder das andere Wort herauszufinden, wobei die Liste der häufigsten Wörter nützlich sein kann (siehe Liste auf Seite 191). Weitere Anhaltspunkte geben die Erfahrungen über jene Buchstaben oder Buchstabengruppen, die bevorzugt am Anfang oder am Ende von Wörtern auftreten; selbstverständlich gibt es auch hierfür eine Liste, auf die der Kryptologe im Bedarfsfall zurückgreift.

Ein Blick auf diese Liste zeigt, daß darin relativ kurze Wörter dominieren, beispielsweise die Artikel in ihren verschiedenen Formen. Das sind nun allerdings gerade jene Wörter, auf die man im sogenannten »Telegrammstil« gern verzichtet, um Platz zu sparen. Dasselbe geschieht auch bei geheimen Nachrichten, und zwar weniger aus Ersparnisgründen, sondern aus der Erfahrung heraus, daß gerade diese häufigen Wörter Anhaltspunkte zur Entzifferung geben. Durch Maßnahmen dieser Art kann sich das Häufigkeitsspektrum natürlich erheblich ändern.

Die Ergebnisse der Sprachstatistik gelten zunächst einmal nur für den Klartext, doch finden sie sich häufig, wenn auch eventuell nur in verdeckter Form, in den Kryptogrammen wieder. Dabei gilt folgende Regel: Hat man es mit einer Transposition zu tun, dann treten die Buchstabenhäufigkeiten unverändert auf, und man wird sich bei der Suche des »Weges« mit Erfolg auf die Statistik der Buchstabengruppen und Wörter stützen. Liegt ein »Cäsar-Alphabet« vor, also ein Schlüssel, bei dem die Alphabete lediglich parallel verschoben sind, dann findet man dieselben Frequenzspektren, wenn auch entsprechend verschoben; dann ist die Lösung natürlich nur noch ein Kinderspiel. Bei willkürlichen, doch monoalphabetischen Substitutionen findet man dieselben Verteilungen, doch sie beziehen sich auf zunächst nicht identifizierte Zeichen. Wenngleich eine eindeutige Zuordung nicht möglich ist, so können die festgestellten Häufigkeiten doch wichtige Ansätze liefern, beispielsweise durch die Identifizierung der häufigsten Buchstaben und später bei der Untersuchung der Bi- und Trigramme. In allen diesen Fällen haben wir es mit Problemen zu tun, die sich mit streng wissenschaftlichen Methoden, wenn auch nur aufgrund der Wahrscheinlichkeitsrechnung, angehen lassen. Je nachdem, um welchen Typ eines Schlüssels es sich handelt, könnte man sogar Rezepte angeben, ähnlich wie bei der Bestimmung von Stoffen in der analytischen Chemie oder bei der Identifizierung von Pflanzen nach einem Bestimmungsbuch, wie man es oft im elementaren Schulunterricht verwendet.

Dabei geht man dann nach dem sogenannten Einschluß- oder Ausschlußprinzip vor:

Bestimmte Kennzeichen sind typisch für das Auftreten von Zeichen, Zeichengruppen oder Wörtern, andere wieder schließen solche in bestimmten Fällen aus. So kann man es etwa im Deutschen als feste Regel nehmen, daß nach einem q ein u auftritt. Andererseits ist es wieder sehr unwahrscheinlich, daß nach einem z ein s oder ein c auftritt.

Im übrigen zeigt die Praxis, daß feste Rezepte nur ein Behelf sein können; im Realfall wird man oft davon abweichen müssen und aufgrund der gegebenen Situation nach eigenen Wegen suchen. Auch führen die Rezepte zur Schlüsselbestimmung keineswegs automatisch zum fertigen Resultat; vielmehr müssen sie immer wieder erneut daran geprüft werden, ob die angezeigte Annahme zu Fortschritten führt. Ist das nicht der Fall, so muß man in der Reihe der Schritte ein wenig zurückgehen und an geeigneter Stelle erneut ansetzen. Es zeigt sich, daß die schwierigste Phase einer solchen Analyse der Anfang ist – wenn Kryptanalytiker einmal ein Problem als unlösbar aufgeben wollten, dann geschah das sicher deshalb, weil sie keinen Einstieg zur Lösung finden konnten. Haben sich aber erst einmal Anhaltspunkte ergeben, so kommt man in der Regel auch weiter, und zwar mit zunehmender Geschwindigkeit. Am Schluß braucht man die Reststellen nur noch auszufüllen, um den Klartext zu erhalten – ein hochbefriedigendes Erfolgserlebnis, als Entschädigung für die Schwierigkeiten des langen Wegs, der davor lag.

Die Entzifferungsmethoden, die wir bisher kennengelernt haben, helfen allerdings nur bei einfachen Schlüsseln, bei Transpositionen und monoalphabetischer Umsetzung. Die wachsende Beherrschung kryptanalytischer Methoden führt aber natürlich zur Konsequenz, daß man in der Praxis auch entsprechend schwierigere Schlüsselverfahren anwendet. Im Ersten Weltkrieg waren dieser Möglichkeit, sich dem Zugriff des gegnerischen Entzifferungsdienstes zu entziehen, allerdings noch Grenzen gesetzt. Das ist eine Konsequenz der Tatsache, daß eine geheime Nachricht nicht nur schwer entziffert, sondern – vom Empfänger – auch hinreichend schnell entschlüsselt werden muß. Erst in der modernen Kryptologie, die durch elektronische Verschlüsselungs- und Entschlüsselungsmaschinen bestimmt ist, spielt dieser Gesichtspunkt keine Rolle mehr, und deshalb haben wir es in letzter Zeit mit Schlüsseln zu tun, die dem Ideal des unknackbaren Verfahrens schon recht nahekommen. Dabei handelt es sich insbesondere um polyalphabetische Systeme – also um solche, bei denen von Buchstabe zu Buchstabe ein anderes Schlüsselalphabet verwendet wird. Aber selbst vor diesen schwierigen Problemen kapitulierten die Kryptanalytiker nicht, und so gibt es – wenigstens für die klassischen Methoden der polyalphabetischen Verschlüsselung – doch einige Verfahren der Entzifferung. Verständlicherweise sind sie mathematisch recht anspruchsvoll, aber wir wollen doch zumindest ihr Prinzip kennenlernen – nicht zuletzt deshalb, weil sich damit begründen läßt, in welche Richtung die jüngste Entwicklung der Kryptographie gegangen ist – natürlich mit dem Zweck, absolute Sicherheit vor Entzifferungen zu gewährleisten.

Um die Frequenzanalyse einmal in der Praxis vorzuführen, benützen wir eine unregelmäßige Substitution, und zwar

Klartextalphabet
a b c d e f g h i j k l m n o p q r s t u v w x y z

Verschlüsseltes Alphabet
h i j k l m n o p q r s t u v w x y z a b c d e f g

Damit verschlüsseln wir den Text:

Seit Mittag Wetterverschlechterung – Überquerung der Hochfläche mißglückt – Funkverbindung abgebrochen – bisher nur drei Fahrzeuge geortet – Suche bis Montag fortsetzen – jede Beobachtung melden

Um den Text zur Verschlüsselung vorzubereiten, empfiehlt es sich, ihn noch einmal mit größeren Abständen aufzuschreiben, wobei bereits die Umsetzungen ä = ae, ö = oe, ü = ue und ß = ss berücksichtigt werden:

s e i t m i t t a g w e t t e r v e r s c h l e c h t e r u n g
Z L P A T P A A H N D L A A L Y C L Y Z J O S L Z O A L Y B U N

u e b e r q u e r u n g d e r h o c h f l a e c h e m i s s g l
B L I L Y X B L Y B U N K L Y O V J O M S H L J O L T P Z Z N S

u e c k t f u n k v e r b i n d u n g a b g e b r o c h e n b i
B L J R A M B U R C L Y I P U K B U N H I N L I Y V J O L U I P

s h e r n u r d r e i f a h r z e u g e g e o r t e t s u c h e
Z O L Y U B Y K Y L P M H O Y G L B N L N L V Y A L A Z B J O L

b i s m o n t a g f o r t s e t z e n j e d e b e o b a c h t u
I P Z T V U A H N M V Y A Z L A G L U Q L K L I L V I H J O A B

n g m e l d e n
U N T L S K L U

Der Geheimtext wird dann – wobei wir ihn üblicherweise in Fünfergruppen aufteilen – folgende Form haben:

Zlpat paahn dlaal yclyz joslz oalyb unbli usw.

Und nun gehen wir so vor, wie es ein professioneller Entzifferer tun würde. Wir beginnen mit der Frequenzanalyse, und zwar mit jener der einzelnen Buchstaben. Am besten, man trägt das Ergebnis der Zählung in eine Strichliste ein:

Geheimtext		Strichliste					
K	a	𝍸 𝍸 ǀǀǀ	13	I	n	𝍸 𝍸	10
O	b	𝍸 𝍸 ǀ	11	B	o	𝍸 𝍸	10
M	c	ǀǀ	2	X	p	𝍸 ǀǀ	7
U	d	ǀ	1	T	q	ǀ	1
Y	e		0	F	r	ǀǀ	2
R	f		0	J	s	ǀǀǀǀ	4
L	g	ǀǀ	2	Q	t	ǀǀǀǀ	4
V	h	𝍸 ǀ	6	D	u	𝍸 𝍸 ǀ	11
N	i	𝍸 ǀǀǀ	8	H	v	𝍸 ǀ	6
S	j	𝍸 ǀǀ	7	Z	w		0
A	k	𝍸	5	P	x	ǀ	1
G	l	𝍸 𝍸 𝍸 𝍸 𝍸 𝍸	30	E	y	𝍸 𝍸 ǀǀǀǀ	14
C	m	ǀǀǀǀ	4	W	z	𝍸 ǀǀǀ	8

Wir haben sie so angelegt, daß man durch das Einfügen einer Umrandung ein Diagramm daraus erhält. Es läßt sich direkt mit jenem vergleichen, das wir aufgrund der Werte von Millikin für die durchschnittlichen Buchstabenfrequenzen angegeben haben. Da unser Text verhältnismäßig kurz ist – er umfaßt nur 168 Buchstaben –, entsprechen die Häufigkeiten unseres Textes dem Ergebnis einer umfassenderen

Statistik nur näherungsweise; um das zu erkennen, genügt der Vergleich mit einer Strichliste des Klartextes. Die Abweichungen sind leicht erkennbar, es zeigt sich aber, daß selbst ein so kurzer Text wie der unsere der typischen Buchstabenverteilung der deutschen Sprache recht nahe kommt. Insbesondere ist es das e, das durch sein häufiges Vorkommen deutlich hervorsticht. Andere Buchstaben lassen sich nicht so deutlich identifizieren, man kann sie aber immerhin bestimmten Gruppen zuordnen und dadurch auch schon in diesem Stadium der Untersuchung häufige von seltenen Buchstaben unterscheiden. Unterschiede bei den »Frequenzspektren« sind meist zufallsbedingt, doch gibt es auch sogenannte »systematische« Abweichungen. So fällt beispielsweise auf, daß in unserem Text das d seltener vorkommt als in normalen Texten; das liegt zweifellos in dem von uns gebrauchten Telegrammstil, der sich dadurch auszeichnet, daß man unnütze Wörter, darunter vor allem die Artikel, wegläßt. Nun zeichnen sich in der deutschen Sprache gerade diese – »der«, »die«, »das« – durch den Anfangsbuchstaben d aus, so daß es sich in der Statistik durchaus niederschlägt, wenn man sie wegläßt.

Hätten wir eine einfache Cäsar-Verschlüsselung benutzt, dann wäre es jetzt bereits möglich, die Nachricht zu entziffern. Da es sich aber um eine Zufallszuordnung handelt, muß man noch weitere Anhaltspunkte nutzen, beispielsweise Hinweise, die sich aus der Häufigkeit von Buchstabengruppen ergeben. Wir führen eine Liste der Bigramme und Trigramme auf – so, wie sie sich ergeben, wenn man – um eine gewisse Ordnung zu erhalten – den Text erst auf Bigramme mit dem Buchstaben a, dann mit dem Buchstaben b usw. untersucht. Dann ist es leicht festzustellen, welche der Zweiergruppen mehr als einmal auftreten, und für sie eine gesonderte Liste anzulegen. Entsprechendes läßt sich auch mit den Dreier- und Vierergruppen durchführen. Und nun kann wieder der Vergleich mit den Durchschnittshäufigkeiten erfolgen – mit dem Ziel, die möglichen Entzifferungen für einen verschlüsselten Buchstaben immer weiter einzuengen, bis man sich an den Versuch machen kann, Lösungen für kleinere Abschnitte des Textes zu finden. Kommt dabei etwas Sinnvolles heraus, dann besteht auch die Chance, die Anschlüsse zu erraten, und je weiter man gekommen ist, um so einfacher wird sich die Lösung ergeben.

In unserem Fall ist zweifelhaft, ob der kurze Text für eine Lösung ausgereicht hätte; dazu ist nämlich immer auch Intuition und Glück nötig, und da wir den Klartext von vornherein kannten, läßt sich die Probe aufs Exempel mit diesem Beispiel nicht durchführen. Es steht aber jedem frei, von Freunden und Bekannten Geheimtexte nach verschiedenen Verschlüsselungsmethoden entwerfen zu lassen und sich an ihrer Entzifferung zu versuchen.

In der modernen Praxis wird man sich kaum mit manuellen Methoden der Entzifferung begnügen, sondern seine Statistiken mit Hilfe des Computers durchführen. Seit billige Heimcomputer auf dem Markt erschienen sind, steht dieser Weg aber auch für den Privatgebrauch zur Verfügung; für einfache statistische Berechnungen mag vielleicht sogar ein Taschenrechner genügen.

Faktorenanalyse von Kasiski

Seit mehr als 300 Jahren, seit Porta und Vigenère mit den ersten polyalphabetischen Schlüsseln herausgekommen waren, hatten sich Kryptologen um deren Lösungen bemüht. Man kann es deshalb als einen Durchbruch in der Geschichte der Kryptanalyse sehen, als der preußische Offizier Friedrich W. Kasiski 1863 in einem Buch »Die Geheimschriften und die Dechiffrier-Kunst« eine allgemein anwendbare Methode der Lösung polyalphabetischer Schlüssel angab. Erstaunlicherweise fand seine Publikation selbst in der Fachwelt kaum Beachtung, und der Autor wandte sich bald anderen Dingen zu – er beschäftigte sich mit der Untersuchung prähistorischer Gräber und veröffentlichte Beiträge über Anthropologie.

Die Methode von Kasiski bezieht sich auf Verschlüsselungen mit einem laufend wiederholten Schlüsselwort.

Um den verschlüsselten Text zu erhalten, muß man, wie bereits beschrieben, anhand einer Vigenère-Tafel wechselnde Schlüsselalphabete verwenden, wobei der jeweils über dem Klartextbuchstaben stehende Buchstabe des Schlüsselworts das verwendete Alphabet bestimmt. Auf diese Weise kommt eine Periodizität in die Umsetzung hinein, von der man allerdings nichts merkt, solange das Schlüsselwort unbekannt ist. Es ist nun die besondere Leistung Kasiskis, daß er doch eine Möglichkeit zur Ermittlung der Periodenzahl gefunden hat. Dabei stützte er sich auf folgende Überlegung: Bei einer monoalphabetischen Verschlüsselung werden gleiche Buchstabenpaare oder -tripel auch stets durch die gleichen Paare oder Tripel des Schlüsseltextes ersetzt. Das ist natürlich nun im allgemeinen nicht mehr zu erwarten – es sei denn, die betreffende Buchstabengruppe liegt zufällig auch an derselben Stelle einer Periode. Das wird um so öfter der Fall sein, je kürzer das Schlüsselwort ist. Hat man es beispielsweise mit einem Schlüsselwort aus fünf Buchstaben zu tun, dann wird die Zahl solcher Entsprechungen im Vergleich zu einem monoalphabetischen Schlüssel auf ein Fünftel sinken – aber keineswegs auf Null! Und selbst bei längeren Schlüsselwörtern muß es solche Wiederholungen geben, wenn auch entsprechend selten. Das bedeutet aber nichts anderes, als daß – hinreichend lange Texte vorausgesetzt – auch in polyalphabetisch verschlüsselten Nachrichten Ansatzpunkte auftreten, die zunächst auf die Periodizität hinweisen und später auch noch auf die Zuordnung und damit auf die Lösung.

Wir wollen nun die Methode der Faktorenanalyse an einem praktischen Beispiel klarmachen:

Dazu verschlüsseln wir den Text »Gebrauchsanweisung für neues Informationssystem nicht eingetroffen – Termin für geplante Aktion muß um mindestens zwei Wochen verschoben werden« mit dem Schlüsselwort NATUR.

g e b r a u c h s a n w e i s u n g f u e r n e u e s i n f o r
N A T U R N A T U R N A T U R N A T U R N A T U R N A T U R N A
S D H W I G B N X I Z V K N A G M M K C Q Q T J C Q R O S N A Q

m a t i o n s s y s t e m n i c h t e i n g e t r o f f e n t e
S F B U N T X A K R Z J U Z H I M B Q H T L M F Q U K N Q M Z J

r m i n f u e r g e p l a n t e a k t i o n m u s s u m m i n d
Z Y H T K C Q Q M J X X Z T Y M M J Z N W Z L A X A G L S N V P

e s t e n s z w e i w o c h e n v e r s c h o b e n w e r d e n
D Y Y M A R F B M U V U H P Q M B J Z E B N T J Q M C J Z P D T

Als Ergebnis erhalten wir:

s d h w i	g b n x i	z v k n a	g m m k c	q q t j c
q r o s n	a q s f b	u n t x a	k r z j u	z h i m b
q h t l m	f q u k n	q m z j z	y h t k c	q q m j x
x z t y m	m j z n w	z l a x a	g l s n v	p d y y m
a r f b m	u v u h p	j m b u z	e b n t j	q m c j z
p d t				

Als nächstes nehmen wir üblicherweise die Bigramme auf:

A: NA, XA, LA, XA, MA

B: GB, FB, MB, FB, MB, EB

C: KC, JC, KC, MC

D: SD, PD, PD

E: ZE

F: SF, MF, RF

G: IG, AG, AG

H: DH, ZH, QH, YH, UH

I: WI, XI, HI

J: TJ, ZJ, ZJ, MJ, MJ, BJ, TJ, CJ

K: VK, MK, AK, UK, TK

L: TL, ZL, GL

M: GM, MM, IM, LM, QM, QM, YM, MM, YM, BM, QM, QM

N: BN, KN, SN, UN, KN, ZN, SN, BN

O: RO

P: VP, HP, ZP

Q	R	T	U	W	Y	Z
C Q	Q R	Q T	B U	H W	Z Y	I Z
Q Q	K R	N T	J U	N W	T Y	R Z
C Q	A R	H T	Q U		D Y	U Z
A Q	S	H T	M U	X	Y Y	M Z
B Q	O S	Z T	V U	N X		J Z
F Q	Q S	N T	V	T X		X Z
N Q	L S	D T	Z V	J X		J Z
C Q			N V	X X		W Z
Q Q			U V	A X		J Z
P Q						J Z
J Q						

Worauf es ankommt, sind die Abstände, die doppelt oder mehrfach auftretende Bigramme im verschlüsselten Text haben. Das Ergebnis der Auszählung ist:

Abstände
Bigramme

N A	16	Z J	20	Q M	49	C Q	45	J Z	60
X A	50	M J	7	Q M	10	C Q	40	J Z	32
F B	69	M M	64	Y M	20	Q Q	45	J Z	42
K C	50	Q M	11	B N	110	N T	81	J Z	10
P D	30	Q M	50	K N	46	H T	20		
A G	75	Q M	60	S N	4	J Z	18		
T J	96	Q M	39	C Q	5	J Z	50		

Und nun erfolgt die Zerlegung in Faktoren – von der Schule her als »Primzahlzerlegung« bekannt:

Faktorenzerlegung

Faktorenzerlegung

16 = 2.2.2	7 = 7	20 = 2.2.5	81 = 3.3.3.3
50 = 2.5.5	64 = 2.2.2.2.2.2	110 = 2.5.11	20 = 2.2.5
69 = 3.23	11 = 11	46 = 2.23	18 = 2.3.3
50 = 2.5.5	50 = 2.5.5	4 = 2.2	50 = 2.5.5
30 = 2.3.5	60 = 2.2.3.5	5 = 5	60 = 2.2.3.5
75 = 3.5.5	39 = 3.13	45 = 3.3.5	32 = 2.2.2.2.2
96 = 2.2.2.2.2.3	49 = 7.7	40 = 2.2.2.5	42 = 2.3.7
20 = 2.2.5	10 = 2.5	45 = 3.3.5	10 = 2.5

Aufgrund dieser Tabelle ist die Auswertung leicht gemacht:

Vielfache	von	2	kommen	22x	vor
Vielfache	von	3	kommen	12x	vor
Vielfache	von	4	kommen	11x	vor
Vielfache	von	5	kommen	18x	vor
Vielfache	von	6	kommen	6x	vor
Vielfache	von	7	kommen	3x	vor
Vielfache	von	8	kommen	5x	vor
Vielfache	von	9	kommen	4x	vor
Vielfache	von	10	kommen	13x	vor
Vielfache	von	11	kommen	2x	vor
Vielfache	von	12	kommen	3x	vor
Vielfache	von	13	kommen	1x	vor
Vielfache	von	14	kommen	1x	vor
Vielfache	von	15	kommen	6x	vor

Diese Bestandsaufnahme weist sehr deutlich auf eine Periodizität von 5, was – wie wir ja von vornherein wissen – tatsächlich dem gewählten Schlüssel entspricht. Es braucht uns dabei nicht zu stören, daß Vielfache von 2 noch häufiger vorkommen; das liegt einfach daran, daß alle geraden Zahlen, und das ist die Hälfte aller Zahlen, Vielfache von 2 sind. Daraus erklärt sich übrigens auch das relativ häufige Auftreten der Vielfachen von 10, das ja ein Produkt von 2 × 5 ist.

Zum Zweck der Demonstration haben wir natürlich ein besonders einfaches Beispiel gewählt, in der Praxis treten weitaus höhere Periodizitäten auf als jene, die wir bei unserer einfachen Rechnung in Erwägung gezogen haben. Es bedarf dann schon sehr langwieriger Rechnungen, um sie festzustellen – ein Problem, mit dem es beispielsweise jene Entzifferer zu tun hatten, die die Enigma zu knacken versuchten.

Kerkhoffs: Überlagerung und Lagesymmetrie

Da sie sich auf periodisch eingesetzte Schlüsselwörter bezieht, ist der Anwendungsspielraum der Kasiski-Methode immer noch stark eingeschränkt. Eine wesentliche Erweiterung erbrachte der Einfallsreichtum eines Mannes, der als eine der großen Persönlichkeiten der Kryptanalyse gelten kann: Jean Guillaume Hubert Victor François Alexandre Auguste Kerckhoffs von Nieuwenhof; um ihn einmal mit all seinen Vornamen vorzustellen. Wie viele seiner Vorgänger war er sehr vielseitig – sein Hauptbetätigungsfeld lag auf den Sprachen. Unter anderem war er Lehrer für Englisch, Deutsch, Italienisch, Griechisch, Lateinisch sowie Geschichte und Mathematik. Sein bahnbrechendes Werk hat den Titel »La cryptographie militaire«. Erstmalig faßte er darin praxisbezogene Kriterien zusammen, denen gute Verschlüsselungssysteme folgen müssen. Sie waren so formuliert, daß sie auch heute noch, im Zeitalter elektronischer Hilfsmittel der Kryptologie, Geltung haben. Auch einige weitere seiner Gedanken waren praxisbezogen; so führte er beispielsweise das sogenannte St.-Cyr-System ein, ein Verfahren, das im Prinzip einer polyalphabetischen Tafel gleichkommt, aber in der Handhabung weitaus flexibler ist.

Zwei seiner Ideen erbrachten wesentliche Fortschritte im Bereich der Kryptanalyse, und zwar die der *»Überlagerung«* und die der *»Lagesymmetrie«*.

Die Überlagerungsmethode ist für beliebige Substitutionsmethoden brauchbar; vorausgesetzt wird nur, daß mehrere Nachrichten vorliegen, die mit demselben Schlüssel verschlüsselt sind. Bevor sich die Ansatzpunkte des Kerckhoffsschen Verfahrens herumgesprochen hatten, war nichts dagegen einzuwenden, bei jeder neuen Nachricht wieder mit den ersten Buchstaben des Schlüsselworts anzufangen. Legt man nun mehrere Kryptogramme untereinander, dann gehören alle in einer Kolonne stehenden Zeichen demselben Schlüsselalphabet an. Hier können nun die Mittel der Frequenzanalyse einsetzen, und von hier aus ist es in üblicher Weise möglich, den Geheimtext Stück für Stück aufzubrechen.

Als Gegenmaßnahme empfiehlt es sich, jede neue Nachricht an einer anderen Stelle des Schlüsselworts zu beginnen. Will man auch in diesem Fall die Kerckhoffssche »Überlagerungsmethode« anwenden, dann müssen die untereinander geschriebenen Texte so verschoben werden, daß die Kolonnen wieder ein und demselben Buchstaben des Schlüsselworts zuzuordnen sind. Das erfordert eine langwierige Tüftelei, doch wenn man sich wiederholende Buchstabengruppen als Ansatzpunkte verwendet, wird man nach einigem Experimentieren zur richtigen »Überlagerung« kommen. Wenn nicht, so hilft der später beschriebene Kappa-Test.

Das zweite von Kerckhoffs entdeckte Verfahren beruht auf Entsprechungen in den Abständen der Buchstaben in zyklischer Vertauschung angewandter Schlüsselalphabete mit unregelmäßiger Buchstabenvertauschung. Es ist als Prinzip der »Lagesymmetrie« in die Praxis eingegangen. Zum Unterschied zu den anderen kryptanalytischen Methoden geht es von den Schlüsselalphabeten aus; die »Symmetriebeziehungen«der Buchstaben werden benutzt, um ihnen nach und nach die richtigen Klartextzeichen zuzuordnen.

Ein einfaches Beispiel soll seine Anwendung demonstrieren. Zuerst verschlüsseln wir den Text:

Verdächtige Person gestern am Flugplatz beobachtet

mit Hilfe eines St.-Cyr-Streifens mit folgendem Schlüsselalphabet,

m o n a r c h i e b d f g j k l p q s t u v w x y z

wobei die Verschiebung des Streifens nach dem Vorbild der Vigenère-Tafel durch ein Schlüsselwort, und zwar GOLD, angegeben wird:

Verschlüsselung mit Streifen

	A	B	C	D	E	F	G	H	I	J	K	L	M	N	O	P	Q	R	S	T	U	V	W	X	Y	Z
G	T	U	V	W	X	Y	Z	M	O	N	A	R	C	H	I	E	B	D	F	G	J	K	L	P	Q	S
O	F	G	J	K	L	P	Q	S	T	U	V	W	X	Y	Z	M	O	N	A	R	C	H	I	E	B	D
L	K	L	P	Q	S	T	U	V	W	X	Y	Z	M	O	N	A	R	C	H	I	E	B	D	F	G	J
D	W	X	Y	Z	M	O	N	A	R	C	H	I	E	B	D	F	G	J	K	L	P	Q	S	T	U	V

Klartext	V	E	R	D	A	E	C	H	T	I	G	E	P	E	R	S	O	N	G	E	S	T	E
Schlüssel	G	O	L	D	G	O	L	D	G	O	L	D	G	O	L	D	G	O	L	D	G	O	L
Verschlüsselter Text	K	L	C	Z	T	L	P	A	G	T	U	M	E	L	C	K	I	Y	U	M	F	R	S

R	N	A	M	F	L	U	G	P	L	A	T	Z	B	E	O	B	A	C	H	T	E	T
D	G	O	L	D	G	O	L	D	G	O	L	D	G	O	L	D	G	O	L	D	G	O
J	H	F	M	O	R	C	U	F	R	F	I	V	U	L	N	X	T	J	V	L	X	R

Nur zur Entzifferung! Um gleich zur Lagesymmetrie zu kommen, setzen wir voraus, daß eine Frequenzanalyse schon zur Identifizierung einiger Buchstaben des verschlüsselten Textes geführt hat, und zwar jener, die in die Leerstellen der Zeilen 1 bis 4 des folgenden Schemas eingesetzt sind:

Entzifferung nach der Lagesymmetrie

	A	B	C	D	E	F	G	H	I	J	K	L	M	N	O	P	Q	R	S	T	U	V	W	X	Y	Z
1	T											R														
2	F				L															R						
3																		C								
4					M															L						

Da es sich um verschobene Alphabete handelt, lassen sich – wie beschrieben – einige Abstände auf andere Zeilen übertragen, und zwar jene zwischen t und r im ersten Alphabet, jene zwischen f, l und r im zweiten und jene zwischen m und l im vierten.

Entzifferung nach der Lagesymmetrie

	A	B	C	D	E	F	G	H	I	J	K	L	M	N	O	P	Q	R	S	T	U	V	W	X	Y	Z
1	T							M				R							F				L			
2	F				L				T							M				R						
3																		C								
4					M				R							F				L				T		

Wie man sich überzeugen kann, ist es tatsächlich gelungen, die richtige Zuordnung zu finden. Sie genügt zwar noch nicht zur endgültigen Entzifferung, liefert aber doch wertvolle Anhaltspunkte. Im übrigen würde man für einen erfolgreichen Einsatz dieser Methode in der Praxis weitaus längere Texte benötigen als jenen unseres Beispiels.

Ist es dem Kryptologen gelungen, zwei Buchstaben der Nachricht, die zum selben Schlüsselalphabet gehören, zu identifizieren, so ist ihm auch der Abstand bekannt, den diese beiden Buchstaben in eben diesem Schlüsselalphabet haben. Da es sich aber um ein Schlüsselsystem mit zyklischer Vertauschung handelt, weisen dieselben Buchstaben auch in allen anderen Schlüsselalphabeten denselben Aufwand auf. Findet man dann einen dieser Buchstaben an einer Position, die einem zweiten Schlüssel zugeordnet ist, dann braucht man nur noch den Abstand nach links bzw. nach rechts abzuzählen, und kann den zweiten Buchstaben dort einsetzen.

Wie sich später herausgestellt hat, kann man die Methode von Kerckhoffs noch erweitern – neben den horizontal gemessenen Abständen lassen sich in den zu Hilfe genommenen Tafeln auch Vertikalabstände auswerten. Dieses Verfahren ist höchst kompliziert, doch erlaubt es oft mit überraschender Effektivität, auch komplizierte kryptanalytische Probleme zu lösen.

Friedman und der Kappa-Test

Der letzte entscheidende Fortschritt in der Kryptologie ist William Friedman zu verdanken, der als der größte Kryptologe aller Zeiten gilt. Als Sohn eines rumänischen Übersetzers wurde er 1891 in Rußland geboren. Schon ein Jahr darauf wanderte die

Familie Friedman nach Amerika aus. William studierte an der Zentralen Hochschule von Pittsburgh und schloß 1909 mit Auszeichnung ab. Dann war er einige Zeit in verschiedenen Berufen tätig, darunter in der Eisenindustrie und in der Landwirtschaft. Später beschäftigte er sich mit genetischen Problemen im Zusammenhang mit Pflanzenzucht; dabei kam es zu einer Zusammenarbeit mit seiner späteren Frau Elizabeth. Beide begannen sich für kryptologische Probleme zu interessieren – und zwar weniger im Zusammenhang mit militärischen oder diplomatischen Geheimnissen; das Problem, das die beiden fesselte, war die damals vieldiskutierte Möglichkeit, daß Lord Bacon der wirkliche Urheber von Shakespeares Dramen sein könnte. Als Amerika 1917 in den Krieg eintrat, wurde Friedman mit der Auflösung verschlüsselter Nachrichten betraut, und schon bei diesen ersten Arbeiten zeigte sich seine geniale Begabung. Er bekam auch weiterhin noch genügend Gelegenheit, sich bei kryptanalytischen Fragen zu bewähren, und erreichte seinen Höhepunkt während des Zweiten Weltkriegs. Seine größte Leistung aber war eine neue Methode der Entschlüsselung, die er in seinem Buch »Elements of cryptanalysis« publizierte; durch den Titel dieses Buchs hatte er übrigens auch den Begriff »Cryptanalysis« eingeführt, der sich rasch und umfassend durchsetzte.

Seine Leistung läßt sich als die Einführung der modernen Wahrscheinlichkeitsrechnung in die Kryptologie kennzeichnen. Als Symbol dafür kann man eine mathematische Konstante ansehen, die er »Index of Coincidence« nannte, in der Fachwelt auch *Kappa* p(κ_p) genannt, wobei das p als Abkürzung für plaintext, Klartext, steht.

Die Wahrscheinlichkeitsrechnung ist die mathematische Methode des Glücksspiels. Sie macht Aussagen über die Gesetze des Zufalls, was zwar paradox klingt, doch tatsächlich zutrifft. Der Einsatz der Wahrscheinlichkeitsrechnung zur Entzifferung von Geheimtexten ist ein gutes Beispiel dafür.

Eine der Regeln, der der Zufall folgt, ist jene der Gleichverteilung. Sie sagt aus, daß die Chance für das Eintreten zufallsbestimmter Ereignisse gleich ist, vorausgesetzt, daß keine Unterschiede in der äußeren Situation zu verzeichnen sind. So besteht beispielsweise dieselbe Aussicht, mit einem Spielwürfel eine 1 oder eine 6 zu erhalten, und ebenso gibt es keine Bevorzugungen einzelner Zahlen, die durch ein Rouletterad bestimmt werden – es sei denn, jemand hätte in unlauterer Absicht in den Mechanismus eingegriffen. So besteht also beim Würfel die Wahrscheinlichkeit, daß eine bestimmte Zahl bei einem Sechstel aller Würfe auftritt, und zwar beim Rouletterad entsprechend bei 1/37 der einzelnen Spielphasen. Und wenn wir uns nun ein Rouletterad denken, das nicht 37, sondern 26 Felder – entsprechend den Buchstaben des Alphabets – aufweist, dann wird sich eben ein einzeln herausgegriffener Buchstabe in 1/26 aller Fälle ergeben. Zu bemerken ist noch, daß diese Zahlen um so besser zutreffen, je mehr Ereignisse man beobachtet. Handelt es sich nur um eine kurze Reihe, so treten erhebliche Abweichungen davon auf.

Die Regel der Gleichverteilung erscheint nicht allzu überraschend – man würde sie fast als selbstverständlich bezeichnen; in Wirklichkeit hat sie den Mathematikern und Philosophen beträchtliche Schwierigkeiten bereitet, die uns hier aber nicht weiter kümmern sollen. Wesentlich ist, daß man aus diesen einfachen Beziehungen Aussagen über kompliziertere Fälle ableiten kann. Eine solche Frage betrifft beispielsweise das gleichzeitige Auftreten von zwei Zahlen oder Buchstaben. Wenn man zwei Würfel zugleich wirft – welche Chance besteht dann, eine doppelte 6 zu erhalten? Die Ableitung ist einfach: Für das Eintreffen der 6 des einen Würfels besteht eine Chance von 1/6, und bei jedem dieser Sechserwürfe besteht wieder nur eine Chance von 1/6 dafür, daß auch der zweite Würfel eine 6 anzeigt. Das bedeutet aber, daß die Wahrscheinlichkeit für einen doppelten Sechser 1/36 beträgt. Und auf dieselbe Weise läßt sich zeigen, daß die Wahrscheinlichkeit für das gleichzeitige Auftreten von zwei zugleich, aber zufällig auftretenden Buchstaben $1/26 \times 26 = 1/736$ beträgt. Was uns interessiert – den Grund werden wir gleich kennenlernen –, ist die Frage, welche Chance dafür besteht, daß zwei gleiche Buchstaben zusammentreffen – also aa oder bb oder cc usw. Da jetzt die Frage nach beliebigen Buchstabenpaaren gestellt ist, ist die Chance klarerweise 26mal so groß, also wieder 1/26, im Dezimalsystem ausgedrückt 0,0385. Diese Zahl wird als κ_r bezeichnet, wobei *r* für random, Zufall, steht.

Nun haben wir aber am Beispiel der Frequenzanalyse erfahren, daß die einzelnen Buchstaben in den menschlichen Sprachen keineswegs nach einer Zufallsverteilung geordnet sind, sondern verschiedene Häufigkeiten – die wir »Frequenzen« genannt haben – aufweisen. So beträgt beispielsweise die Wahrscheinlichkeit für das Auftreten eines a 0,0781, eines b 0,0128, eines c 0,0293 usw. Daraus ergibt sich die Wahrscheinlichkeit für das gleichzeitige Auftreten von zwei a als 0,0061, für das gleichzeitige Auftreten von zwei b als 0,0002, für zwei c als 0,009 usf. Fragen wir nach der Chance, daß ein Buchstabenpaar auftritt, so müssen alle diese Wahrscheinlichkeiten summiert werden; das Ergebnis ist 0,0738. Damit haben wir das schon erwähnte, geheimnisvoll anmutende κ_p erhalten. Für andere Sprachen ergeben sich natürlich etwas andere Werte; wir fassen sie alle in einer Liste zusammen:

deutsch	0,0738
englisch	0,0667
französisch	0,0778
italienisch	0,0738
spanisch	0,0775
russisch	0,0529

Wie lassen sich diese Erkenntnisse nun in der Kryptologie anwenden? Schreiben wir einmal zwei Buchstabenreihen untereinander, die beide völlig willkürlich, also beispielsweise durch Ziehen einzelner mit Buchstaben beschriebener Zettel aus einem Hut, erhalten wurden:

e g j d k n i d s x v t u o u l m w q y g a c t b u n e x i m k d g b p...

g t e k p v b x f e l q a j o l r g u n h c m k o p d s c z n e g u j m...

Je länger diese Reihen sind, um so näher kommt der Anteil an Buchstabenpaaren dem Wert von $\kappa_r = 0{,}0385$. Und nun schreiben wir zwei normale Texte untereinander:

s e i t d e r b i b l i s c h e n s p r a c h e n v e r w i r r u n g a...

d e n g r i e c h e n w i r d d i e e r f i n d u n g d e r v o k a l z...

Je länger diese Reihe fortgesetzt wird, um so besser entspricht sie dem Erwartungswert von 0,0738. Nun liegen die einzelnen Werte für Kappa p (κ_p) recht nahe beieinander, so daß es leider kaum möglich ist, auf ihrer Grundlage die verwendete Sprache zu bestimmen – insbesondere nicht bei kurzen Texten.

Recht große Unterschiede ergeben sich aber zwischen den Werten von Kappa p (κ_p) und Kappa r (κ_r), so daß es durchaus möglich ist, zwischen sinnvollen Texten oder zufälligen Buchstabenansammlungen zu unterscheiden.

Der Grund dafür, daß das Kappa p (κ_p) – also die Wahrscheinlichkeit für das Auftreten von Buchstabenpaaren – im Falle üblicher Sprachen weitaus höher ist als bei zufälligen Ansammlungen von Buchstaben, liegt natürlich daran, daß einzelne Buchstaben erhöhte Häufigkeiten haben, was sich auch in größeren Wahrscheinlichkeiten für ihr gemeinsames Auftreten äußert. Daß diese Erhöhung nicht durch die sicher eintretende Verringerung für das Auftreten von Buchstabenpaaren der selteneren Buchstaben aufgewogen wird, ist zwar nicht anschaulich verständlich, läßt sich aber mathematisch nachweisen und durch Experimente überprüfen.

Und nun ist es nur noch ein Schritt zur praktischen Anwendung. Erinnern wir uns an die von Kerckhoffs angegebene Methode der »Überlagerung«! Im allgemeinen Fall – wenn die vorliegenden Texte nämlich nicht an der gleichen Stelle des Schlüsselworts beginnen – ergeben sich Schwierigkeiten, die richtige Position der Texte festzustellen. Genau dafür ist der »Kappa-Test« zuständig: Liegen nämlich zwei Zeilen verschiedener Schlüssel übereinander, dann haben die einzelnen Schlüsselbuchstaben verschiedene Bedeutung, und somit ergibt sich bei der Auszählung des paarweisen Auftretens ein Kappa von 0,0385. Hat man aber die richtige Position gefunden, dann wird das durch den weitaus höheren Kappa-Wert angezeigt, und zwar deshalb, da jetzt stets Buchstaben übereinanderliegen, die zum selben Schlüssel gehören. Das heißt aber, daß nun zwei übereinanderliegende gleiche Buchstaben auch die gleiche Bedeutung haben und damit auch die gleiche Frequenz. Und genau das muß sich durch die Erhöhung des Kappa-Werts äußern.

Mit dem Kappa-Test ist die Anwendungsmöglichkeit der Wahrscheinlichkeitsrechnung in der Kryptanalyse noch keineswegs erschöpft – sie bietet Gelegenheit für noch viele weitere Überprüfungsverfahren, beispielsweise den phi- und den chi-Test, die auf ähnlichen Überlegungen beruhen wie die Methode der Koinzidenz. Der phi-Test beispielsweise ist geeignet, aufgrund einer Frequenzanalyse zwischen monoalphabetischen und polyalphabetischen Schlüsseln zu unterscheiden. Auch die richtige Entsprechung zweier Frequenzspektren gegeneinander verschobener Alphabete kann auf diese Weise getestet werden.

Alle diese Methoden verlangen natürlich eine recht aufwendige Rechenarbeit. Andererseits bieten sie die einzige Möglichkeit, jenen Schlüsselverfahren zu Leibe zu rücken, bei denen außerordentlich lange Schlüsselwörter verwendet werden – genaugenommen sind es keine Wörter mehr, sondern zufällige Zeichenfolgen. Sie werden heute auf maschinellem Weg erzeugt, insbesondere mit den Mitteln der modernen Elektronik. Gerade diese Mittel aber ermöglichen auch die wirkungsvolle Gegenmaßnahme: Mit Hilfe von elektronischen Rechenmaschinen kann man die umfangreichen statistischen Erhebungen schnell und mühelos durchführen, die die Anwendung der Wahrscheinlichkeitsrechnung verlangt. Das bedeutet aber, daß die Auseinandersetzung zwischen Verschlüsselung und Entzifferung auch bei diesem Stand der Entwicklung noch nicht entschieden ist – im Mit- und Gegeneinander der modernen elektronischen Systeme und der ihnen adäquaten kryptographischen und kryptanalytischen Verfahren setzt sie sich nur auf einer höheren Ebene fort.

5
Von der Skytale bis zur Enigma

Wer selbst schon einmal eine Nachricht ver- oder entschlüsselt hat, wird bestätigen, daß sich das oft als recht mühselig und zeitraubend erweist, insbesondere bei längeren Texten. Somit liegt es nahe, sich die Sache mit Hilfe von Werkzeugen oder Maschinen leichter zu machen. Dementsprechend hat die Geschichte der Kryptologie auch eine technische Seite, die sich mit allen Arten von Hilfsmitteln zum Verschlüsseln, Entschlüsseln oder auch Entziffern beschäftigt. Die letztgenannte Aufgabe, die des Knackens von Schlüsseln und Codes, bedarf vor allem mathematischer Methoden, und da die Rechentechnik erst durch den Computer in die Praxis Eingang fand, wurde auch die Kryptanalyse relativ spät einer Mechanisierung und Automatisierung zugeführt. In diesem Kapitel lassen wir sie vorderhand unberücksichtigt.

Das früheste Hilfsmittel der Verschlüsselung ist die schon erwähnte Skytale. Ein Papierstreifen, in Schraubenwindungen um einen Stab gelegt und zeilenweise beschrieben – das ist das typische Beispiel eines Transpositionsschlüssels. Ein anderes Hilfsmittel für eine Transpositionsverschlüsselung kam erst viel später auf, und zwar im 16. Jahrhundert: die »Gitter Chiffre«. Es handelt sich um eine irreguläre Transposition; das heißt, daß in der Reihenfolge, in der die Buchstaben oder Wörter zu lesen sind, keinerlei Regelmaß zu erkennen ist. Als Hilfsmittel verwendet man ein Stück Karton oder Blech mit Stanzlöchern. Es wird Gitter, aber auch Netz, Schablone oder Patrone genannt. Seine Größe entspricht den üblichen Papierformaten, beispielsweise einer Postkarte. Sie wird deckungsgleich über diese gelegt, dann schreibt man die Nachricht in üblicher Anordnung, also von links nach rechts und zeilenweise von oben nach unten auf die freiliegenden Stellen. Schließlich entfernt man das Gitter und füllt den übrigen Raum so mit einem harmlosen Text auf, daß sich die Buchstaben oder Wörter der geheimen Nachricht unauffällig einfügen. Es gibt übrigens vier verschiedene Arten, ein rechteckiges Gitter über ein Stück Papier gleicher Größe zu bringen, und dementsprechend muß man vorher vereinbaren, welche Position man wählt. Das kann aber natürlich auch durch Probieren herausgefunden werden – im allgemeinen wird nur eine Stellung einen sinnvollen Wortlaut ergeben.

Verwendet man ein quadratisches Gitter, so gibt es sogar acht Stellungen, die man ausnutzen kann. Diese Möglichkeit hat der österreichische Kryptologe Eduard Fleissner von Wostrowitz als Basis des »Drehgitters«, oft auch »Fleissners Patronenschrift« genannt, ausgenutzt. Verwendet man quadratische Netze mit einer geraden Zahl von Besetzungsstellen an der Seite, so ist es stets möglich, die Löcher so anzubringen, daß durch Drehung in alle vier möglichen Positionen sämtliche Stellen benutzt werden. Es handelt sich dann natürlich nicht mehr um einen verschleierten Text, sondern um eine reine Transposition. Die Methode, um brauchbare Anordnungen aufzufinden, ist denkbar einfach: Man teilt das Quadrat in vier gleichgroße und quadratische Teile und numeriert die Besetzungsstellen in jedem so durch, daß durch die Drehung gleiche Zahlen übereinander kommen (Abbildung):

Die Zahl der Besetzungsstellen in einem Teilquadrat ist natürlich der Zahl der Löcher gleich, die man ausstanzen muß. Man kann das an beliebigen Stellen tun, wobei nur die Regel einzuhalten ist, daß jede mit einer bestimmten Nummer gekennzeichnete Stelle nur einmal erfaßt wird – also nur einmal eine Stelle Nummer 1, nur einmal eine Stelle Nummer 2 usw. (Abbildung):

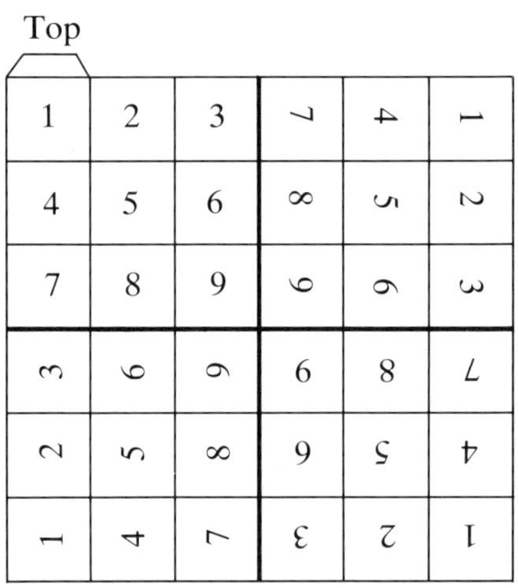

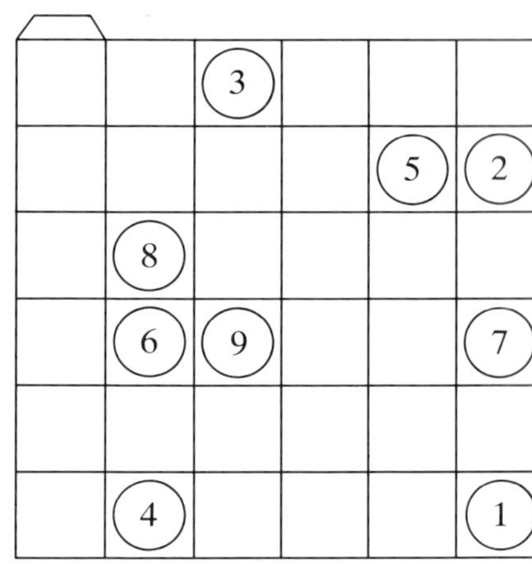

Abbildungen nach Helen Fouché Gaines.

Damit sind die Vorkehrungen für die Anwendung von »Fleissners Geheimschrift« getroffen, und sowohl der Verschlüsselungs- als auch der Entschlüsselungsvorgang sind nun absolut mühelos geworden. Im übrigen ist das Drehgitter auch zu literarischen Ehren gekommen, und zwar beschrieb es Jules Verne in seiner Geschichte »Mathias Sandorf«.

Während nur wenige Beispiele für technische Hilfsmittel der Transposition bekannt sind – erst in neuerer Zeit hat man bei bestimmten Anwendungsarten wieder auf dieses Prinzip zurückgegriffen –, ist eine kontinuierliche Entwicklung der Schlüsselgeräte für die Substitutionsmethode festzustellen. Bemerkenswert, daß man das Grundkonzept der ersten Hilfsmittel für Substitutionen auch in den modernsten Geräten relativ unverändert wiederfindet.

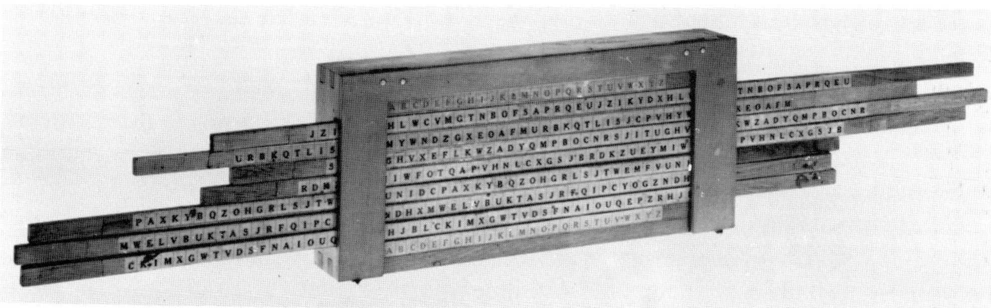

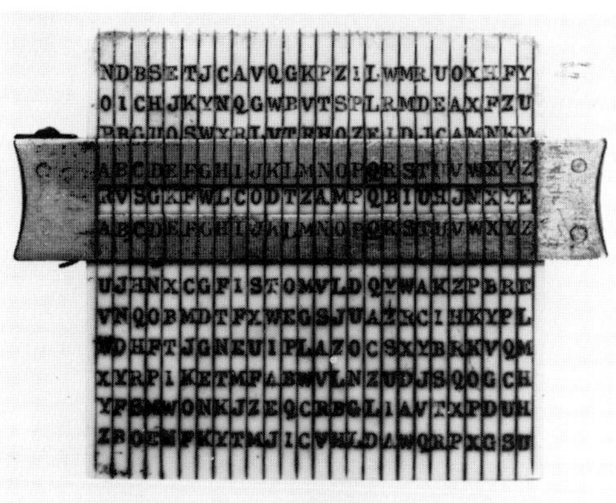

Oben: Tabellenschieber aus Südamerika, ungefähr 1920; mit seiner Hilfe gelingt eine rasch wechselnde Zuordnung verschiedener Alphabete. (Photo: Archiv Crypto AG.)

Links: Mechanisches Chiffriergerät, Schweden, ungefähr 1920, zur polyalphabetischen Verschlüsselung und Entschlüsselung. (Photo: Archiv Crypto AG.)

Die Vorläufer dieser Geräte waren Tabellentafeln, beispielsweise jene von Giovanni Battista Porta oder die von Blaise de Vigenère. Diese Tabellen lassen sich leicht in einfachste Werkzeuge umwandeln, und zwar nach dem Prinzip des Rechenschiebers. Statt die 26 verschiedenen Möglichkeiten des Cäsar-Alphabets einzeln aufzuführen, genügt es, das Schlüsselalphabet auf eine verschiebbare Leiste zu schreiben, die sich in

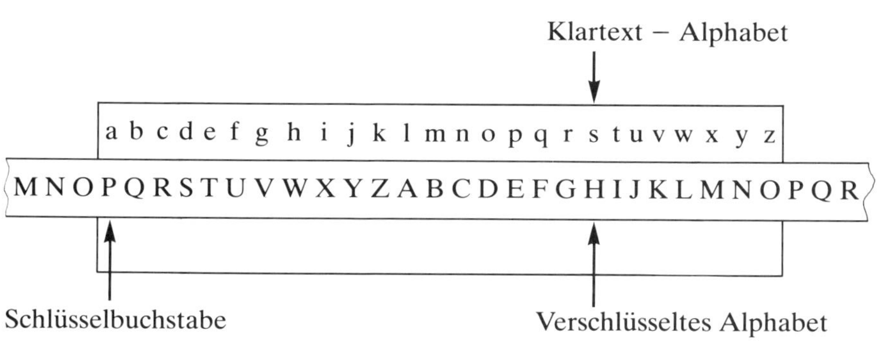

Einfaches Modell eines Schiebers – längs eines feststehenden Alphabets läßt sich ein anderes bewegen; für den raschen Übergang von einem Cäsar-Alphabet zum anderen geeignet.

jede Position bringen läßt. Auf analoge Weise erfaßt man auch eine Vielzahl anderer Verschlüsselungskonzeptionen, beispielsweise solche mit gegenläufigem Schlüsselalphabet. Zur Anwendung dieser Methode genügen im einfachsten Fall Papierstreifen, die sich überhaupt als vielfältig anwendbar erwiesen haben. Sie sind ein hervorragender Lernbehelf, da man mit ihnen rasch alle möglichen Varianten, die sich bei gegeneinander verschobenen Alphabeten ergeben, durchprobieren kann. Sie eignen sich aber auch dazu, die Funktionsweise von Schlüsselmaschinen zu simulieren, und schließlich gehören sie auch zum Handwerkszeug der professionellen Entzifferer; es war Auguste Kerckhoffs, der sie für kryptanalytische Zwecke empfahl und sie – nach der bekannten französischen Militärakademie – als St.-Cyr-Streifen bezeichnete.

Im allgemeinsten Fall ist ein Verschlüsselungsstab oder -schieber für polyalphabetische Verschlüsselungen geeignet, und zwar für alle möglichen Varianten – die laufend wiederholte Anwendung der Alphabete nach Trithemius, die Verwendung von Schlüsselwörtern wie auch die Reihenfolge der Alphabete nach einer Zufallsreihe.

Links: Codier- und Chiffriergerät aus dem 19. Jahrhundert, Italien, zur Substitution von Buchstaben, Buchstabengruppen und Wörtern durch Zahlen. (Photo: Archiv Crypto AG.)
Rechts: Von Giovanni Battista Porta entworfene Schlüsselscheibe, mit der wechselnde Zuordnungen zwischen dem Klartextalphabet und den Geheimzeichen erhältlich sind; man kann es als frühes Beispiel jenes Typs von kryptologischen Hilfsmitteln ansehen, der schließlich in den Rotormaschinen einen gewissen Abschluß fand.

Was man mit der Schiebermethode, auch »Leiter-Chiffre« genannt, erreichen kann, läßt sich mit Hilfe von Ziffernblattscheiben noch ein wenig erleichtern. In diesem Fall werden die Buchstaben bzw. Schlüsselzeichen an den Rand von konzentrisch und drehbar montierten Scheiben geschrieben; sie entsprechen völlig den linearen Skalen des Schiebers und weisen nur den Vorteil auf, daß die Buchstabenreihen nirgends abbrechen. Diese Methode ist auch als »Zirkularscheiben-Chiffre« oder »Radiographie« bekannt; sie wird vom römischen Kryptographen Jacob Silvester (1526) beschrieben. Die Erfindung selbst dürfte auf Leon Battista Alberti, 1430, zurückgehen. Das Prinzip der Verschlüsselung und Entschlüsselung ist dasselbe wie beim Schieber.

Obwohl also schon seit dem 16. Jahrhundert polyalphabetische Systeme und Hilfsmittel ihres Gebrauchs bekannt waren, kamen sie doch bis zur Mitte des 19. Jahrhunderts nicht zum Einsatz. Der Grund dafür lag in der Umständlichkeit der Ver- und Entschlüsselung. Erst mit den Fortschritten der Kryptanalyse kam auch der Anstoß, zu schwerer knackbaren Systemen überzugehen, und somit wurden technische Hilfsmittel, die auf dem Prinzip des Schiebers oder der konzentrischen Scheiben beruhen, erst spät in die Praxis eingeführt.

Ein beachtlicher Fortschritt in der Geschichte der Schlüsselgeräte ist dem nordamerikanischen Staatsmann Thomas Jefferson, 1743–1826, zu verdanken. Er war nicht nur der Verfasser der Unabhängigkeitserklärung und Gründer der Demokratischen Partei, sondern auch Schriftsteller, Architekt und Erfinder. Sein Beitrag zur Kryptologie ist eine »Schlüsselwalze«. Es handelt sich um 36 gleichgroße Scheiben, die über eine gemeinsame Achse geschoben und drehbar angebracht werden, so daß sie gemeinsam einen zylindrischen Körper bilden. Sie lassen sich in bestimmten Positionen arretieren. An der Außenfläche einer jeden Scheibe sind die Buchstaben des Alphabets angebracht, und zwar in durcheinandergewürfelter Reihenfolge. Die Anordnung entspricht also 36 Vigenère-Tafeln mit ungeordneten Schlüsselalphabeten. Zur Kennzeichnung der jeweils gewählten Stellung dient eine Schlüsselwortgruppe von 36 Buchstaben, und zur eigentlichen Verschlüsselung bieten sich wieder die schon erwähnten drei Varianten der Vigenère-Verschlüsselung an. Jefferson hat ausgerechnet, wie viele verschiedene Möglichkeiten verschiedener Scheibeneinstellungen es gibt, und ist auf eine annähernd richtige Zahl »372 mit 39 Nullen« gekommen. Heute läßt sich die genaue Zahl leicht ermitteln; es handelt sich um die mathematische Operation »Fakultät«, abgekürzt durch ein Ausrufezeichen – in unserem Fall also 36!. Ausgerechnet, ergibt sich

371 993 326 789 901 217 467 999 448 150 835 200 000 000.

Damit wurde zum erstenmal eine Abschätzung vorgenommen, die in der modernen Kryptographie eine wichtige Rolle spielt, und zwar deshalb, weil sie die Brauchbarkeit eines Schlüsselverfahrens bzw. eines Schlüsselgeräts anzugeben gestattet. Jefferson erreichte hier Werte, die sich durchaus mit den modernen Anforderungen vergleichen lassen; er scheint sich aber selbst der Bedeutung seiner Erfindung nicht im klaren gewesen zu sein. Das geht aus einem Briefwechsel hervor, den Jefferson mit dem

Mathematiker Robert Patterson geführt hat. Auch Patterson hatte ein Schlüsselgerät erfunden, das Jefferson seinem eigenen gegenüber bevorzugte, während es diesem in Wirklichkeit weit unterlegen war.

Jeffersons Schlüsselwalze scheint dann in Vergangenheit geraten zu sein, und so kam es, daß ein Franzose, Etienne Bazéries, dasselbe Werkzeug 1891 ein zweites Mal erfinden konnte. Der einzige nennenswerte Unterschied lag darin, daß er nur zwanzig Scheiben und Alphabete mit 25 Buchstaben verwendete.

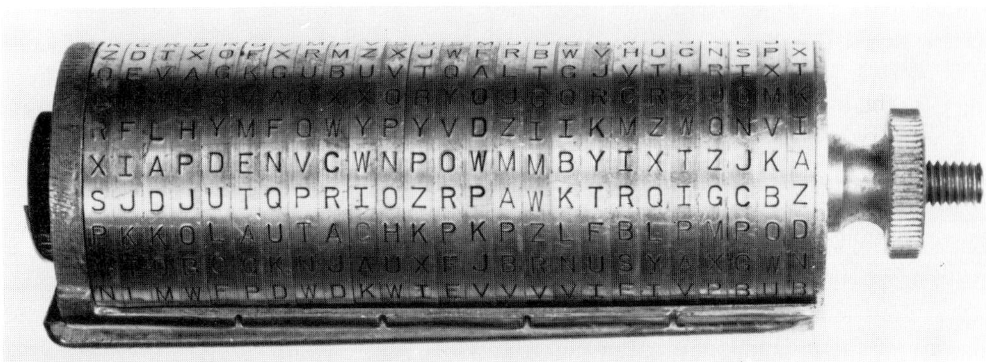

Etienne Bazéries erfand 1891 diese Schlüsselwalze, bei der 25 Alphabetscheiben um eine Welle drehbar befestigt sind. Werkzeuge dieses Typs wurden noch im Koreakrieg benutzt. (Photo: Archiv Crypto AG.)

Bazéries war eine bemerkenswerte Erscheinung in der Geschichte der Kryptologie. 1846 wurde er als Sohn eines Polizeibeamten geboren. Er machte den Deutsch-Französischen Krieg mit und wurde später bei militärischen Operationen in Algerien eingesetzt. Wann er sich für Kryptologie zu interessieren begann, ist nicht bekannt, und es war eigentlich mehr ein Zufall, der ihn auf den Weg zu einem der bekanntesten französischen Kryptographen und Kryptanalytiker machte. 1890, inzwischen zum Offizier avanciert, befand er sich wieder in Frankreich und machte eines Tages anderen Offizieren gegenüber spöttische Bemerkungen über die französischen Schlüsselmethoden. Er behauptete, daß er militärische Geheimtexte ohne Schlüssel lesen könne. Während die meisten darüber lachten, horchte der damals sehr bekannte General Charles Alexandre Fay auf und schickte Bazéries wenig später einige Kryptogramme, die mit dem normalen Militärschlüssel chiffriert waren. Ohne besondere Mühe gelang es ihm, die Testnachricht zu lesen. Wenig später wurde er dem »Bureau du Chiffre« des französischen Außenministeriums unterstellt und betätigte sich seither sowohl im Bereich der Kryptographie als auch der Kryptanalyse. Was die Kryptanalyse betrifft, so war er außerordentlich erfolgreich – über die von ihm entschlüsselten Nachrichten – sowohl militärischer als auch diplomatischer Natur – waren zahlreiche Anekdoten in Umlauf. Heftige Sträuße aber hatte er mit den Militärs zu fechten, die sich dagegen sträubten, seine Vorschläge für bessere Schlüsselsysteme zu akzeptieren; die meisten waren ihnen zu umständlich. Das war für Bazéries der Grund zur Erfindung seiner Schlüsselwalze, nun »Bazéries-Zylinder« genannt. Aber selbst hierdurch waren die verantwortlichen Offiziere nicht dazu zu bringen, den berechtigten Forderungen von Bazéries nachzugeben.

Weder Jefferson noch Bazéries hatten also mit ihrer Erfindung Glück. Erst im Jahr 1922 wurden in der amerikanischen Kongreßbibliothek Papiere aus dem Nachlaß von Thomas Jefferson entdeckt und dann stellte sich heraus, daß die Schlüsselwalze inzwischen ein drittes Mal erfunden und vor kurzem in den Gebrauch der amerikanischen Armee eingeführt worden war. Das neue Gerät wies 25 Scheiben mit je 26 Buchstaben auf, und außerdem war an einem zusätzlichen Rad ein Führungsstab angebracht, eine Art Lineal, das das Ablesen erleichterte. Dieses Gerät bewährte sich außerordentlich gut im praktischen Einsatz und widerstand oft genug den Bemühungen der besten Entzifferungskünstler der modernen Zeit.

Unter den handwerklichen Hilfsmitteln der Kryptologie, die inzwischen historisch geworden sind, sollen noch zwei erwähnt werden. Im Jahr 1817 führte Colonel Decius Wadsworth, Chef der Kriegsmaterialverwaltung in der US Army, einen neuen Gedanken in die Kryptologie ein, und zwar den Gebrauch von Klartext- und Schlüsseltextalphabeten verschiedener Längen. Zur Realisation dieses Gedankens dachte er sich einen Mechanismus aus, der ihm von einem Freund gebaut wurde. Es handelte sich um zwei durch ein Getriebe miteinander verbundene Ringe, auf die verschiedene Alphabete aufgetragen waren: auf dem äußeren eines aus 26 Buchstaben zusätzlich der Ziffern von 2 bis 8, auf dem inneren ein normales 26teiliges Alphabet. Wenn die Ringe aneinander abrollten, so befanden sich immer andere Buchstaben unmittelbar nebeneinander, zur besseren Übersicht mit einer Marke gekennzeichnet. Da die Zahlen 26 und 33 keinen gemeinsamen Faktor haben, muß der kleinere Ring 33 Umdrehungen und der größere Ring 26 Umdrehungen vollführen, ehe sich die Ausgangssituation wieder ergibt. Damit haben wir es also mit einer Periode von 858 Zeichen zu tun, was offensichtlich gegenüber relativ kurzen Schlüsselwörtern einen erheblichen Fortschritt bedeutet. Die Verschlüsselung erfolgt natürlich dadurch, daß jeweils ein Buchstabe des äußeren Rings durch einen solchen des inneren ersetzt wird – und die Entschlüsselung umgekehrt. Die Idee der aneinander ablaufenden Alphabete verschiedener Längen hat sich bei der Konstruktion moderner Schlüsselgeräte als sehr fruchtbar erwiesen.

Wadsworth teilte das Schicksal vieler berühmter Männer – seine Erfindung wurde vergessen, und das Verdienst der Entdeckung eines neuen Prinzips einem Bekannteren zugeschrieben. Es handelte sich um den schon erwähnten Physiker und Elektrotechniker Charles Wheatstone. Er hat sich aber auch mit vielen anderen damals aktuellen Problemen beschäftigt, beispielsweise mit Unterwassertelegraphie, stereoskopischem Zeichnen und Entwürfen von »sprechenden Maschinen«.

Wheatstones Schlüsselmaschine unterscheidet sich nur unwesentlich von jener von Wadsworth. Sie ähnelt einem Zifferblatt mit zwei kreisförmigen Anordnungen von

Verschlüsselungswerkzeug von Charles Wheatstone aus dem Jahr 1837; man erkennt zwei Buchstaben- (Ziffern-) Kreise und zwei Zeiger. Diese sind mechanisch miteinander gekoppelt, und zwar mit veränderlichem Winkel. Zum Verschlüsseln dreht man den großen Zeiger auf den Klartextbuchstaben (äußerer Kreis) und liest die Anzeige des kleineren ab; beim Entschlüsseln umgekehrt. (Photo: Archiv Crypto AG.)

Zeichen. Das äußere Alphabet enthält 27 Elemente – die Buchstaben des Alphabets und ein Zeichen für den Zwischenraum –, die innere weist 26 Buchstaben auf. In diesem Fall werden nicht die Scheiben gedreht, sondern es sind zwei miteinander durch ein Getriebe verbundene Zeiger, die die Zuordnung vornehmen. Da auch die beiden Zahlen 26 und 27 keine gemeinsamen Faktoren haben, ist die Periode zwischen zwei Wiederholungen der Zeichenzuordnungen hinreichend groß – die Periode umfaßt 26 × 27, das sind 702 Buchstabenpaare. Die Periodenlänge ist also mit jener von Wadsworth vergleichbar, und doch ist das System von Wheatstone leichter zu knacken als das seines Vorgängers. Das liegt an den gewählten Zahlenverhältnissen, wobei sich bei Wheatstone nur eine Verschiebung um einen Buchstaben ergibt. Das bedeutet aber, daß sich Doppelbuchstaben in ein Paar von Buchstaben verwandeln, die im Alphabet nur eine Stelle auseinanderstehen. Von hier aus ergibt sich ein Ansatz, um das System aufzubrechen, und tatsächlich wurde eine darauf beruhende Entzifferungsmethode einige Jahre nach Wheatstones Tod publiziert.

Wheatstone ging also als der Erfinder eines Systems in die Geschichte der Kryptologie ein, das ein anderer vor ihm gefunden hatte. Ein Fortschritt aber, der ihm wirklich zuzuschreiben ist, erhielt den Namen seines Freundes Lord Playfair – ein neues, sehr effektvolles Schlüsselverfahren. Playfair hatte sich intensiv für die Durchsetzung dieses Schlüssels eingesetzt, doch niemals das Verdienst eines Erfinders in Anspruch genommen. Trotzdem konnte er nichts dagegen tun, daß sich der Name »Playfair-Schlüssel« dafür durchsetzte.

Schon immer war die menschliche Bequemlichkeit ein wichtiger Anstoß für neue Erfindungen, und das gilt nicht zuletzt für die Kryptologie. Die durch Mechanisierung und Automation erreichte Ersparnis an Arbeit und Zeit hat hier freilich auch praktische Gründe: Ein Verschlüsselungssystem, das großen Aufwand für die Ver- und Entschlüsselung erfordert, ist nur beschränkt einsatzfähig. Insbesondere im Kriegsfall kommt es oft genug darauf an, den Klartext einer verschlüsselt übersandten Nachricht möglichst schnell zur Verfügung zu haben. Und überdies muß die Entschlüsselung auch unter widrigen Umständen – unter mangelhafter Beleuchtung, unter Feindbeschuß usw. – gelingen. Die bisher beschriebenen Hilfsmittel haben den Charakter von Werkzeugen; das heißt, daß es immer noch der Mensch ist, der die Arbeit verrichtet. Deshalb dürfte eine Schlüsselmaschine, die die Übertragung Klartext-Geheimtext und umgekehrt übernimmt, ein Wunschtraum vieler Kryptographen gewesen sein – besonders jener der niedrigeren Ränge, die die von höheren Stellen gegebenen Vorschriften für das Schlüsselwesen befolgen mußten.

Der erste Apparat, der auch das Ausdrucken des Kryptogramms vornimmt, wurde – wie David Kahn erwähnt – vermutlich schon vor 1874 durch Emile Vinay und Joseph Gaussin erfunden, doch ist darüber nichts Genaueres überliefert. Ein anderer Vorschlag für eine druckende Schlüsselmaschine stammt vom Marquis Gaëtan de Viaris, der 1847 in Cherbourg geboren wurde und sich in der Kryptologie insbesondere einen Namen durch die Einführung der sogenannten »kryptographischen Gleichungen« gemacht hat. Die von ihm erhaltenen Pläne zeigen einen Mechanismus, mit dessen Hilfe der Kryptograph einen Schlüsselbuchstaben nach dem andern auf Knopfdruck auf ein Papierband drucken konnte. Ob ein Modell dieser Maschine gebaut wurde, ist nicht bekannt.

Der Gedanke einer druckenden oder schreibenden Schlüsselmaschine war offensichtlich seiner Zeit voraus und wurde erst mit der Einführung von normalen Schreibmaschinen realisierbar. Schon die ältesten Modelle, bei denen der Druckvorgang mit Hilfe eines »Typenrads« vor sich ging, setzte man für kryptographische Zwecke ein. Dazu genügte es, das normale Typenrad durch ein anderes auszuwechseln, bei dem die Buchstaben der Tastatur nicht mit den Drucklettern des Typenrads übereinstimmten; statt dessen wählte man eine willkürliche Zuordnung. Durch Auswechseln des Typenrads wurde auch der Schlüssel gewechselt. Trotz der Mechanisierung und der dadurch bedingten Vereinfachung des Vorgangs hatte man auf diese Weise natürlich keinen echten Fortschritt erreicht, denn die auf diese Art erfaßbare Verschlüsselungsmethode war die einfache Substitution, und diese ist dem Zugriff des Gegners leicht zugänglich. Als man dann zu moderneren Schreibmaschinentypen überging, bei denen der Druckvorgang nicht mehr über Räder, sondern über Typenhebel erfolgte, kamen diese kryptographischen Schreibmaschinen außer Betrieb.

Unter den später aufkommenden Schreibmaschinentypen waren solche, bei denen Groß- und Kleinbuchstaben durch verschiedene Tasten übertragen wurden, und dazu kamen noch solche für Ziffern, Satzzeichen und dgl.. Schreibmaschinen dieser Art enthielten oft nicht weniger als 80 Tasten. Eine einfache Anpassung an die Zwecke der Kryptographie gelang dadurch, daß man die normalen Tastenbezeichnungen durch andere austauschte. Das geschah durch das Aufsetzen von Käppchen, auf denen die veränderten Zeichen vermerkt waren, oder auch durch Darübersetzen einer Art Schablone, in der für jede Taste ein Loch offengelassen war; über jedes dieser Löcher wurde das veränderte Zeichen geschrieben. Wenn man 80 Tasten zur Verfügung hatte, so bedeutete das, daß das normale Alphabet in dreifacher Weise verschlüsselt werden konnte. Zur Entschlüsselung mußte man die Käppchen in der reziproken Anordnung aufsetzen oder eine andere Schablone mit den entsprechend geänderten Aufschriften verwenden. Durch dieses Verfahren wurde die Sicherheit zwar ein wenig erhöht, doch waren damals die kryptanalytischen Methoden zum Knacken der angewandten Schlüssel durchaus bekannt. Da nach diesem Verfahren verschlüsselte Texte aus Groß- und Kleinbuchstaben sowie aus Ziffern und Satzzeichen bestanden, waren sie für die telegraphische Übertragung nicht brauchbar, und aus allen diesen Gründen fanden sie auch kaum Eingang in die Praxis.

Weitaus vorteilhafter erwies sich der Einsatz elektrischer Schreibmaschinen. Für eine Anlage benötigt man mindestens zwei, und zwar waren diese so gekoppelt, daß man über die Tastatur der einen einen Schreibvorgang auf beiden erreichen konnte. Dazu brauchten nur die elektrischen Kontakte der ersten Maschine mit den entsprechenden Kontakten der zweiten verbunden werden. Nun war es einfach, die Verbindung zur zweiten Maschine über eine Einsatzscheibe vorzunehmen, durch die irreguläre Verbindungen zwischen den Kontakten der beiden Maschinen hergestellt wurden. Schrieb man also auf der ersten Maschine Klartext, so lieferte die zweite das Kryptogramm.

Die Entschlüsselung war ebenso einfach: Tippte man nämlich auf der zweiten Maschine das Kryptogramm ein, so schrieb die erste den Klartext, so daß keinerlei manuelle Umsetzungen nötig waren.

Als Vorteil dieses Verfahrens ist noch zu erwähnen, daß die Tastenanordnung der beiden Maschinen der üblichen entsprach, so daß geübte Maschinenschreiber ebenso schnell und mühelos arbeiten konnten wie auf normalen Maschinen. Das Prinzip dieser Anordnung kann man heute bei modernen kryptographischen Ausstattungen wiederfinden. Daß es sich nicht bewährte, lag daran, daß elektrische Schreibmaschinen damals – vor dem Zweiten Weltkrieg – unhandlich, empfindlich und teuer waren und deshalb vor allem von militärischen Stellen abgelehnt wurden.

Die beschriebene Anordnung ist ein Vorläufer einer Gruppe von Schlüsselgeräten, die zu den besten auf mechanischem Weg erreichbaren gehören. Der neue Gedanke, durch den sie ausgezeichnet sind, ist das Prinzip des Rotors für die Durchwürfelung der Alphabete. Es handelt sich um ein Messingrad mit je 26 Kontakten an beiden Seiten. Jeder Kontakt der einen Seite ist in unregelmäßiger Zuordnung mit einem der anderen verbunden. Nützt man alle 26 möglichen Positionen dieses Rads aus, um eine Zuordnung zwischen zwei Alphabeten zu erreichen, dann hat man 26 Schlüssel nach

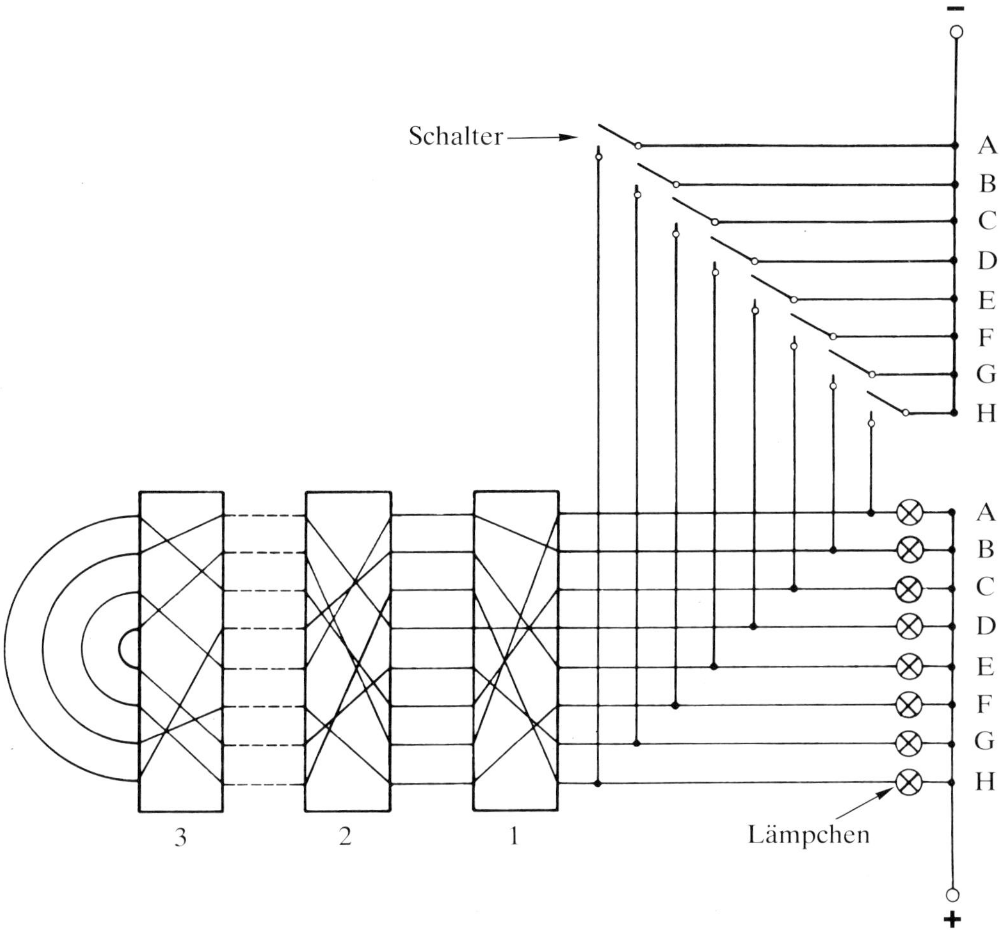

Das Funktionsprinzip der Enigma, vereinfacht und schematisch dargestellt: Beim Chiffrieren sind die Schalter den Klartextzeichen und die Lämpchen den Geheimtextzeichen zugeordnet – wird ein Schalter gedrückt, dann leuchtet ein bestimmtes Lämpchen auf. Je nach der Einstellung der Durchgangsräder erfolgt eine andere Verwürfelung. Da die Räder zweimal durchlaufen werden, ist die Zuordnung symmetrisch; das heißt, daß dieselbe Anordnung auch zum Entschlüsseln verwendet werden kann. (Nach Stürzinger »Funkaufklärung . . .«.)

dem Prinzip der willkürlichen Substitution zur Verfügung. Setzt man zwei Rotoren hintereinander, dann sind es bereits 26 × 26 = 676 Möglichkeiten, drei Rotoren geben 17 576 Möglichkeiten, vier Rotoren 456 976 Möglichkeiten und fünf Rotoren 11 881 376 Möglichkeiten. Man braucht nun nur noch dafür zu sorgen, daß sich die Rotoren synchron mit dem Eintippen der Buchstaben schrittweise weiterdrehen. Um möglichst lange Perioden ohne Wiederholung zu erhalten, dürfen die verwendeten Drehwinkel, in Buchstabenabständen gemessen, keine gemeinsamen Faktoren haben.

In der Geschichte der Erfindungen kommt es oft vor, daß zwei Leute zur gleichen Zeit auf dieselbe Idee kommen. Im Fall des Rotors waren es sogar vier, und zwar ein Amerikaner, ein Holländer, ein Deutscher und ein Schwede.

Edward Hugh Hebern, der Amerikaner, hatte schon 1915 mit einem System zweier miteinander verbundener elektrischer Schreibmaschinen experimentiert, wie sie oben beschrieben wurden. Einige Jahre später entwarf er eine Maschine, die ein fünffaches Rotorsystem enthielt. Er ließ sie patentieren und bot sie der amerikanischen Marine an. Die Gespräche liefen verheißungsvoll an, und 1921 gründete Hebern die erste Firma, die sich mit der Produktion von Schlüsselgeräten beschäftigte, die »Hebern Electric Code«. Nach langwierigen Verhandlungen wurden aber von verschiedenen Stellen nur einzelne Exemplare von Heberns Rotormaschinen gekauft, und 1926 ging die Firma in den Bankrott. Als dann das Rotorprinzip von den amerikanischen Streitkräften Jahrzehnte später – während des Zweiten Weltkriegs und danach – in großem Stil ausgenutzt wurde, bemühte sich Hebern vergeblich um eine Entschädigung.

Ein Patent für eine »Geheimschriftmaschine« nach dem Rotorprinzip ließ sich 1919 der Holländer Hugo Alexander Koch erteilen. Zur kommerziellen Auswertung gründete er ein Ingenieurbüro »Securitas«, doch kam es nie zur Fertigstellung eines Prototyps. Das Patent wurde 1927 an einen deutschen Erfinder verkauft.

Der Name dieses Mannes war Arthur Scherbius. Auch er war auf die Idee des Rotorprinzips gekommen und versuchte sich an einer kommerziellen Verwertung. Er nannte seine Maschine Enigma (griechisch: Rätsel) – ein Name, der untrennbar mit dem schwerwiegenden Einfluß des Schlüsselwesens im Zweiten Weltkrieg verbunden ist. Sein erstes Modell war groß und unhandlich, doch schon die nächsten paßten sich den praktischen Anforderungen recht gut an. So war die dritte Version der Enigma bereits tragbar, wobei Scherbius allerdings auf die Ausdrucksmöglichkeit des Schlüsseltexts verzichtet hatte – die Buchstaben wurden durch Lampen angezeigt. Scherbius setzte sich sehr für den Verkauf seiner Schlüsselmaschinen ein. 1923 stellte er sie in Bern anläßlich des Kongresses der Internationalen Postunion erstmals der Öffentlichkeit vor und fand die Anerkennung von Fachleuten. Dennoch blieben die großen Aufträge aus, und 1929 ging sein Unternehmen in andere Hände über. Der Umschwung kam erst mit Hitlers Machtergreifung und mit der Wiederaufrüstung der deutschen Wehrmacht. Auf Anraten fachkundiger Militärs wurden die deutschen Streitkräfte, Heer, Marine und Luftwaffe, mit der Enigma ausgerüstet. Genaugenommen handelte es sich dabei nicht um einen einzigen Maschinentyp, sondern um eine ganze Reihe verschiedener Versionen, für die man einen richtigen Stammbaum aufstellen kann. Die 1923 zum Verkauf angebotenen Typen Enigma A und B waren noch recht unhandlich. Wesentlich kleiner und funktionstüchtiger war der 1926 von der Reichsmarine eingeführte »Funkschlüssel C«. Gleichzeitig kam die Enigma D auf den Markt, ein Typ, der in verschiedene Länder verkauft und u. a. auch in Großbritannien patentiert wurde. Heer, Luftwaffe und Marine setzten später schrittweise verbesserte Versionen der Enigma ein, die sich insbesondere durch eine steigende Zahl der Schlüsselwalzen unterschieden.

Das mit der Enigma durchführbare Schlüsselverfahren wurde damals von den Fachleuten als unknackbar gehalten. Der ehemalige Leiter des österreichischen militärischen Entzifferungsdienstes, Oberst und Regierungsrat Andreas Figl, schreibt in seinem Buch »Systeme des Chiffrierens«, 1926: »Wird man gewahr, daß Unberufene Kenntnis vom Inhalte einer Geheimschrift haben, so kann nur ein Verrat usw. vorliegen.« Er meinte, daß dem Feind selbst der Besitz der Maschine nichts hilft – eine Annahme, die aber keineswegs richtig war. Denn die Enigma war das Beispiel eines Maschinentyps, bei dem nur so lange Sicherheit besteht, wie es gelingt, die Kenntnisse des Konstruktionsprinzips geheimzuhalten. Bei hochentwickelten modernen Maschinen besteht übrigens diese Gefahr nicht mehr.

Gegenüber anderen Rotorsystemen wies der von den deutschen Behörden eingesetzte modifizierte Typ der Enigma gewisse Schwächen auf. Die Maschine arbeitete mit vier Rotoren, wobei der letzte nur auf der Vorderseite Kontakte aufwies. Diese waren – in unregelmäßiger Anordnung – wechselseitig miteinander verbunden, so daß der Stromstoß durch die drei übrigen Räder zurückgeleitet wurde. Auf diese Art wird zwar prinzipiell die Periodenzahl erhöht, doch erhält man dabei reziproke Schlüssel – wird beispielsweise ein A durch ein S verschlüsselt, dann wird umgekehrt auch das S durch ein A verschlüsselt. Außerdem war die Übersetzung der Rotorräder so ungünstig gewählt, daß nur ein Teil der maximalen möglichen Periode zum Einsatz kam, und zwar 53 295 Buchstabenpaare. Auch diese Nachteile wirkten sich auf das nachfolgende Kriegsgeschehen aus.

Der schwedische Textilingenieur Arvid Gerhard Damm war der vierte im Bunde der Rotorerfinder; 1919 bekam er ein Patent auf eine Rotor-Schlüsselmaschine – nur drei Tage nach der Patentierung von Kochs Geheimschriftenmaschine. Damms Rotorsystem bestand lediglich aus zwei Rädern und war mit einem komplizierten Verschlüsselungsmechanismus kombiniert. Auch er gründete eine Firma, und im Gegensatz zu seinen Erfinderkollegen in den anderen Ländern hatte diese Bestand, entwickelte sich weiter und besteht heute noch. Geldgeber der Aktiengesellschaft »Cryptograph« war der Erfinder des Dynamits, Alfred Nobel, und der Leiter einer schwedischen Ölproduktionsfirma in Rußland, K. W. Hagelin, einige Zeit hindurch auch schwedischer Generalkonsul in Sankt Petersburg.

Zunächst lief die Arbeit der Firma nicht besonders günstig an. Der Aufstieg begann erst, als Boris Caesar Wilhelm Hagelin, der Sohn des Generalkonsuls, in die Firma eintrat. Er kümmerte sich nicht nur um organisatorische und kommerzielle Fragen, sondern beteiligte sich auch an der Neuentwicklung von Schlüsselmaschinen – durch einen Ingenieursgrad für Mechanik brachte er die Voraussetzungen dafür mit. Und als A. G. Damm im Jahr 1927 starb, wurde Boris Hagelin technischer Leiter der Firma. 1948 zog er mit der Firma in den Schweizer Ort Zug um – die Insel der Neutralität im Herzen Europas schien ihm die beste Basis zum Ausbau seiner technischen und

Links: Das Chiffriergerät BC-543 von Boris Hagelin, das während des Zweiten Weltkriegs in Schweden entstand.
Rechts: Deutsche Kopie (C-41) der BC-543.
Als die Deutschen am Ende des Zweiten Weltkriegs erkannt hatten, daß ihre Enigma-Chiffren nicht sicher waren, wurde in den Wanderer-Werken in Chemnitz eine ältere, aber sicherer scheinende Maschine nachgebaut – die BC-543 des Schweden Boris Hagelin, deren Vorläufer (C-36) vor dem Krieg von den Deutschen als zu unsicher abgelehnt worden war. (Photos: Archiv Crypto AG.)

industriellen Aktivitäten zu sein, und außerdem konnte er auf die bewährte Schweizer Facharbeitertradition zurückgreifen. Diese Ortswahl hatte sich als glückbringend erwiesen. Die Firma wurde unter dem Namen Crypto AG zum führenden Produzenten von Chiffriermaschinen auf privatwirtschaftlicher Basis.

Boris Hagelin widmete sich den Erfindungen im Bereich der Kryptologie mit einer Begeisterung, die weit über geschäftliche Interessen hinausging. Dabei zeigte er einen bemerkenswerten Sinn für die Praxis; es gelang ihm, die Geräte immer kleiner und handlicher zu machen. Das ging bis zur Entstehung eines Taschenverschlüsselungsgeräts von der Größe einer Zigarrenschachtel.

Seine erfolgreichste Erfindung aber war der Converter M-209, in der europäischen Variante C-36 genannt. Im Prinzip handelt es sich um einen Zahnradmechanismus, durch den eine Alphabetenscheibe in wechselnde Positionen gedreht wird. Verschiedene Vorrichtungen sorgen dafür, daß das in einer unregelmäßigen Reihenfolge geschieht, mit Perioden von mehr als 100 Millionen. Das Kernstück ist eine Serie von fünf Rädern, die um eine gemeinsame Achse drehbar angeordnet sind und durch einen gemeinsamen Zahnradtriebstock in Bewegung gesetzt werden. Die Räder weisen verschiedene Teilungen auf, und zwar so, daß die betreffenden Zahlen keine gemeinsamen Faktoren haben. Da die Räder bei jedem neuen Buchstaben um einen Schritt gedreht werden, ist die Nutzung der vollen Periode gewährleistet. In Verbindung mit den Rädern steht ein aus 36 Schaltstäben zusammengesetztes, trommelartiges Gebil-

Das meistverbreitete Chiffriergerät der Welt: das Modell M-209, das in den USA nach dem Vorbild der C-36 von Boris Hagelin in 140 000 Exemplaren nachgebaut worden war. (Photo: Archiv Crypto AG.)

de. Auf den Schaltstäben sind Nocken angebracht, die ins Geschehen eingreifen, wenn man die Stäbe nach links verschiebt. Sie bewirken eine Drehung des Alphabetenrads um eine bestimmte Zahl von Schritten gegenüber der ursprünglichen Lage. Auf diese Weise wird erreicht, daß die Drehwinkel des Alphabetenrads von Schritt zu Schritt wechseln. Durch Neueinstellung der Nocken auf den Schaltstäben wählt man für jede neue Nachricht eine andere Permutationsfolge. Der Converter M-209 arbeitet auf rein mechanischer Grundlage. Das Getriebe wird mit einem Drehhebel in Bewegung gesetzt, der Schlüsseltext auf einen Papierstreifen gedruckt. Die Buchstaben gibt man über ein Einstellrad ein. Da gegenläufige Alphabete benutzt werden, wodurch die Entschlüsselung symmetrisch zur Verschlüsselung verläuft, kann man dasselbe System auch zum Dechiffrieren verwenden.

Als die Amerikaner aufgrund des japanischen Angriffs auf Pearl Harbor in den Zweiten Weltkrieg eintraten, waren sie nur unzureichend auf die Belange des Schlüsselwesens vorbereitet. Sie entschlossen sich damals ziemlich schnell, ihre Streitkräfte mit dem Converter M-209 auszurüsten, der ihnen von Boris Hagelin schon vor 1937 angeboten worden war. Hagelin gelang es, 50 Maschinen nach Amerika zu bringen. Er selbst – mit den Konstruktionsplänen in der Tasche – fuhr noch im letzten Moment über Berlin nach Genua, von wo es ihm gelang, New York zu erreichen. Eine amerikanische Firma übernahm die Lizenz und baute die Schlüsselmaschinen mit einer Produktionsrate von 400 pro Tag – insgesamt weit über 140 000 Exemplare. Sie kamen auch noch im Koreakrieg zum Einsatz.

Die Enigma und der Converter M-209 waren komplizierte Mechanismen, und das bedeutete, daß sie sich nicht beliebig verkleinern ließen. Ein handliches Format wäre aber Voraussetzung für den umfassenden Einsatz der Maschinenverschlüsselung gewesen; insbesondere für den Einsatz bei beweglichen Verbänden waren die Anlagen zu schwer und zu störanfällig. Das ist auch der Grund dafür, daß die Handverschlüsselung noch im Zweiten Weltkrieg in Gebrauch war. Auf lange Sicht bedeutet das zwar eine Einbuße der Sicherheit, bringt aber kurzfristig gesehen auch Vorteile mit sich. Stützt man sich beispielsweise auf Zahlenwürmer – als Schlüssel benutzte möglichst lange Zufallsfolgen –, die vorher an die beteiligten Stellen verteilt werden, dann muß praktisch jeder einzelne Funkspruch für sich gesondert entziffert werden. Die dadurch gewonnene Frist reichte in den meisten Fällen durchaus aus, um operative oder taktische Nachrichten, die schon nach Stunden ihren Wert verlieren, ausreichend zu schützen.

Diese Situation hat sich erst in den letzten Jahren geändert – aufgrund der mikrominiaturisierten Halbleiterschaltungen. Dadurch werden die Geräte so handlich und robust, daß gegen ihren Einsatz selbst unter rauhen Bedingungen keine Bedenken mehr bestehen.

6
Geheimhaltungsstufe »Ultra«

In Kriegsberichten ist von Nachrichtendiensten, Schlüsselwesen und dergleichen kaum die Rede, und auch in der Geschichtsschreibung wird man wenig darüber finden, obwohl Geheiminformationen und ihre Entzifferung Bedeutung hatten, seit Schriftzeichen bekannt sind. Somit ist den wenigsten bewußt, daß Kriege nicht nur auf dem Schlachtfeld, durch den Einsatz von Soldaten und Waffen, entschieden werden, sondern auch durch das, was man heute als »Intelligence« bezeichnet: die aktuelle Information und die Fähigkeit, daraus die richtigen Schlüsse zu ziehen. Voraussetzung für erfolgversprechende Entscheidungen über Aktionen und Strategien sind möglichst genaue Kenntnisse über den Gegner – über sein Verhalten, seine Absichten, seine Reserven. Um das erforderliche Wissen zu beschaffen, setzt man sämtliche verfügbaren Mittel ein, nicht zuletzt jene der Funkaufklärung. Welche Bedeutung hat diese im Zweiten Weltkrieg gehabt? Manche, denen die Ereignisse zwischen 1939 und 1945 noch gegenwärtig sind, werden sich daran erinnern, daß sie sich damals oft die Frage nach den Hintergründen des einen oder des anderen Ereignisses stellten – und die Erwartung daran knüpften, nach Ende der Auseinandersetzung Aufklärung zu bekommen. Diese ließ aber auf sich warten, und viele verloren mit der Zeit das Interesse an den Dingen, die nun weit zurückliegen – noch dazu mit höchst unangenehmen Erinnerungen verbunden. Und so geht manches, was früher eine Sensation gewesen wäre, in der Flut der aktuellen Berichterstattung unter.

Während nach Kriegsende die Verdienste der amerikanischen Experten beim Entziffern japanischer Funknachrichten hervorgehoben wurden, hörte man kaum etwas über die Aktivitäten der alliierten Funkaufklärung gegenüber Deutschland und Italien. Das bestärkte die Meinung, daß es nicht in nennenswertem Maß gelungen war, deutsche Schlüsselverfahren zu knacken und somit von ihrer Entzifferung kaum nennenswerte Impulse für die Kriegsführung ausgegangen waren. Eine Revision dieser Annahme hätte schon 1967 ein in Warschau erschienenes Buch auslösen können, doch es blieb ebenso wenig beachtet wie eine aufschlußreiche Publikation des französischen Generals G. Bertrand im Jahr 1973. Nun gab es, wie erst nachher bekannt wurde, eine Vielzahl von Leuten, die über die einschlägigen Ereignisse bestens informiert waren; allein 10000 hatten im britischen Entzifferungszentrum Bletchley Park gearbeitet – und ihren Schweigeauftrag auf noch zwei Jahrzehnte später ernst genommen. Und auch die britische Regierung hatte das umfangreiche Material, das aus ihrer Tätigkeit hervorgegangen war, unter strengem Verschluß gehalten. Nun allerdings erhielt der Luftwaffenoberst Fred W. Winterbotham, Chef der Luftwaffen-Departements des Secret Intelligence Service, seinerzeit der für die Organisation und die Sicherheit zuständige Offizier beim Entzifferungszentrum, die Erlaubnis, einen Memoirenband zu veröffentlichen. Da er sich dabei nicht auf dienstliche Unterlagen stützen konnte, war er auf sein Gedächtnis allein angewiesen, und das ist wohl die Erklärung dafür, daß das 1974 erschienene Buch »The Ultra Secret« nicht in allen Einzelheiten stimmt und ein verzerrtes Bild der damaligen Situation zeichnet. Da es aber erstmalig die immerhin spektakulären Geheimnisse der englischen Entzifferungsbemühungen im Zweiten Weltkrieg enthüllte und die bis dahin umfassendste Beschreibung der Geschehnisse aus der Sicht Großbritanniens gab, führte es einerseits zu einer Flut sensationell aufgebauschter Pressemeldungen, andererseits aber auch zu empörten und besorgten Protesten. Man bezweifelte – nicht unberechtigt – die Richtigkeit der Darstellung, unterstellte dem Autor die Absicht gezielter Verschleierung und warf ihm, wegen des Erfolgs seines Buchs, sogar Geldgier vor. Immerhin hat er das Verdienst, die Dinge in Bewegung gebracht zu haben – das Wort »Ultra« wurde durch sein Buch zum Begriff.

Ursprünglich beinhaltete »Ultra« nicht mehr als die Kennzeichnung des höchsten Geheimhaltungsgrades, ein Vermerk auf den weitergeleiteten, entzifferten Nachrichten. Nun wurde es zu einem geradezu mythischen Begriff: für die geheimnisumwobenen, erfolgreichen und ans Wunderbare grenzenden Maßnahmen der britischen Entzifferungskünstler.

Der durch Winterbotham ausgelöste Aufruhr war nun keineswegs im Sinn der britischen Regierung. In Zusammenarbeit mit den Amerikanern wurde 1976 beschlossen, den Großteil der erhaltenen Akten aus den »Ultra«-Archiven für die wissenschaftliche Forschung freizugeben. Es war eine Flut von Material, das nun an die Öffentlichkeit kam – bis März 1979 572 Bände, die nahezu 420000 entzifferte Funksprüche und Fernschreiben enthielten. Damit war den Historikern nun endlich Gelegenheit geboten, auch diese Seite der Kriegsführung zu berücksichtigen und ihre Darstellung – soweit nötig – zu revidieren. Es kam zu einer fruchtbaren Zusammenarbeit, die ihren Ausdruck und Höhepunkt in einer internationalen Tagung vom 15. bis 16. November 1978 in Bad Godesberg und vom 17. bis 18. November 1978 in Stuttgart unter Leitung des führenden deutschen Marinehistorikers Jürgen Rohwer fand. Fachleute aus England, den USA, Kanada, Frankreich, Schweden, Finnland, Polen und der Bundesrepublik Deutschland suchten – aufgrund der offenkundig gewordenen Fakten, aber auch aus eigener lokaler Sicht – nach einer gemeinsamen Übersicht über diesen wichtigen Teil der Geschichte. Gab es dabei neue Einsichten? »Wir werden allein mit den Tatsachen 25 Jahre zu tun haben«, sagte einer der Teilnehmer, »von der Frage, ob wir die Geschichte des Zweiten Weltkriegs umzuschreiben haben, gar nicht zu reden.« Und ein anderer: »Für jedes kriegsgeschichtliche Kapitel ein Anhang – mehr wird wohl nicht herauskommen.« Die Wahrheit wird wohl irgendwo dazwischen liegen.

Um die Ereignisse in bezug auf das »Ultra«-Geheimnis richtig zu beleuchten, muß man bis auf die Zeit nach dem Ersten Weltkrieg zurückgehen. Die Keimzelle des deutschen Chiffrier- und Dechiffrierwesens, das Referat Pers z, wurde bereits 1919 als Abteilung des deutschen Außenministeriums gegründet. An der Spitze standen einige Wissenschaftler, die sich schon während des Ersten Weltkriegs bewährt hatten – insbesondere der Sprachwissenschaftler Adolf Paschke, der offizielle Leiter des Büros, und die beiden Mathematiker Werner Kunze und Rudolf Schauffler. Zunächst wurden sie mit diplomatischen Aufgaben betraut; 1921 gelang es ihnen, einen französischen Code zu brechen, und 1936 lösten sie das Problem eines japanischen maschinellen Verschlüsselungsverfahrens.

So kam es, daß 1939, als der Zweite Weltkrieg mit dem Polenfeldzug begann, eine gut eingearbeitete, geheime Nachrichtenorganisation zur Verfügung stand, die unverzüglich in den Kriegsdienst gestellt wurde – verbunden mit einer sprunghaften Vergrößerung des Personals von Pers z. Unter den neu hinzukommenden Spitzenkräften sind die beiden Mathematiker Gottfried Köthe und Hans Rohrbach zu erwähnen, weiter Ottfried Deubner, ein erfahrener Kryptanalytiker, der zwar jüdischer Abstammung war, doch mit einer Sondererlaubnis für die Deutschen arbeitete. Zuletzt waren in dieser Abteilung des Außenministeriums etwa 300 Personen beschäftigt.

In Deutschland wurden während des Zweiten Weltkriegs – wie in anderen Ländern auch – verschiedene Methoden und Geräte für die Verschlüsselung angewandt – von einfachen Handschlüsseln und Codes bis zu automatisierten Funk- und Fernschreibschlüsselmaschinen. Eine besondere Rolle spielte dabei die Enigma, von der eine ganze Reihe von Versionen existierte. Schon im Jahr 1926 entschloß sich die Reichsmarine zum Einsatz des Funkschlüssels »C«, auch als »Enigma-C« bekannt, und 1934 setzte sie eine Weiterentwicklung, den »Funkschlüssel M«, ein. Ein weiterer Typ der Enigma – »Enigma-G«, mit der noch eine zusätzliche Überschlüsselung der Texte möglich war – wurde vom Reichsheer 1928 in Betrieb genommen. Die Marine setzte von Anfang an alle verfügbaren fünf Schlüsselwalzen ein, während Heer und Luftwaffe – auch dort hatte man sich für die Enigma entschlossen – vorerst auf eine Verstellung der vierten und fünften Walze verzichteten. Diese Schlüsselmaschinen waren bis zum Kriegsende im Einsatz.

An der Vorgeschichte von »Ultra« waren auch polnische Entzifferungsexperten maßgeblich beteiligt. Es hatte sie wenig Mühe gekostet, die von der deutschen Reichswehr gebrauchten Handschlüsselverfahren zu knacken. 1928 allerdings stellten sie fest, daß offensichtlich ein neues Verfahren eingesetzt worden war. Da man vermutete, daß die Deutschen die damals noch frei verkäufliche Version der Enigma verwendeten, kauften die Polen ein Exemplar, doch zeigte sich bald, daß damit die Probleme noch keineswegs gelöst waren. Mit Maschinen dieses Typs ist nämlich eine Entzifferung nur möglich, wenn nicht nur die durch die einzelnen Walzen erreichten Verwürfelungen der Buchstaben, sondern auch die – durch einen Spruchschlüssel gegebene – Einstellung der Walzen bekannt ist. Die Polen setzten ein Team von Mathematikern ein, dem 1933 erstmals ein Einbruch in den Geheimnisbereich der

Eine der vielen Versionen der deutschen Enigma. (Photo: Archiv Crypto AG.)

Enigma gelang. Sie hatten das Schlüsselverfahren der Reichsmarine allerdings auch nur deshalb zu knacken vermocht, weil man dort die Möglichkeiten der Enigma nur unvollkommen ausgenutzt hatte. So wurde der zweistellige Spruchschlüssel zwar doppelt chiffriert, doch ging man dabei stets von der gleichen Grundstellung aus. Außerdem verzichtete man auf zwei der vorgesehenen fünf Walzen, begnügte sich also mit nur drei. So wurde infolge der Kürze der Funksprüche – maximal 180 Zeichen – die rechte Walze viel stärker benutzt als die mittlere oder gar die linke; auch dadurch ergaben sich Anhaltspunkte für Entzifferungsversuche. So war es den Polen nicht nur möglich, die Spruchschlüssel herauszufinden, sondern auch die Verdrahtung der drei Walzen, die in wechselnden Positionen eingesetzt wurden.

Im Anschluß an diesen Erfolg nahmen sich die Polen auch den vom Reichsheer verwendeten Funkschlüssel vor. Ihre Arbeit war vom Glück begünstigt – u. a. erhielten sie Angaben eines für Frankreich arbeitenden deutschen Agenten über die Enigma, und so war es ihnen 1937 nicht nur möglich, den vom deutschen Heer benutzten Enigma-Typ nachzubauen, sondern sie bauten auch eine von ihnen »Bomba« genannte Maschine, mit der sie den Tagesschlüssel ermitteln konnten. Endgültig ins Hintertreffen gerieten sie allerdings, als die Deutschen eine andere Methode zur Festlegung des Tagesschlüssels fanden und im Herbst 1938 zusätzlich die vierte und fünfte Walze einsetzten, die für die Enigma zwar vorgesehen, bisher aber nicht verwertet worden waren. So beschlossen die Polen, den Engländern und Franzosen eine Zusammenarbeit anzubieten. Das entscheidende Zusammentreffen fand Ende Juli 1939 im polnischen Entzifferungszentrum bei Pyry, nahe bei Warschau, statt. Die Polen informierten ihre künftigen Partner über ihre Erfahrungen und schenkten ihnen Exemplare der von ihnen nachgebauten Enigma. Kurze Zeit darauf allerdings erfolgte der deutsche Angriff auf Polen, und die polnischen Entzifferer mußten die Station von Pyry räumen; sie flohen nach Paris, wo sie eine eigene Sektion im französischen Entzifferungszentrum bildeten.

In England war inzwischen die aus dem berühmten »Raum 40« der Admiralität hervorgegangene »Government Code-and-Cypher School« des Außenministeriums in die Kleinstadt Bletchley, eine Autostunde nördlich von London, verlagert worden. Man hatte sie zu einer zentralen Nachrichtensammelstelle aller drei Waffengattungen erweitert, die auch eng mit zivilen Stellen zusammenarbeitete. Dadurch gelang nicht nur die Sammlung von Nachrichten aus allen möglichen Bereichen – Agenteninformation, Funkpeilung, Entzifferung –, sondern auch ihre systematische Auswertung. Der Wert einer solchen Kooperation liegt insbesondere darin, daß wesentliche Kenntnisse über das Feindverhalten selten aus einer einzelnen Meldung hervorgehen, sondern sich erst durch indirekte Schlüsse aus einer Vielzahl oft scheinbar unwichtiger Meldungen zusammensetzen lassen.

Der führende Kryptologe der »Government Code-and-Cypher School« war damals Alfred Knox. Er hatte nicht nur hervorragende Resultate im Bereich der Kryptographie aufzuweisen, sondern interessierte sich auch für klassische Literatur; seine kryptanalytischen Kenntnisse wandte er u. a. auch an, um 700 Verse des griechischen Dichters Herodas zu übersetzen. Sein Assistent war Alan Turing, einer der genialsten Mathematiker der jüngeren Zeit, der sich übrigens auch so benahm, wie man sich ein Genie vorstellt. Oft starrte er geistesabwesend vor sich hin und brach dann plötzlich ohne äußeren Anlaß in Gelächter aus. Er trug langes, ungekämmtes Haar und lief in schlampiger Kleidung herum. Einige Anekdoten erzählt man sich in Fachkreisen noch heute. So wurde er eines Tages in der Nähe von Bletchley von einem Polizisten aufgegriffen, weil er eine Gasmaske trug. Er wollte sich damit vor Blütenstaub schützen, der ihm Heuschnupfen verursachte. Zu Beginn des Krieges vergrub er eine Kiste mit Silberbarren – das gesamte Familienvermögen –, konnte sie aber nicht mehr wiederfinden – er hatte das Versteck vergessen. Sogar sein Tod hatte komische Aspekte: In einem Selbstversuch wollte er die Folgen einer völligen Isolation ausprobieren; er schloß sich in sein Haus ein und gab auf Kontaktversuche keine Antwort mehr. Schließlich wurde er tot aufgefunden – er hatte sich vergiftet.

In der Fachwelt ist Turing vor allem durch seinen Beitrag zur Automatentheorie bekannt. Er dachte sich eine abstrakte Maschine aus, im Prinzip ein logisches Schema, das man mit Hilfe eines Papierstreifens realisieren kann und anhand dessen es möglich ist, sämtliche durch Automaten vollziehbaren Prozesse zu erfassen. Nur wenigen aber ist bekannt, daß sein wichtigstes Tätigkeitsfeld die Kryptanalyse war und welche einmalige Rolle er im Projekt »Ultra« spielte. Um sich diesem Spezialgebiet widmen zu können, schlug er sogar ein Angebot des berühmten Mathematikers John von Neumann aus, der damals am Institute for Advanced Studies in Princeton arbeitete und Turing als Mitarbeiter haben wollte. Er wurde Assistent von Alfred Knox.

Schon zu Beginn des Krieges war Alfred Knox schwer krank – er litt an Krebs. Er mußte mehrmals operiert werden, kehrte aber stets unverzüglich wieder an seine Arbeit zurück. Selbst aufs Totenbett ließ er sich noch verschlüsselte deutsche Funksprüche bringen und beschäftigte sich mit ihrer Entzifferung. Er starb im Februar 1943.

Das waren also zwei der fähigsten Mathematiker, die sich nun mit der Enigma beschäftigten. Das von den Polen überreichte nachgebaute Exemplar bedeutete eine wesentliche Hilfe, aber noch keineswegs den Durchbruch – wenn es auch gelang, verschiedene deutsche Schlüssel zu knacken, so dauerte die Entzifferung doch meist mehrere Wochen, und das war zu spät, um rechtzeitig darauf zu reagieren.

Worauf es ankam, war die rasche Ermittlung des Tagesschlüssels – nur dann bestand die Chance, die deutschen Funksprüche »mitzulesen«. Dieses Ziel hatte sich Alan Turing gesetzt – schon im Herbst 1938 begann er mit dem Bau einer Maschine, mit der alle mögliche Verdrahtungssysteme der Enigma simuliert werden sollten. Dieser Plan wurde von vielen Fachleuten als undurchführbar angesehen – ihrer Meinung nach hätte eine solche Konstruktion die Größe eines Hauses erreichen müssen –, doch Turing erhielt die benötigte Unterstützung. U. a. wurde ein Spezialistenteam einer Firma, die sich mit Tabelliermaschinen beschäftigte, für die Konstruktion der Maschine eingesetzt. In Anlehnung an die weitaus einfachere polnische Simuliermaschine »Bomba« wurde sie als »Bombe« bezeichnet. 1940 war sie einsatzbereit: Das »Orakel von Bletchley«, wie Winterbotham es nannte, hatte zu »sprechen« begonnen. Aus »Hütte 3« der Wellblechbaracke, in der die »Bombe« untergebracht war, kamen die ersten entzifferten Enigma-Texte. Es waren keine Nachrichten von großer Bedeutung, und doch wußten alle Eingeweihten, daß damit eine neue Periode in der Geschichte der Kryptanalyse begonnen hatte.

Den verantwortlichen Leuten des britischen Geheimdienstes war von Anfang an klar, daß sich die große Mühe nur lohnen würde, wenn es gelänge, das Geheimnis der Turing-Maschine längere Zeit hindurch aufrechzuerhalten. Winterbotham berichtet von einer von ihm geleiteten Spezialeinheit, deren einzige Aufgabe es war, das »Ultra«-Geheimnis abzuschirmen und zu schützen. Besonders kam es darauf an, mit allen Mitteln zu verhindern, daß die Deutschen etwas von der Entzifferung ihrer Enigma-Funksprüche merkten. Die Offiziere, die das Geheimnis von »Ultra« kannten, hatten Anweisung, als Quellen der einschlägigen Meldungen Luftaufklärung, Agentenberichte und dergleichen zu nennen, um den wirklichen Ursprung zu verschleiern.

Die große Stunde von »Ultra« begann im Sommer 1940. Innerhalb von 42 Tagen hatten die Deutschen Frankreich überrannt, und Hitler bot Winston Churchill, der erst einige Wochen vorher die Nachfolge von Neville Chamberlain angetreten hatte, Friedensverhandlungen an. Churchill ignorierte dieses Angebot, und so entschloß sich der »Führer« zum Angriff von England. Im Juli begann das Unternehmen »Seelöwe«, die Vorbereitungen für die Landung auf der Insel. Den Engländern fiel zwar keine direkte Nachricht darüber in die Hände, doch konnten sie aus verschiedenen sekundären Meldungen auf das schließen, was sich da anbahnen sollte. Da gab es beispielsweise eine abgefangene deutsche Anweisung, mit der es der Luftwaffe verboten wurde, Häfen der englischen Südküste zu bombardieren, und eine andere, mit der Dolmetscher für die englische Sprache angefordert wurden. Als schließlich aus einem entzifferten Funkspruch eine vom 8. September an bestehende Urlaubssperre der deutschen

Soldaten bekannt wurde, gab es in England Invasionsalarm. Doch Hitler zögerte noch. Er hatte sich das Ziel gesetzt, erst den Luftraum zu beherrschen, doch trotz Hunderter von deutschen Bombern und Jagdflugzeugen, die Tag für Tag über der britischen Insel erschienen, gelang es den Deutschen nicht, sich endgültig durchzusetzen. Da Hitler die herbstlichen Licht- und Wetterverhältnisse für sein Unternehmen ungünstig erschienen, blies er den Angriff ab – sicher eine entscheidende Wendung im Zweiten Weltkrieg. Was aber erst später bekannt wurde, war die Rolle, die Turings »Bombe« bei der Entscheidung der »Luftschlacht« gespielt hatte: Wenn die Meldungen aus Bletchley Park auch selten so aktuell waren, daß man ihnen Informationen über die anfliegenden Verbände entnehmen konnte, so trugen sie doch wesentlich dazu bei, sich auf die Strategie der deutschen Lufteinsätze einzustellen und die Angriffe abzuwehren.

Die deutsche Führung hatte nun vor, die Briten durch Bombenangriffe zu zermürben. In diese Zeit – November 1940 – fiel auch der große Angriff auf Coventry, der praktisch zur Zerstörung der Stadt führte. Über 150 000 Häuser wurden getroffen, das Stromnetz, die Wasserleitungen, die Eisenbahn- und Straßenverbindungen, das Fernsprechnetz und die Gasversorgung lahmgelegt. Mehr als 20 Fabriken wurden schwer beschädigt, darunter zwölf Lieferfirmen für die Flugzeugindustrie. Die berühmte Kathedrale fing zu brennen an, und wegen des Ausfalls der Wasserleitung konnte nichts außer dem Turm und der Grundmauer gerettet werden. Dieses Zerstörungswerk sollte eine Vergeltung für einen an sich wenig bedeutenden Angriff englischer Flugzeuge auf München sein, die der »Führer« als Provokation empfunden hatte – er hatte sich dort zur Feier des 17. Jahrestags seines Putsches vom Jahr 1923 aufgehalten.

Als Folge der sensationell aufgemachten Publikationen im Gefolge der Buchveröffentlichung von Oberst Winterbotham war das Gerücht aufgetaucht, Churchill hätte aus Bletchley Park rechtzeitig Nachricht über den geplanten Angriff erhalten, jedoch auf Gegenmaßnahmen verzichtet, um das »Ultra«-Geheimnis zu schützen. In Wirklichkeit hatte es zwar in den entzifferten Funksprüchen einen vagen Hinweis auf Coventry als Angriffsziel gegeben, doch aus anderen Meldungen schien hervorzugehen, daß der sich anbahnende Großangriff auf London geplant war. Als die englische Führung schließlich die Wahrheit erkannte und einen Gegenschlag auslöste, war es praktisch schon zu spät.

Hatten die »Intelligence«-Experten, die die Entzifferungsresultate auswerteten, die Katastrophe von Coventry auch nicht verhindern können, so trugen sie doch wesentlich dazu bei, um die deutschen Bombenangriffe letztlich abzuwehren. Die deutsche Luftwaffe war – wie schon bei Coventry – dazu übergegangen, ihre Bombardierungen in die Nacht zu verlegen. Um auch bei schlechten Sichtverhältnissen ihre Ziele richtig anzuvisieren, bediente sie sich einer neuen Steuerungsmethode. Sie wurde als X- und Y-Verfahren bekannt und hatte den Decknamen »Knickebein«. Im wesentlichen ging es darum, daß die Deutschen einem auf UKW gesendeten Leitstrahl so lange folgten, bis sie ein zweites, diesen kreuzendes UKW-Strahlenbündel antrafen, durch welches das Ziel markiert war. Von dieser »Kreuzpunktnavigation« hatten die Briten zunächst nichts bemerkt – sie hatten die an Bord abgeschossener deutscher Kampfflugzeuge vorgefundenen Empfänger für die übliche Ausrüstung für Richtstrahl-Blindlandung gehalten. Erst als in Bletchley Park ein deutscher Funkspruch entziffert wurde, in dem von einem Projekt »Knickebein« in Zusammenhang mit Funknavigation die Rede war, ging ihnen ein Licht auf. Sie stellten fest, daß die Funkempfänger in den deutschen Flugzeugen weitaus empfindlicher waren, als das für einen Landeanflug nötig gewesen wäre. So lag der Schluß nahe, daß sie für den Empfang über weite Distanzen bestimmt waren; nun war es nicht mehr schwer, das deutsche Verfahren zu erkennen und Maßnahmen dagegen zu veranlassen. Mit entsprechenden empfindlichen Empfängern ausgerüstete englische Flugzeuge machten sich nun Nacht für Nacht auf die Suche nach den deutschen Peilstrahlen und konnten so die als Zielpunkte bestimmten Städte schon vor dem Angriff ermitteln. Das war übrigens auch bei Coventry geschehen – allerdings zu spät, um den Angriff zu verhindern.

Nicht weniger bedeutsam für den Ausgang des Zweiten Weltkrieges als die verhinderte deutsche Invasion war die Schlacht um die Vorherrschaft im Atlantik. Der Inselstaat England konnte sich nur so lange halten, als die Versorgung von außen – insbesondere aus Amerika – funktionierte. In ihren U-Booten besaßen die Deutschen ein wirkungsvolles Mittel, um den Briten ihre Lebensadern abzuschneiden. Unzählige Schiffe, mit Versorgungsgütern beladen, fuhren damals über den Atlantik nach Großbritannien, und ein großer Teil von ihnen wurde von den Torpedos der deutschen U-Boote versenkt. Der Funkverkehr spielte dabei eine bedeutende Rolle. Für die Deutschen kam es darauf an, die Standorte der Geleitzüge herauszufinden – Handelsschiffflotten, die von Kriegsschiffen begleitet und beschützt wurden. Und umgekehrt war es ebenso wichtig für die Alliierten, die U-Boot-Positionen des Gegners zu ermitteln. Zu diesem Zweck brauchten die Funksprüche nicht unbedingt entschlüsselt zu werden – es genügte, die Sender anzupeilen und auf diese Weise zu orten. Das bedeutet aber keineswegs, daß der Inhalt der Nachrichten uninteressant gewesen wäre – ganz im Gegenteil, beide Seiten hatten ihre besten Kryptologen zur Entzifferung angesetzt. Selbst heute noch ist nicht allzuviel über die während des Zweiten Weltkriegs von den Alliierten benutzten Schlüsselverfahren bekannt, was sicher wieder zu einiger Legendenbildung beigetragen hat. So konnte beispielsweise der Eindruck entstehen, der sogenannte xB-Dienst, der Funkaufklärungsdienst der deutschen Marine, hätte den größten Teil der zwischen Engländern und Amerikanern hin und her gehenden Nachrichten einfach »mitlesen« können. Es wurde sogar der Vorwurf laut, die britischen Experten hätten zu lange an primitiven Handverschlüsselungsverfahren festgehalten und die rechtzeitige Einführung von Schlüsselmaschinen verhindert. Wie sich auf der Tagung über »Die Funkaufklärung und ihre Rolle im Zweiten Weltkrieg«, 1978, ergab, geht diese Kritik aber viel zu weit; auch bei den deutschen Entzifferern wechselten erfolgreiche Perioden mit anderen, in denen sich ein »Black out« einstellen mußte. Insgesamt setzte die Royal Navy nicht weniger als 25 Hand- und zwei Maschinenverfahren ein. Bei den erstgenannten wurden meist Codes und Schlüssel kombiniert, und zwar derart, daß die wichtigsten Begriffe, darunter etwa die Namen der Schiffe, durch einen Code ausgedrückt wurden; dazu kam dann noch die Überschlüsselung mit einem Zahlenwurm.

Die deutschen Fachkräfte des xB-Dienstes bezeichneten die wichtigsten von der Gegenseite verwendeten Methoden mit deutschen Städtenamen, beispielsweise »Köln« und »München«. Schon zu Beginn des Krieges kannten sie einen guten Teil der Codebezeichnungen und hatten auch mehrere Schlüssel aufgedeckt. So gelang es ihnen zwar, eine Menge über operative und taktische Maßnahmen herauszubringen, manchmal allerdings mit so großer Verzögerung, daß die Auswertung nicht mehr möglich war.

Die Briten waren sich bewußt, daß ihre Code- und Schlüsselverfahren zu wünschen übrig ließen, und sie machten alle Anstrengungen, um den Zugriff des Gegners zu verhindern. So wurden im August 1940 für »Köln« und »München« neue Codes und Schlüssel eingeführt, was zunächst einen Totalausfall der Entzifferung durch die deutschen Marineexperten mit sich brachte. Allerdings holten diese das verlorene Terrain rasch auf und konnten gegen Jahresende schon wieder beträchtliche Teile des Funkverkehrs entziffern.

1941 führte die britische Marine ein neues Verfahren ein, das die Deutschen mit dem Decknamen »Frankfurt« kennzeichneten; es diente ab September des gleichen Jahres auch der amerikanischen Kriegsflotte zur Abwicklung des Funkverkehrs mit ihren britischen Partnern.

Anfang 1942 wurden bei allen drei genannten Verfahren die Codes ausgewechselt, und die Deutschen brauchten wieder einige Zeit, um sie zu knacken. Tag und Nacht waren 200 Fachkräfte am Werk, die sich mehr und mehr auf das Verfahren »Frankfurt« konzentrierten. Sie setzten eine Hollerithmaschine ein – eine Anlage auf Lochkartenbasis, die man als Vorläufer der elektronischen Rechenmaschinen ansehen kann. Worauf es insbesondere ankam, waren Informationen über die Konvois, die die britische Insel mit Nachschubgütern versorgten. Da die Briten und Amerikaner in ihrem Nachrichtenverkehr immer wieder dieselben Begriffe und Redewendungen anwandten, ergab sich von daher ein Ansatzpunkt zur Rekonstruktion der Zahlenwürmer.

Auch in den Jahren 1942 und 1943 arbeitete der xB-Dienst recht erfolgreich. Trotz der unvermeidlichen Verzögerungen bei der Entzifferung hätten die deutschen U-Boote noch wesentlich wirksamer operieren können, wenn es auf der anderen Seite nicht die britischen Experten gegeben hätte. Oft genug fanden sie relativ kurzfristig die Standorte deutscher U-Boot-Verbände heraus und ermöglichten es, die Geleitzüge um diese herumzuführen.

Zu Beginn des Krieges hatte die Situation für die Briten keineswegs günstig ausgesehen; damals gelang es den Mitarbeitern von Bletchley Park noch nicht, die Funksprüche der deutschen Marine zu entziffern.

Zwar stützte sich auch diese auf einen Typ der Enigma, doch wurden dabei ab Juli 1939 nicht weniger als acht Walzen verwendet, woraus sich 336 verschiedene Kombinationen ergaben. Das war selbst für die »Bombe« zu viel. Wie es scheint, hatte dagegen der Entzifferungsdienst der deutschen Kriegsmarine gute Erfolge zu verzeichnen; man war also im Hauptquartier über die Manöver der britischen Schiffe gut informiert.

Ende 1940 waren die Verluste an den Konvois der britischen Versorgungsschiffe so groß geworden, daß in England die Forderung nach einer besseren Funkaufklärung immer stärker wurde. Aus diesem Grund wurden Anfang 1941 einige Aktionen unternommen, die die Briten in den Besitz deutscher Schlüssel setzen sollten. Zu den erfolgreichsten Unternehmen dieser Art gehörte ein Überfall des britischen Zerstörers Somali auf das deutsche Vorpostenboot Krebs, wobei den Briten Schlüsselmaterial und ein Kasten mit zur Reserve aufbewahrten Schlüsselwalzen in die Hände fielen. Das versetzte die Entzifferer von Bletchley Park in die Lage, einen großen Teil des deutschen Marinefunkverkehrs vom April und Mai 1941 zu entziffern. Im Mai gelang es dann auch noch, das deutsche Wetterbeobachtungsschiff München zu entern und die Schlüsselunterlagen zu bergen. Das war der Grund dafür, daß nun auch die deutschen Marinemeldungen des Juni kein Geheimnis blieben. Die Erbeutung einer deutschen Schlüsselmaschine mit allen Unterlagen aus dem zum Auftauchen gezwungenen deutschen U-Boot U 110 spielte – entgegen früherer Annahmen – keine entscheidende Rolle mehr. Als Verdienst der britischen Entzifferungskünstler kann es auch gewertet werden, daß ab Juni 1941 ein immer größerer Teil der für die deutsche Versorgung eingesetzten Frachter und Tanker versenkt oder aufgebracht wurde.

Während sich an der Westfront ein Patt eingestellt hatte, verstärkte sich die Aktivität der deutschen Truppen im Südosten. Im April 1941 besetzten sie Jugoslawien und Griechenland, ohne auf entscheidenden Widerstand zu stoßen. Von besonderer strategischer Wichtigkeit war die Insel Kreta, und deshalb bereiteten die Deutschen eine Landungsoperation vor, die sich insbesondere auf Fallschirmtruppen stützte. Durch Nachrichten aus »Hütte 3« war der neuseeländische General Bernhard Freyberg zwar rechtzeitig gewarnt worden und zeigte sich gar nicht überrascht, als am Morgen des 20. Mai deutsche Ju 52 und Lastensegler über den Bergen Kretas auftauchten – er glaubte sich für die Abwehr des Angriffs gerüstet. Eine Fehleinschätzung der Lage brachte ihn aber um den Erfolg: Er hatte gedacht, die Deutschen würden ihre Aktivitäten auf die Häfen konzentrieren, was aber nicht der Fall war. Um was es ihnen ging, war die Eroberung der Flugplätze, und so konnten sich die Fallschirmtruppen trotz der rechtzeitig erfolgten Warnung auf Kreta einnisten.

Wie nicht anders zu erwarten war, spielte die »Intelligence« auch bei den Feldzügen in der Sowjetunion, auf dem Balkan und im Mittleren Osten eine große Rolle. Selbst heute noch – nach den freigegebenen Unterlagen – fällt es schwer, die Zusammenhänge zwischen den militärischen Manövern und den entzifferten oder von Agenten gelieferten Nachrichten festzustellen. In geheimen Aufklärungsaktionen hatten sich inzwischen auch mehr und mehr Widerstandsgruppen eingeschaltet, und so lag den verantwortlichen Stellen beider Seiten oft genug kaum übersehbares Material vor, das oftmals auch widersprüchlich war. Die Situation wurde inzwischen von Historikern bearbeitet; die einschlägigen Situationen liefern ein detailreiches Bild der komplizierten Situation; insbesondere sei hier auch das dreibändige von Jürgen Rohwer und Eberhard Jäckel herausgegebene Werk »Die Funkaufklärung und ihre Rolle im 2. Weltkrieg« hingewiesen, das die Ergebnisse der Tagung in Bad Godesberg und Stuttgart 1978 zusammenfaßt.

Einen besonderen Aspekt, der in engem Zusammenhang mit Entzifferungsbemühungen steht, bilden die immer wieder ins Kriegsgeschehen eingreifenden Verschleierungs- und Täuschungsmanöver. Dabei gab es auf beiden Seiten spektakuläre Aktionen – beim Afrikafeldzug ebenso wie bei der erfolgreichen Landung der Alliierten in Frankreich, die die deutsche Niederlage einleitete.

7
Funkspiele und Täuschungsmanöver

Winston Churchill, britischer Premierminister und Schlüsselfigur beim Kampf der Alliierten gegen Deutschland, war ein Meister aller Arten von Täuschungsmanövern. Dabei verließ er sich keineswegs nur auf die glückliche Intuition seiner Mitarbeiter, sondern stellte sich selbst mit vollem Einsatz seiner Erfahrung für die zahlreichen Geheimoperationen zur Verfügung. Ihm war daran gelegen, alle Möglichkeiten, die sich aus Listen und Tricks ergaben, systematisch zu nutzen. Er selbst kümmerte sich um die Organisation einer Geheimabteilung, der London Controlling Section, abgekürzt LCS, die von seinem Hauptquartier aus strategische Tarn- und Täuschungsmanöver plante und koordinierte. Dieses Team von ausgesuchten Spezialisten schreckte vor den ungewöhnlichsten Methoden nicht zurück, zeitweise hatte es sogar Zauberkünstler, Bühnenbildner und Drehbuchautoren in seinen Diensten. Sie tarnten Panzer unter Attrappen, die sie als Lastwagen erscheinen ließen, täuschten Stellungen vor, indem sie Tarnnetze über Telegraphenstangen spannten, und schrieben ein ganzes »Drehbuch« für den Nachrichtenaustausch über eine Verbindung, von der sie wußten, daß sie angezapft war.

Eine ähnlich systematische Organisation von Täuschungsmanövern gab es auf der deutschen Seite nicht, doch kam es immer wieder zu erfolgreichen Initiativen einzelner, die den Alliierten zu schaffen machten.

Als einer der gefährlichsten Gegenspieler Churchills erwies sich General Rommel. Bei den Kämpfen in Afrika spielten gegenseitige Täuschungsversuche eine fast ebenso große Rolle wie die Entzifferungen von Funkmeldungen.

1940 hatten die Italiener den Afrika-Feldzug begonnen – von Libyen gingen sie gegen die Briten vor. Im September hatten sie die gegnerischen Truppen auf einem schmalen Streifen an der ägyptischen Küste zusammengedrängt, und es sah so aus, als könnten sie bis nach Alexandrien vorstoßen, wo die Briten eine der größten Marinebasen hatten. Durch seine Entzifferungsexperten informiert, konnte Churchill beträchtliche Truppenverbände aus England abziehen und in Ägypten einsetzen. Die Bereitstellung seiner Verbände vollzog sich unter größter Geheimhaltung – und unter dem Einsatz massiver Täuschungsmanöver. Die Sondereinheiten hatten Attrappen von Panzern, Geschützen und Lastwagen vorbereitet: Gebilde aus Gummi, die man in zusammengefaltetem Zustand in Taschen aufbewahren konnte; innerhalb kürzester Zeit ließen sie sich auf volle Größe aufblasen und täuschten riesige Verbände vor.

Arabergruppen spannten Pferde und Kamele vor rechenartige Gerüste, mit denen sie auf vorgegebenen Wegen Staub aufwirbelten, um Truppenbewegungen vorzutäuschen.

Obwohl die italienischen Soldaten in der Überzahl waren, wurden sie empfindlich geschlagen; Mussolinis Feldzug in Afrika ging in ein Debakel über. Hitler war gezwungen, seinem Verbündeten zu Hilfe zu eilen, und mit dem Eintreffen des damals noch wenig bekannten Generalleutnants Erwin Rommel begann auch für die Deutschen der Krieg in Afrika.

Auch über die Rommel gegebenen Weisungen waren die Briten oft rechtzeitig informiert, doch wegen der höchsten Geheimhaltungsstufe ihres Entzifferungsprojekts waren anfangs nur drei leitende Offiziere des Stabs in Alexandria und Kairo eingeweiht worden. Die Frontkommandeure dagegen erhielten die Nachrichten nur aus zweiter Hand, und das sollte ein entscheidender Grund für die erste große Niederlage der Briten in Afrika sein. Eine Rolle spielte auch, daß Rommel die gerade gegebenen taktischen Situationen oft geschickt zum eigenen Vorteil nutzte und sich dabei über die erteilten Anweisungen hinwegsetzte. General Sir Neil Ritchie, der Kommandeur der 8. Armee, unterschätzte die Bedeutung einiger Hinweise, die er von seinem Hauptquartier bekommen hatte, und hielt sich selbst für besser informiert. Im Juni 1942 geriet er mit 300 Panzern in einen Hinterhalt Rommels und wurde vernichtend geschlagen. Und die deutschen Panzertruppen nahmen die Festung Tobruk ein und setzten über 30000 Mann gefangen. Reste der 8. Armee sammelten sich in El Alamain, wo die nachsetzenden deutschen Truppen endlich aufgehalten werden konnten. Ägypten und der Suezkanal standen nun in Reichweite der deutschen Verbände.

Doch die Situation der Deutschen war keineswegs so rosig, wie es vielleicht den Anschein hatte. Nur ein Teil von Rommels Panzern und etwa die Hälfte seiner 100000 Mann waren noch einsatzfähig. Ihnen standen immerhin 750000 Briten gegenüber; u.a. verfügten diese über annähernd 1000 neue Panzer, die von Nachschubschiffen herangebracht worden waren.

Die ständigen Nachschubsorgen bestimmten Rommel dazu, seine Lage in den ans Führerhauptquartier gesandten Meldungen schlimmer darzustellen, als sie tatsächlich war; auf diese Weise gelang es ihm hin und wieder, größere Materialmengen zu erhalten, als das sonst möglich gewesen wäre. Rommels Übertreibungen hatten allerdings einen für Churchill peinlichen Effekt: Er nahm die Lagebeschreibungen wörtlich, unterschätzte somit die Wehrhaftigkeit Rommels und leitete gegen den Willen zweier in Afrika eingesetzter englischer Generale Angriffe ein, die zu erheblichen Mißerfolgen führten.

Die Briten mußten erkennen, daß Rommel seine Aufklärungsdienste gut organisiert hatte; nur so war es ihm möglich, trotz geringerer Reserven an Menschen und Material – zumindest vorderhand – die Oberhand zu gewinnen. Britische Spezialeinheiten bemühten sich darum, die Sicherheit ihrer Nachrichtenverbindungen wieder herzustellen. Und es lag ganz in ihrer Strategie, daß sie zugleich den Spieß umzukehren versuchten: Sie sorgten dafür, daß Rommels Abhorchdienst systematisch getäuscht wurde. Sie spielten den Deutschen gefälschtes Material zu, fügten aber auch hin und wieder richtige Informationen ein, um den Deutschen die Verläßlichkeit ihrer Quellen vorzuspiegeln.

Im August 1942 war sich Rommel darüber im klaren, daß sich seine Position von Tag zu Tag verschlechterte; die Briten wurden laufend mit Nachschub versorgt, während er oft genug vergeblich um Verstärkung bat. Rommel entschloß sich zu einem Großangriff auf El Alamain, das Tor zum Suezkanal. Der Hauptteil der Truppen lag im Norden, wo auch die Briten ihr Hauptkontingent zusammengezogen hatten. Deshalb entschloß er sich, seine Verbände heimlich nach Süden zu verlagern und den Angriff von dort durchzuführen. Dazu brauchte er eine tatkräftige Unterstützung aus der Luft, und außerdem mußte die Versorgung klappen. Man kann es nicht als Fehler bezeichnen, daß er sich deshalb mit Funksprüchen an das Oberkommando wandte, und doch war es die Ursache für die große Wende in Afrika. Denn seine verschlüsselten Nachrichten wurden in Bletchley entziffert, und General Sir Bernard Montgomery, der nun Befehlshaber der 8. Armee war, konnte rechtzeitig seine Gegenmaßnahmen treffen. Und Montgomery tat ein übriges: Durch eine Reihe gefälschter Funksprüche brachte er Rommel dazu, seine Panzerverbände in eine treibsandgefährdete Region zu locken.

Als Rommel am 30. August 1942 seine Offensive begann, war sein Weg mit Minen verlegt. Die Panzerkolonnen kamen ins Stocken und wurden von englischen Bombern mit Sprengbomben angegriffen. Als er schließlich mit dezimierten Verbänden weiter nach Osten vorrückte, geriet er in den nächsten Hinterhalt: Während die Panzer in den Dünen steckenblieben, wurden sie von drei englischen Panzerdivisionen angegriffen, die dort gut versteckt gelauert hatten. Schließlich war es den englischen Luft- und Marinestreitkräften, die die italienischen Konvoi-Fahrpläne entziffert hatten, auch noch gelungen, drei Tankerschiffe zu versenken, die zu Rommels Versorgung ausgelaufen waren. Daraufhin ging die »Schlacht von Alam Halfa« für das Afrikakorps verloren.

Als die Amerikaner in den Krieg eingetreten waren, holten die Alliierten zu einem großangelegten Gegenschlag auf die Truppen der Achsenmächte in Afrika aus. Eine der ersten gemeinsamen Aktionen sollte das Unternehmen »Torch« sein – die Landung vereinigter englischer und amerikanischer Truppen in Nordafrika. Natürlich erfolgten die Vorbereitungen im geheimen. Genauso wie die Engländer wußte auch Rommel, daß die beste Stelle zum Angriff der Norden war, und gerade deshalb sollte der Eindruck erweckt werden, daß die englischen Truppen im Süden zusammengezogen wurden. Und wieder trat das Spezialisten-Team in Aktion. Im Herbst 1942 setzten sich 720 Panzerfahrzeuge nach Süden in Bewegung, was der Luftaufklärung des deutschen Afrikakorps nicht entgehen konnte. Nach Einbruch der Nacht aber drehten sie nach Norden ab und verbargen sich hinter harmlosen Sonnendächern, die die Trickspezialisten schon eine Woche vorher hatten anbringen lassen. Während dieser Wochen spielte »Ultra« wieder eine hervorragende Rolle. Da Rommel seinen gesamten Nachrichtenverkehr nach Berlin und Rom über Enigma-Funksprüche gehen lassen mußte, war Montgomery selbst über Einzelheiten von Rommels Situation bestens informiert. Und nicht nur das: Anhand der aufgefangenen Nachrichten ließ sich auch laufend kontrollieren, ob die Deutschen etwas von den alliierten Truppenbewegungen bemerkt hatten. Das war nicht der Fall. Am Abend des 23. Oktober 1942, zu Beginn der Offensive bei El Alamain, befand sich Rommel zur Erholung in Niederösterreich. Durch den deutschen Nachrichtendienst hatte er erfahren, daß keinerlei Anzeichen für eine Initiative der Engländer in Afrika vorlagen – eine verhängnisvolle Fehleinschätzung der Lage.

Der Angriff begann mit einem Granatenhagel entlang der ganzen Frontlinie. Nichts deutete darauf hin, ob der Durchbruch im Norden oder im Süden erfolgen sollte. Weitere Alarmmeldungen kamen von der Küste: Dort waren Torpedoboote beobachtet worden, Rauchschwaden unterbanden die Sicht, es roch nach Maschinenöl, und von der Küste her hörte man dröhnende Motoren, rasselnde Ankerketten und englische Kommandos. Die Deutschen zogen einen beträchtlichen Teil ihrer Kräfte von der Frontlinie ab und setzten sie gegen die Bedrohung vom Meer aus ein. Als endlich der Wind den Rauch vertrieb, sahen sie nichts als einige dahintreibende Floße – das Manöver war eine Aktion der Täuschungsspezialisten gewesen. Diese hatten Lautsprecher installieren lassen und die Geräusche von Schallplatten abgespielt. Dazu kamen der künstliche Nebel und Salven von automatisch abgefeuerten Leuchtraketen. Sogar an den Geruchssinn hatten die Briten gedacht: Der Geruch von Motoröl rührte von Kanistern auf den Flößen her. Die Verwirrung war um so schlimmer, als Rommels Stellvertreter, General Georg Stumme, mitten im Gefecht einem Herzschlag erlag. In dieser äußerst gefährlichen Lage war das deutsche Afrikakorps führerlos geworden.

Als Rommel vom Führerhauptquartier über die Vorfälle in Afrika verständigt wurde, flog er über Rom nach Libyen, um zu retten, was noch zu retten war. Schon in einem Gespräch mit Adolf Hitler hatte er dringend um Nachschub gebeten, und nun wiederholte er seine Forderung mit Nachdruck. Benito Mussolini versprach, fünf Schiffe mit Munition und Treibstoff nach Afrika zu schicken, und Rommel wurde davon durch einen Funkspruch informiert. Doch wie in vielen anderen Fällen war auch diese Meldung entschlüsselt worden, und so war man in London auch über diesen letzten Versuch der Deutschen, ihre Position in Afrika zu verbessern, ebenso gut informiert wie Rommel selbst.

Damals herrschte dicker Nebel über dem Mittelmeer. Die fünf Schiffe sollten ihre wertvolle Fracht auf fünf verschiedenen Wegen ans Ziel bringen. Das bedeutete ein arges Dilemma für die Verantwortlichen im britischen Generalstab. Aufgrund ihrer Kenntnisse hatten sie die Möglichkeit, alle fünf Schiffe zu versenken und damit Rommel einen entscheidenden Schlag zu versetzen. Andererseits mußten sie damit rechnen, daß die Deutschen dem Geheimnis »Ultra« nun doch auf die Spur kamen. Wieder war es Churchill, der die Entscheidung traf. Er befahl, die Schiffe anzugreifen. Nur eines davon kam in den Hafen von Tobruk, doch dort wurde es von amerikanischen Bombern samt seiner Ladung versenkt.

Wie erwartet, schöpfte Rommel Verdacht; er wandte sich an Feldmarschall Albert Kesselring, den deutschen Oberbefehlshaber im Mittelmeerraum, und sprach die Vermutung aus, daß den Gegnern eine Entzifferung der Enigma-Funksprüche gelungen war. Aber auch diese Nachricht gelangte in die Hände der Kryptanalytiker von Bletchley, und F. W. Winterbotham machte einen verzweifelten Versuch, um das »Ultra«-Geheimnis zu retten. In einem Code, von dem er wußte, daß ihn die Deutschen geknackt hatten, sandte er fingierte Nachrichten an Agenten in Italien, denen er für ihre gute Arbeit im Zusammenhang mit dem Konvoi für Rommel dankte. Und ein weiteres Mal waren es Funksprüche, die zwischen Rommel und Kesselring hin und her gingen und denen die Engländer entnehmen konnten, daß ihre List geglückt war.

Noch immer hatte der Schutzwall um »Ultra« gehalten.

Das Afrikakorps befand sich in einer verzweifelten Lage. Vom Nachschub abgeschnitten, dem Feind weit unterlegen und von Täuschungsmanövern irritiert, kämpfte es auf verlorenem Posten. Am 5. März 1943 machte Rommel einen letzten Versuch, dem Verderben zu entgehen, und zog seine letzten Kräfte zu einem Gegenangriff zusammen. Er wurde von konzentriertem Feuer aus Panzerabwehrkanonen empfangen und verlor fast die Hälfte seiner Kampffahrzeuge. Montgomery hatte durch »Ultra« auch von dieser Aktion erfahren und konnte Rommel mühelos die letzte Schlappe bereiten. Dieser wurde von Adolf Hitler zurück nach Deutschland berufen, und im Mai 1943 war das Ende des Dramas herangekommen: Einige tausend Soldaten der Achsenmächte gingen in Gefangenschaft. Nun konnte der Generalangriff auf das europäische Festland beginnen.

Zum massiven Einsatz von Täuschungen und Gegentäuschungen war es auch an der inzwischen erstarrten Westfront gekommen. Einen der größten Erfolge hatten die deutschen Kryptanalytiker bei der Spionageabwehr, und zwar durch die sogenannten »Englandspiele« des Oberstleutnant Hermann Giskes, Leiter der deutschen Abwehr in Holland. Unter »Funkspielen«, zu denen die »Englandspiele« gehörten, versteht man eine bestimmte Art von Täuschungsmanövern im Funkverkehr zwischen Spionen im Feindesland und ihren Verbindungsstellen jenseits der Front. Wird ein Spion entlarvt, so kann es von Vorteil sein, dem Gegner nichts davon wissen zu lassen, sondern eine Fortsetzung des Funkverkehrs zu versuchen. Auf diese Weise gelingt es unter Umständen, wichtige Informationen zu bekommen – und vielleicht noch mehr.

Von ebenso großer Bedeutung war es, daß man auf diese Weise dem Feind über Funk auch falsche Nachrichten zukommen lassen konnte.

Im Jahr 1942 glückte es der deutschen Abwehr, einen Agentensender aufzuspüren, der sich mit den Buchstaben UBX zu melden pflegte. Er wurde von Hubertus M. G. Lauwers betrieben, einem Holländer, der in England als Spion ausgebildet worden war. Er wurde dazu gezwungen, den Funkverkehr fortzusetzen, und er stimmte schließlich ohne allzu große Bedenken zu, denn er war auf einen solchen Fall vorbereitet. Als Zeichen der Echtheit eines Funkspruchs war vereinbart, daß der 16.

Buchstabe willkürlich abgeändert sein sollte. Abmachungen dieser Art waren aber auch dem deutschen Sicherheitsdienst bekannt, und so wurde Lauwers nach den Geheimzeichen gefragt. Nun hatte es sich durch Zufall ergeben, daß bei zwei vorhergehenden Funksprüchen der 16. Buchstabe jeweils das »o« des Wortes »stop« war. Und so antwortete Lauwers, daß er zum Zeichen der Echtheit einmal in jedem Funkspruch ein »o« aus dem Wort »stop« in ein »e« oder »i« umgewandelt habe. So glaubte er, den Funkverkehr mit gutem Gewissen fortsetzen zu können, denn er mußte annehmen, daß seine Partner am anderen Ende der Funkstrecke durch das Fehlen des Geheimzeichens alarmiert werden würden. Zu seiner großen Verblüffung war das aber nicht der Fall – die Engländer setzten den Funkverkehr in gewohnter Weise fort. Aber sowohl Lauwers als auch Major Giskes rechneten immer noch mit der Möglichkeit, daß man auf der anderen Seite lediglich zum Schein auf das Funkspiel weiterhin eingegangen war.

Zwei Wochen später kam es dann zur Generalprobe: Im Auftrag von Major Giskes forderte Lauwers Nachschub an. Die Deutschen hatten sich in den Büschen versteckt und warteten auf das Flugzeug; sie mußten damit rechnen, mit Bomben und Maschinengewehren angegriffen zu werden. Doch das, was dann an Fallschirmen herunterkam, waren die üblichen Behälter, mit denen die Engländer das Agentennetz zu versorgen pflegten. Der Trick war gelungen.

Durch diese Erfolge ermutigt, setzte Major Giskes seine Täuschungsmanöver fort. Er gewann immer mehr Vertrauen in seine Methode und forderte bald auch Waffen an, die ihm ebenso prompt geliefert wurden. Überdies erhielt er Informationen über neu eingeflogene Agenten, die an vereinbarten Stellen mit Fallschirmen absprangen. Sie wurden dann bereits vom Sicherheitsdienst erwartet, während die gekaperten Sender ihre gute Ankunft meldeten.

Es gelang Major Giskes, seine Täuschungsmanöver in größtem Umfang und über längere Zeit hinweg durchzuführen. Einmal liefen 14 Funkspiele gleichzeitig – eines davon 20 Monate hindurch. Im Lauf der Zeit wurde die deutsche Abwehr auf diese Weise mit 15 000 kg Sprengmaterial, 75 Funkgeräten, Tausenden Stück Waffen mit dazugehöriger Munition und Geldmitteln versorgt. 54 Agenten wurden der deutschen Polizei direkt in die Arme geliefert, nur wenige von ihnen kamen mit dem Leben davon. Nach dem Krieg versuchten ehemalige Angehörige der holländischen Untergrundbewegung zu klären, wie es zu diesen Pannen kommen konnte. Manche vermuteten, die Engländer hätten die holländischen Agenten geopfert, um auch ihrerseits wieder den Feind zu täuschen, indem sie so taten, als hätten sie von der Einnahme der Agentensender nichts bemerkt. Das würde aber bedeuten, daß sie ihre Agenten wegen eines fragwürdigen Erfolgs bewußt dem Tod überantwortet hätten. Wie zu erwarten war, gelang es nicht, die Ereignisse eindeutig zu rekonstruieren, und die Untersuchung verlief im Sand.

Eines der größten Täuschungsmanöver der Geschichte trug schließlich entscheidend zum Zusammenbruch Hitler-Deutschlands bei. Dabei kam der britischen Entzifferungsabteilung eine wichtige Aufgabe zu – durch abgefangene Meldungen war der alliierte Generalstab stets in der Lage, ein optimales »Szenario« zu entwerfen und den eigenen Erfolg zu überprüfen.

Im Herbst 1943 war in Bletchley Park eine neue, eigens entwickelte Rechenanlage mit dem Namen »Colossus« aufgestellt worden, ein vollelektronisches System, das mit 1500 Elektronenröhren arbeitete – eine Ausstattung mit Schaltelementen, die alles bisher Dagewesene übertraf. Es verhalf dazu, bei der Entzifferung der immer wieder veränderten und verbesserten deutschen Schlüsselverfahren schrittzuhalten und die Bearbeitungszeiten weiter zu verkürzen. Colossus wurde insbesondere zur Aufdekkung des Verfahrens verwendet, auf dem die Fernschreibschlüsselmaschine Siemens T52 beruhte. Dieses Gerät, auch »Geheimschreiber« genannt, wurde zur Übermittlung höchstrangiger Nachrichten eingesetzt, für die ab 1943 zum Teil Richtfunk-Fernschreibverbindungen benutzt werden mußten. So waren die Briten für ihre Invasion an der Westfront bestens gerüstet.

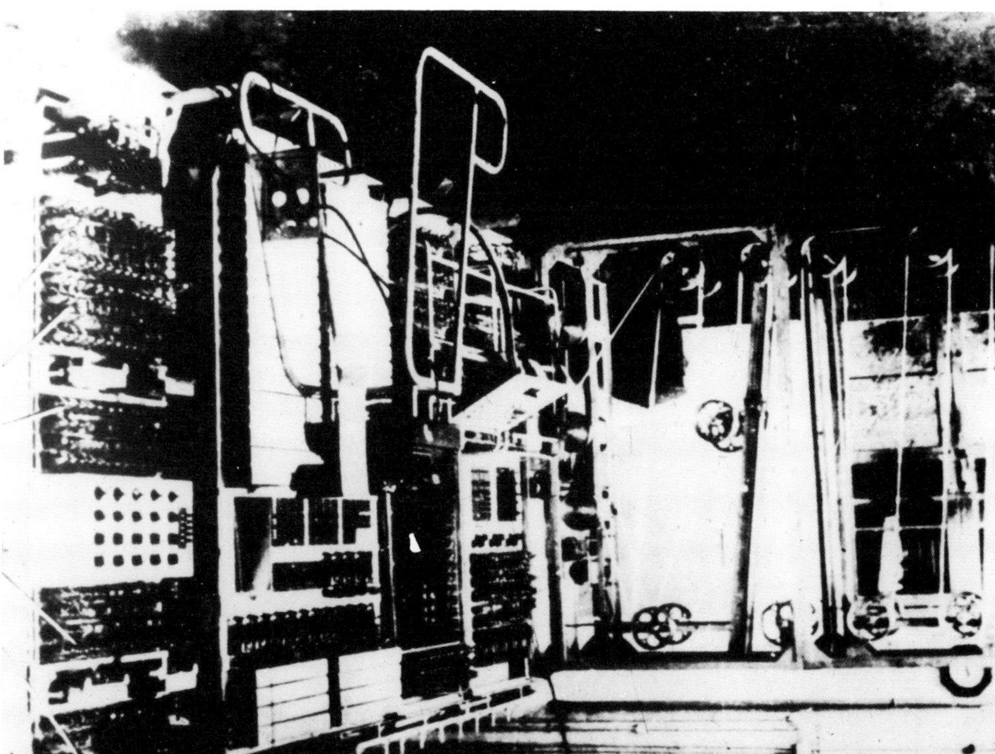

»Colossus«, der erste frei programmierbare elektronische Großrechner, mit der für damalige Verhältnisse unglaublichen Zahl von 1500 als Schaltelemente verwendeten Elektronenröhren ausgestattet, wurde im Oktober 1943 in Bletchley Park installiert. (Photo: Prof. Dr. Jürgen Rohwer.)

Ein zur Unterstützung der alliierten Landung geplantes Ablenkungsmanöver, das unter dem Kennwort »Bodyguard« lief, begann schon im Jahr 1943. Dabei kam es darauf an, den Deutschen größere Invasionstruppen vorzuspiegeln, als tatsächlich vorhanden waren, ihnen falsche Landungspläne unterzuschieben, und sie durch eine Unzahl Falschmeldungen über eigene Manöver und Reserven zu verwirren. Dieses Unternehmen wurde noch dadurch unterstützt, daß inzwischen eine große Zahl in England arbeitender deutscher Agenten entlarvt und zur Arbeit für die Alliierten gewonnen oder auch gezwungen worden waren. In den entscheidenden Tagen der Landungsoperation »Overlord« kam es schließlich zum Höhepunkt der Täuschungsmanöver, bekannt geworden unter dem Decknamen »Fortitude«. Die britischen Trickspezialisten hatten sich eine Phantomarmee ausgedacht, die sie »First US Army Group« nannten. Angeblich sollte es sich um rund ein Dutzend Divisionen handeln, die zur Landung auf dem Festland bereitstanden. Es wurde ein reger Funkverkehr inszeniert, in dem alle möglichen Meldungen auftraten, die die Bewegungen, die Versorgung usw. der Soldaten zum Gegenstand hatten. In Wirklichkeit stimmte von alledem lediglich der Name eines Generals.

Als dann der alliierte Brückenkopf in der Normandie gebildet wurde, war sich der deutsche Generalstab nicht im klaren, ob es sich dabei nicht nur um ein Ablenkungsmanöver handelte, und er versäumte es, alle verfügbaren Truppen zur Abwehr zusammenzuziehen. So hatten die Angreifer Gelegenheit, ihre Stellungen auszubauen; noch bis in den September 1944 fanden sich die fiktiven Verbände dieser »First US Army Group«, abgekürzt FUSAG, in den deutschen Lagebeurteilungen. Ehemalige deutsche Offiziere, die an der Stuttgarter Tagung teilnahmen, bestätigten, daß von den Verantwortlichen des Führerhauptquartiers die Zahl der auf den britischen Inseln stationierten Divisionen um 15 bis 20 überschätzt wurden. Und daß man zu Beginn der Invasion die Stärke der angreifenden Truppen für doppelt so groß gehalten hatte.

In den letzten Monaten des Krieges hatte Hitler alles versucht, um die Deutschen unter dem Hinweis auf eine »Wunderwaffe« zum Durchhalten zu bringen. Es war klar, daß diese im geheimen entwickelt werden mußte, und tatsächlich war es gelungen, Peenemünde als Entwicklungsort der V-2-Waffe so zu tarnen, daß der Gegner lange Zeit nichts davon erfuhr. Nun hatte die britische Luftaufklärung schon gemeldet, daß im Raum von Peenemünde Gebilde in Form von Raketenkörpern gesehen worden waren, doch die alliierten Fachleute stimmten darin überein, daß Metallkörper dieser Größe als Geschosse ungeeignet waren; sie hielten sie für Attrappen. Erst später stellte sich heraus, daß es sich um Gerüstkonstruktionen nach dem Vorbild des Zeppelins gehandelt hatte und nicht um kompakte Metallkörper. Erst als in Bletchley Park ein Funkspruch entziffert wurde, aus dem hervorging, daß Peenemünde in der Prioritätenliste für die Zuteilung von Flugbenzin ganz oben stand, wurde Peenemünde als lohnendes Angriffsziel ausgemacht, doch ließ sich nicht mehr ganz verhindern, daß die V-2 zum Einsatz kam.

Zur Zeit des deutschen Zusammenbruchs waren die Amerikaner ans Ende der Entwicklung ihrer eigenen »Wunderwaffe« gekommen, der Atombombe. Obwohl es sich um das bisher größte großtechnische Unternehmen in der Geschichte gehandelt hatte, war es gelungen, es völlig geheimzuhalten – ein Beweis dafür, daß Entzifferungskünste nicht immer und überall eingreifen können. Aber auch der ungewöhnliche Aufwand, den die Amerikaner in ihr Projekt »Manhattan« steckten, beruht auf einer Fehleinschätzung der Lage bei den Deutschen: Amerikanische Kernphysiker hatten angenommen, daß auch ihre deutschen Kollegen eine Atombombe bauten, der sie zuvorkommen zu müssen glaubten. Wer weiß, ob es, hätten genauere Informationen über den tatsächlichen Stand der Dinge in Deutschland vorgelegen, zur amerikanischen Atombombe und zu ihrem Abwurf in Hiroshima und Nagasaki gekommen wäre. Der Atomschlag in Japan war das Ende des von Amerika geführten Krieges, der mit einem am Maß der Zerstörung gemessen zwar bescheideneren, aber ähnlich spektakulären Schlag begonnen hatte: dem Überfall der Japaner auf Pearl Harbor. Auch dieses Ereignis ist – zumindest in der nachfolgenden Diskussion – eng mit den Aktivitäten der Entzifferungsexperten verknüpft.

Die Amerikaner hatten die Bedeutung des Schlüsselwesens rechtzeitig erkannt und stellten während des Zweiten Weltkriegs rund 16000 Personen in dessen Dienste. Die beiden wichtigsten Entschlüsselungsdienste der USA waren das Signal Intelligence Service, dem nicht weniger als 150 Abhorchstationen angegliedert waren. Eine der wichtigsten Personen, die im S.I.S. arbeiteten, war Colonel William Friedman, der den Posten eines Chef-Kryptanalytikers innehatte. Die zweite mit Entzifferung von Feindnachrichten beschäftigte Stelle war die kryptanalytische Sektion OP-20-Gy, die der Nachrichtenorganisation der Marine unterstand. Schon viele Jahre vor dem Krieg hatten sich beide Dienststellen auf die Entschlüsselung japanischer Geheimnachrichten konzentriert, und es war ihnen auch immer wieder gelungen, in die von den Japanern eingesetzten Chiffren einzudringen. Änderungen der japanischen Code- und Schlüsselverfahren hatten den Amerikanern bisher wenig ausgemacht – stets konnten sie diese innerhalb kurzer Zeit brechen. Um so unerwarteter kam dann für sie die Einführung eines neuen Verschlüsselungssystems, das das Kennwort »Purple« bekam. Wie sich später herausstellte, hatten sich die Japaner zum Einsatz einer neuen Chiffriermaschine entschlossen, den »Alphabetical Typewriter '97«. Die Zahl '97 bezieht sich auf das Jahr 2597 des japanischen Kalenders – 1937 in unserer Zeitrechnung. Im Prinzip handelt es sich um eine abgeänderte Enigma. Zunächst war eine 1934 gekaufte »Enigma D« zur sogenannten Maschine »Red« entwickelt worden, die die Kryptologen der U. S. Navy bald knacken konnten. Von dieser Maschine leitet sich die von den Japanern gebaute »Purpur-Maschine« ab, die sie nur zur Verschlüsselung des höherrangigen diplomatischen Funk- und Telegrammverkehrs einsetzten. Die eigentliche Verschlüsselungsschaltung befand sich zwischen zwei elektrischen Schreibmaschinen, von denen die eine den Klartext, die andere den Schlüsseltext lieferte.

Die Amerikaner merkten bald, daß der neue Schlüssel ihr Können und ihre Geduld in viel stärkerem Maß auf die Probe stellte als die älteren japanischen Systeme. Immer mehr Mitarbeiter wurden auf dieses Problem angesetzt, und schließlich nahm der amerikanische Entzifferungsexperte William Friedman die Sache selbst in die Hand. Natürlich war ihm längst bekannt, daß es sich um ein polyalphabetisches System mit praktisch unendlichen Periodenlängen handelte, das sich mit den üblichen Methoden nicht knacken ließ. Nur das äußerst mühselige statistische Verfahren der Lagesymmetrie versprach einigen Erfolg, und tatsächlich gelang es allmählich, immer mehr Ansatzpunkte zu gewinnen, die schließlich eine Rekonstruktion des Umsetzungsschemas erlaubten. Es dauerte über eineinhalb Jahre, bevor die logischen Zusammenhänge bekannt waren und man daran gehen konnte, ein Modell der Maschine zu bauen. Übrigens war es dem Original, das die Amerikaner erst viel später kennenlernten, überraschend ähnlich.

Die Entzifferung des diplomatischen Funkverkehrs der Japaner lief von da an unter dem Decknamen »Magic«, während man für die Aufdeckung der militärischen Verfahren ebenso wie die Briten des Kennwort »Ultra« benutzte.

Im August 1940 lagen die ersten entzifferten Purple-Funksprüche vor. Von da an konnte der S.I.S. den Funkverkehr zwischen japanischen Diplomaten mühelos überwachen, beispielsweise jene Funksprüche, die zwischen der japanischen Regierung und den in verschiedenen Ländern akkredidierten Botschaftern ausgetauscht wurden. Was sie da zu hören bekamen, betraf natürlich in erster Linie diplomatische Maßnahmen und hatte mit militärischen Plänen und Operationen nur indirekt zu tun, aber insofern, als es die japanische Führung für richtig hielt, die Botschafter darüber zu informieren. Im pazifischen Raum hatten die unter »Magic« und »Ultra« laufenden Aktionen ähnliche Bedeutung wie die entsprechenden Bemühungen der Kryptologen in der westlichen Hemisphäre; sie standen unter ähnlich strenger Geheimhaltung. Aus diesem Grund wurden auch nur wenige weitere Modelle der Purple-Maschine nachgebaut und an andere Stellen weitergegeben. Einige kamen zu den kryptologischen Abteilungen der Armee und der Marine, drei gingen im Rahmen einer Vereinbarung über den Austausch von Geheiminformationen an das britische Entzifferungszentrum Bletchley Park, und eine wurde schließlich an eine Außenstelle des S.I.S. nach Manila auf den Philippinen geliefert. In Manila wie auch in Hawaii befanden sich die am weitesten vorgeschobenen Horchstationen. Da auch Methoden zur Entzifferung der Tagesschlüssel zur Verfügung standen, durften die Amerikaner sicher sein, alle »Purple«-Funksprüche zu entziffern – und das oft sogar schneller als die japanischen Adressaten.

Am 7. Dezember 1941 erfolgte der massierte japanische Angriff auf die amerikanische Flotte in Hawaii, die im Hafen von Pearl Harbor lag. Auf diese Stunde hatten sich die Japaner schon monatelang vorbereitet, doch es war ihnen gelungen, ihre Aktivitäten vor den Amerikanern zu verbergen. Der Angriff kam für die Streitkräfte der U.S.-Marine völlig überraschend, und das war der Grund für die erheblichen Verluste an Menschen und Schiffen, die damals zu beklagen waren. Einige Jahre nach Kriegsende wurde in den USA die Frage laut, ob die Angriffsabsicht der Japaner nicht dem Funkverkehr zu entnehmen gewesen wäre – insbesondere angesichts der »Purple«-Erfolge. Es gingen sogar Gerüchte um, die amerikanische Regierung hätte eine rechtzeitige Warnung mit Absicht unterlassen, um die Zustimmung breiter Bevölkerungsschichten zum Eintritt in den Krieg zu gewinnen. Eine Initiative der Chicago Tribune führte zu Befragungen verantwortlicher Persönlichkeiten, die damals in der Admiralität und im Nachrichtendienst gearbeitet hatten – darunter auch der Kryptanalytiker William Friedman und der Verantwortliche Oberbefehlshaber der Pazifikflotte, Admiral F. Kimmel.

Tatsächlich fanden sich in den für die Öffentlichkeit freigegebenen Akten auch aufgefangene und entzifferte japanische Funksprüche aus der Zeit vor dem Angriff auf Pearl Harbor. Eine der wichtigsten Nachrichten, an der sich die Diskussionen entzündeten, die sogenannte Kita-Nachricht, wurde dem japanischen Konsul in Honolulu, General Nagao Kita, von Tokio aus übermittelt. Sie war nach dem PA-K 2-System verschlüsselt.

Die Außenstelle Hawaii hatte vor den Ereignissen von Pearl Harbor keine »Purple«-Maschine erhalten, da sich mit dieser nur diplomatischer Funkverkehr bearbeiten ließ, nicht aber militärischer, auf die die Kryptologen in Hawaii angesetzt waren.

Obwohl über die kryptologischen Aktivitäten der Amerikaner noch längst nicht alles bekannt ist, gibt es heute doch eine zufriedenstellende Übersicht über die Situation um Pearl Harbor. So weiß man inzwischen beispielsweise, daß die Japaner bis zum Anfang der vierziger Jahre nahezu hundert Code- und Schlüsselverfahren hatten. Für ihren höherrangigen operativen Nachrichtenverkehr benutzte die japanische Marine ein kombiniertes Code- und Schlüsselverfahren, das im »Handbetrieb« verwendet wurde. Jeder Code- und Schlüsselwechsel zwingt die Kryptologen dazu, mit ihren Entzifferungsbemühungen wieder von vorn anzufangen. Am 1. November 1941 war der routinemäßige Austausch des Marineschlüssels J 19 erfolgt, am 1. Dezember folgte darauf ein außerplanmäßiger Austausch; dadurch waren die amerikanischen Kryptologen zunächst einmal ausgeschaltet, die militärische Führung mußte sich auf Informationsquellen anderer Art stützen, vor allem auf die optische Aufklärung, aber auch auf die Häufigkeitsanalyse des Funkverkehrs, verbunden mit den Ergebnissen einer Funkpeilortung.

Die Auswertung ergab, daß die japanische Flotte für den November eine Offensive gegen die Rohstoffgebiete Südasiens vorbereitete. Ihre Schlachtflotte war als Rückhalt dieser Operation in der japanischen Inlandsee stationiert. Den Japanern war es aber gelungen, von diesem Teil der Flotte einige Flugzeugträger mit Hilfe ihrer Zerstörer von den Amerikanern unbemerkt abzuzweigen. Sie hatten dieses Vorhaben einerseits durch eine absolute Funkstille unterstützt, andererseits aber auch durch ein Funktäuschungsmanöver, über dessen Auswirkungen noch nichts Genaues bekannt ist. Alles in allem mußten die amerikanischen Kommandostellen in Washington wie auch in Hawaii der Ansicht sein, daß gar kein japanischer Flottenverband existierte, der einen Angriff auf Pearl Harbor hätte durchführen können.

Einige wenige aus Hawaii kommende Funksprüche, die das Unternehmen von Pearl Harbor hätten verraten können, waren nicht mit »Purple« verschlüsselt und wurden erst nach dem Angriff entziffert. Beim weiteren Verlauf des Krieges im Pazifik spielte die Funkaufklärung eine zunehmende Rolle. Verständlicherweise waren es neben den diplomatischen Schlüsseln vor allem jene der japanischen Marine, mit denen sich die amerikanischen Kryptologen beschäftigten; relativ wenig war dagegen über die in der Armee benutzten Verfahren bekannt. Bis zum Sommer 1942 gelang es den Amerikanern, Schritt für Schritt wieder in den japanischen Marineschlüssel J 19 einzudringen, doch kam es nie zu einer durchgehenden Entzifferung, und selbst von jenen Nachrichten, deren Entzifferung gelungen war, hatte ein Teil wegen der unvermeidlichen Verzögerung schon seinen aktuellen Wert verloren.

Der für die amerikanische »Intelligence« besonders wichtige operative Funkverkehr der japanischen Marine war mit dem sogenannten »RO«-Code verschlüsselt, von den Amerikanern als JN 25 bezeichnet. Das Verfahren beruhte auf einem Code, in dem für die Begriffe fünfstellige Zeichengruppen eingesetzt waren, die zusätzlich überschlüsselt wurden. Die Codebücher wurden insgesamt zwölfmal ausgewechselt, was die amerikanischen Kryptologen zwang, immer wieder von vorn anzufangen; im Laufe der Zeit gewannen sie allerdings eine so gute Einsicht in die japanischen Ausdrücke und Wendungen, daß sie immer schneller zum Durchbruch kamen.

Nicht alle japanischen Code- und Schlüsselverfahren bereiteten den Amerikanern so große Schwierigkeiten wie der »RO«-Code. Relativ leicht fiel es ihnen, in einen vom Hafenkommandanten der japanischen Basis Truk ausgehenden Funkverkehr einzudringen und von 1942–1944 aufschlußreiche Informationen über die Bewegung der japanischen Flotte zu erhalten. Auch die Code- und Schlüsselverfahren, die in der Nachrichtenübermittlung für japanische Konvois eingesetzt wurden, blieben für die amerikanischen Experten kein Geheimnis; daraus ergab sich die Grundlage für wirkungsvolle U-Bootangriffe.

Die Aufklärungsaktivitäten der Amerikaner leisteten in der folgenden Zeit einen wichtigen Beitrag zum Gelingen der amerikanischen Flottenoperationen im Pazifik. Der amerikanische Admiral C. W. Nimitz war mit seinen Truppen damals den Japanern weitaus unterlegen, und zweifellos hätte er deren Angriff auf Neuguinea ohne rechtzeitige Warnung nicht abwehren können. Es war insbesondere eine genaue Verkehrsanalyse, die ihm dazu verhalf, die japanische Besetzung der Midway-Inseln zu verhindern. Commander Rochefort, dem Leiter der Funkaufklärung der pazifischen Verbände, glückte es, das Angriffsziel durch ein Funkspiel herauszukriegen, wobei ihm zugute kam, daß die amerikanischen Kryptologen die Codes für die Ortsangaben entziffert hatten. Es kam zur letzten großen Seeschlacht der Geschichte, bei der alle japanischen Flugzeugträger versenkt wurden. Damit war zugleich der große Umschwung in der Auseinandersetzung zwischen den USA und Japan eingetreten. Die Amerikaner gewannen die Überlegenheit, sie besetzten eine der von den Japanern als Stützpunkte ausgebauten Inseln des Pazifik nach der anderen. Es bedarf kaum des Hinweises, daß dabei die Entzifferungsfachleute der amerikanischen Marine einen großen Anteil hatten, genauso, wie sie die Aktionen der amerikanischen U-Boote unterstützten und dazu beitrugen, daß diese rund zwei Drittel der japanischen Flotteneinheiten vernichteten. Damit war die Niederlage der Japaner besiegelt – wie bekannt ist, sind heute manche Militärfachleute der Meinung, die Atombombenabwürfe wären strategisch nicht mehr nötig gewesen.

Wenn es auch im Rahmen einer solchen Darstellung nicht möglich ist, ein lückenloses Bild aller kryptanalytischen Aktivitäten während des Zweiten Weltkriegs zu zeichnen, so wurde vielleicht doch deutlich gemacht, welcher – bisher verschwiegene – Einfluß ihnen zukam. Waren sie aber wirklich, wie in einer Umkehrung der bisher geäußerten Ansichten mancherorts vermutet wurde, für den Ausgang des Krieges entscheidend? Die Historiker sind bei solchen Einschätzungen vorsichtig. Immerhin scheint Übereinstimmung darüber zu herrschen, daß der Krieg ohne die – insbesondere bei den Alliierten so erfolgreiche – Funkaufklärung ein bis zwei Jahre länger hätte dauern können. Das aber hätte aller Wahrscheinlichkeit nach den Abwurf der Atombombe in Deutschland bedeutet.

8
Kryptographie – elektronisch

Im Laufe der Entwicklung hat die Kryptologie einiges von ihrem Geheimnischarakter verloren. Die Zeit, zu der man die Lehre von den Geheimschriften in einem Atemzug mit Alchimie oder Astrologie nannte, ist endgültig vorbei. Was man durch Chiffrierung erreichen kann und was nicht, ist Gegenstand sachwissenschaftlicher Diskussionen.

Gerade in letzter Zeit sind die dabei eingesetzten mathematischen Methoden immer anspruchsvoller geworden – die Statistik war nur ein Beginn. Heute muß der Kryptologe noch in mehreren weiteren Bereichen zu Hause sein, beispielsweise in der Kombinatorik und in der Zahlentheorie. Dazu kommen noch einige andere Wissenschaften, beispielsweise die Informationstheorie und die Linguistik. Die Kryptologie ist zu einer interdisziplinären Wissenschaft geworden, zu einem Fach, an dem verschiedene Spezialbereiche beteiligt sind. Viele der dabei herangezogenen Methoden und Theorien sind höchst kompliziert, und so entzieht sich die Kryptologie heute doch wieder mehr und mehr dem allgemeinen Verständnis – ähnlich der Naturwissenschaft, die längst nicht mehr mit anschaulichen Bildern operiert.

In ähnlicher Weise wie die verfeinerte theoretische Durchdringung war auch der technologische Fortschritt für die Kryptologie entscheidend. Dabei wurde der vorgezeichnete Weg, der auch für die meisten anderen technischen Bereiche charakteristisch ist, durchlaufen: Er beginnt mit der Mechanisierung, setzt sich mit der Elektrifizierung fort und mündet schließlich in der elektronischen Automatisierung, die auf miniaturisierten Schaltelementen beruht. Genau diese Abfolge läßt sich auch bei den Chiffriergeräten beobachten.

Die verschiedenen Arten von Schiebern, Scheiben, Walzen und dergleichen repräsentieren die vormaschinelle Phase – die des Handwerkszeugs. Ende des 19. Jahrhunderts kamen die ersten komplizierteren Maschinen auf – Getriebe mit Rädern und Übersetzungen. Ein weiterer wichtiger Punkt dieser Entwicklung ist die Kombination von Chiffriergeräten mit Schreibmaschinen. Im Ersten Weltkrieg kam es zum ersten probeweisen Einsatz dieser Maschinengeneration.

Kurz nach Kriegsende begann die Elektrifizierung – anstelle der mechanischen Übersetzungen traten elektrische Kontakte, mit denen man das Alphabet umordnen konnte. Erst später setzten sich Maschinen durch, bei denen auch die Kontaktträger elektrisch bewegt wurden – der endgültige Schritt zur elektrischen Maschine.

Diese Geräte zeichneten sich durch eine bequemere Handhabung aus, brachten aber kaum Gewinn an Sicherheit mit sich. Die Erfahrung mit ihnen zeigte, daß eine Verbesserung in dieser Beziehung nur durch kompliziertere Chiffrierverfahren zu erreichen war. So bot sich der Gedanke an, die Chiffrieroperation selbst durch ein Schaltsystem vornehmen zu lassen. Von diesem Moment an ergab sich eine untrennbare Verbindung zwischen der kryptographischen Technik und der Rechenmaschine, und wie bei dieser folgte der Durchbruch durch die Fortschritte der Elektronik, im Prinzip durch die stetige Verkleinerung der Schaltelemente. Mit den Mitteln der Halbleitertechnik lassen sich die unhandlichen Relais und Elektronenröhren durch Kleinstschaltelemente auf Transistorbasis ersetzen, die überdies funktionssicherer und billiger sind. Hier ist der Miniaturisierung keine Grenze gesetzt. Heute werden Hunderttausende von Schaltelementen gemeinsam auf fingernagelgroßen Plättchen integriert und erfüllen die Funktion von Systemen, die früher die Größe von Kleiderschränken gehabt hätten. Konsequenzen dieser technischen Innovation sind die Taschenrechner und Mikrocomputer – mit ihnen erfolgt die sogenannte Dezentralisierung der Computersysteme; damit ist gemeint, daß man nun nicht mehr auf große zentrale Recheneinheiten angewiesen ist, sondern an beliebigen Stellen erstaunlich große Rechen- und Speicherkapazitäten zur Verfügung hat; es versteht sich von selbst, daß diese Neuerungen auch dem Chiffrierwesen zugute kamen. Auf der Basis von Mikroprozessoren und anderen Taschenrechnerbausteinen lassen sich Aufgaben, die früher mit Zahnradtriebwerken oder Rotoren bewältigt wurden, mühelos und blitzschnell vollziehen, und das alles mit Hilfe von Einheiten, die nicht größer als Zigarrenschachteln sind.

Die Einführung der neuen Technik bedeutet aber nichts anderes, als daß nun viele Methoden, die man früher nur deshalb nicht einsetzte, weil sie viel zu umständliche Rechnungen erfordert hätten, für die Kryptographie interessant werden. Umgekehrt entstehen daraus natürlich auch Impulse für die Vervollkommnung der Methoden selbst, wobei nun keine Rücksicht mehr auf die Kompliziertheit der damit verbundenen Rechenvorgänge genommen werden muß. Das alles fördert den Trend zur Mathematisierung der Kryptologie und gibt insbesondere jenen mathematisch-kryptologischen Verfahren neuen Auftrieb, die der elektronischen Datenverarbeitung angepaßt sind.

In der klassischen Kryptographie hat man es mit Zeichen zu tun, die nach bestimmten Regeln umgeordnet werden. Gelegentlich wurden die Buchstaben durch Zahlen ersetzt – ein Kunstgriff, der heute unabdingbar geworden ist. Der dadurch erreichte Vorteil: Man kann die Zeichen allen mathematischen Operationen unterwerfen, die mit Zahlen möglich sind.

Im einfachsten Fall ordnet man den Buchstaben des Alphabets jene Zahlen zu, die sie beim Abzählen erhalten – also folgendermaßen:

a	b	c	d	e	f	g	h	i	j	k	l	m	n	o	p	q	r	s	t	u	v	w	x	y	z
1	2	3	4	5	6	7	8	9	10	11	12	13	14	15	16	17	18	19	20	21	22	23	24	25	26

Wenn man den Schlüssel in ähnlicher Weise als Zahlenreihe angibt, läßt sich jede Chiffrierung durch eine Addition zweier Zeichen ausdrücken. Als Schlüssel benutzen wir etwa:

13 21 8 17 13 22 24 12 26 22 4 14 11 22 24 1 12 1 15 5 6 11 15 24 17 4

Nun folgt eine Addition, und zwar »modulo 26«; das bedeutet, daß man nach 26 wieder mit 1 zu zählen beginnt. Dann gilt beispielsweise:

$$27 = 1 \bmod 26$$
$$28 = 2 \bmod 26$$
$$29 = 3 \bmod 26$$
usw.

Mathematisch einwandfrei formuliert muß die Rechenregel lauten: Subtrahiere von der gegebenen Zahl das größtmögliche Vielfache von 26, um eine Zahl zu erreichen, die nicht größer als 26 ist. Auf diese Weise ergibt sich folgendes verschlüsseltes Alphabet:

14 23 11 21 18 2 5 20 9 6 15 26 24 10 13 17 3 19 8 25 1 7 12 22 16 4

Man kann das Ergebnis selbst als das fertige Kryptogramm auffassen und als Nachricht übermitteln. Wer will, kann die Zahlen aber auch wieder in Buchstaben zurückverwandeln.

Was wir hier als Beispiel verwendet haben, war nichts anderes als eine einfache Substitution, die sich bekanntlich leicht lösen läßt und deshalb modernen modernen Ansprüchen nicht genügt. Mit einem ähnlich mathematisierten Verfahren kann man aber auch beliebige polyalphabetische Chiffrierungen vornehmen, und zwar dadurch, daß man eine Reihe von Schlüsselzeichen nicht auf das Alphabet, sondern auf den laufenden Text anwendet. Zur Entschlüsselung braucht man dann nichts anderes zu tun, als die vorgenommene mathematische Operation umzukehren.

Hat man das Alphabet erst einmal in eine Serie von Zahlen umgewandelt, so läßt sich schließlich auch noch eine andere Variante der Chiffrierung wählen. Eine Umwandlung von Buchstaben in Zahlen bedeutet ja auch gleichzeitig den Übergang von einem Alphabet von 26 Zeichen in ein solches von 10 Zeichen – nämlich 0, 1, 2, 3, 4, 5, 6, 7, 8, 9. Statt die dem Buchstaben zugeordnete Zahl als Ganzes weiterzuverarbeiten, ist es auch möglich, jede Ziffer für sich zu verschlüsseln. Das kann – in der schon beschriebenen Weise – durch Addition geschehen, und um es sich bequem zu machen, kann man dabei wieder nach dem Schema »modulo 10« vorgehen. Dabei bedeutet also:

$$11 = 1 \bmod 10$$
$$12 = 2 \bmod 10$$
$$13 = 3 \bmod 10$$
usw.

In diesem Fall ist das Prinzip besonders anschaulich – man braucht nichts anderes zu tun, als die Zehnerstelle wegzulassen.

Durch den Übergang zu kürzeren Alphabeten gelingt auch die Anpassung an elektrisch bzw. elektronisch arbeitende Anlagen. Den ersten Hinweis dafür gab der amerikanische Ingenieur Gilbert S. Vernam von der Firma A. T. & T. (die heute zum »Bell System« gehört) schon 1926, und ein Jahr darauf erhielt er für seine Methode sogar ein Patent.

Gilbert S. Vernam ging von den Fernschreibsystemen aus, die sich damals mehr und mehr durchsetzten. Wie bei allen elektrischen Kommunikationsmitteln handelt es sich auch hierbei darum, eine Nachricht zuerst in elektrische Impulse und dann wieder in die ursprüngliche Form zurückzuverwandeln. Die einfachste Art, Buchstaben, Ziffern und Satzzeichen in elektrischer Form zu fassen, ist die Umsetzung in elektrische Impulse, wie das beispielsweise beim Funktelegraphen nach dem Morseprinzip geschieht. Hierzu muß man aber immerhin noch zwischen kurzen Impulsen (Punkt) und langen Impulsen (Strich) unterscheiden, wozu als drittes Zeichen der Zwischenraum kommt. Doch es gibt noch einen einfacheren Weg: durch das sogenannte Dualsystem, einem Alphabet, das nur noch aus zwei Zeichen besteht, beispielsweise 0 und 1. Ein solches Zweieralphabet eignet sich bestens für die Codierung mit Hilfe elektrischer Anlagen; so kann beispielsweise »kein elektrischer Impuls« eine 0 und »ein elektrischer Impuls« eine 1 bedeuten. Ähnliche Zuordnungen wären:

Lampe eingeschaltet 0
Lampe ausgeschaltet 1

Magnetisierung rechts 0
Magnetisierung links 1

Und selbst mit mechanischen Mitteln läßt sich dieser Code erfassen:

Besetzungsstelle einer Lochkarte nicht gestanzt 0
Besetzungsstelle einer Lochkarte gestanzt 1

Diese günstige Gelegenheit, Zahlen durch verschiedenste technische Hilfsmittel recht bequem zu codieren, wirft die Frage auf, ob man nicht alle Operationen, die mit üblichen Zahlen möglich sind, auch in einem Zweiersystem, auf dualem Weg, durchführen kann. Mit dieser Frage hat sich schon der geniale Mathematiker Gottfried Wilhelm Leibniz (1646–1716) beschäftigt. In der Tat läßt sich jede beliebige Zahl auch mit einem Dualcode ausdrücken. Eine leicht überblickbare Methode, mit der man eine solche Umsetzung erreicht, folgt dem Prinzip der schrittweisen Teilung und läßt sich graphisch durch einen sogenannten binären Baum veranschaulichen.

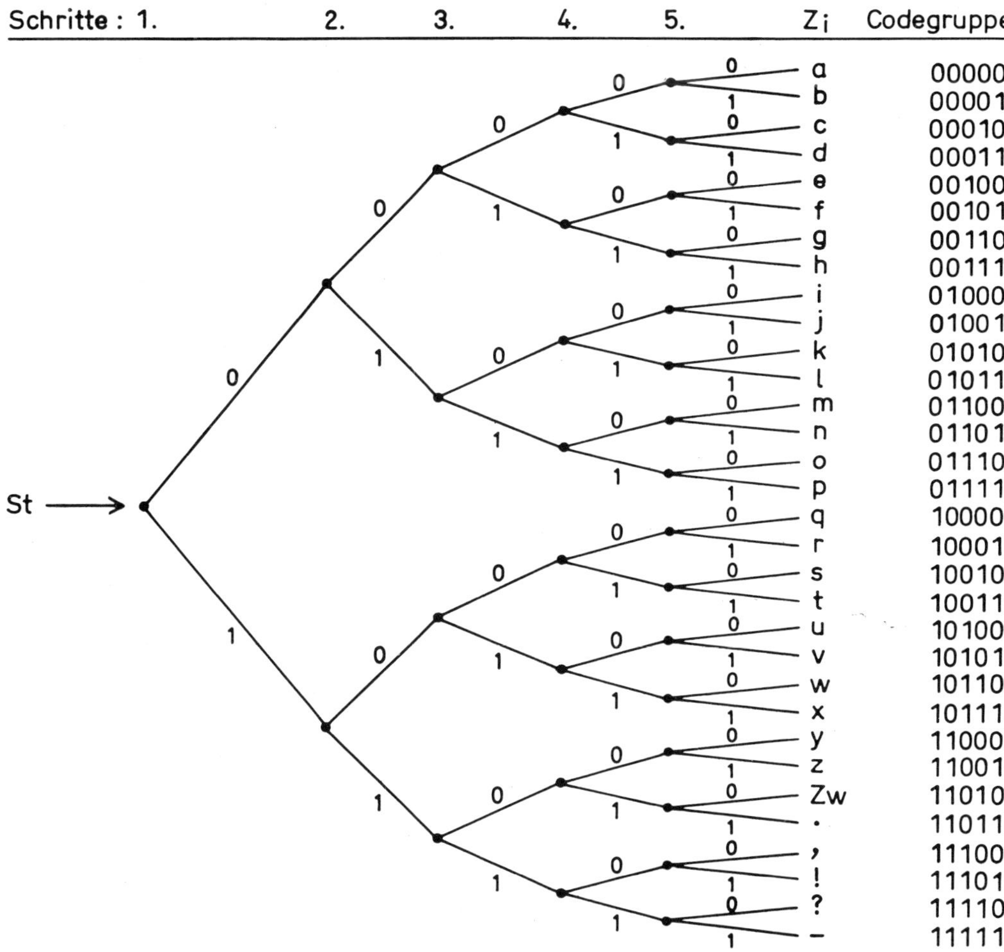

Graphischer Baum für die Umcodierung der Buchstaben des Alphabets in eine Dual-Code-Darstellung; startet man links, St, so braucht man für jeden Schritt eine Entscheidung »hinauf« (0) oder »hinunter« (1). Die Folgen der zur Beschreibung der Wege nötigen Dualzeichen werden als Codebezeichnungen für die Buchstaben verwendet. Da mit fünf Schritten 32 verschiedene Dualzeichenfolgen erreicht werden, bleiben sechs davon zur freien Verfügung und können etwa für Satzzeichen verwendet werden. Allgemein erhält man mit K-Schritten 2^k verschiedene Dualzeichenfolgen. (Nach H.-J. Flechtner »Grundbegriffe der Kybernetik«.)

Wie zu erkennen ist, benötigt man um so mehr Dualstellen zur Darstellung eines Zeichens, je größer das Repertoire – im speziellen Fall das Alphabet – ist, aus dem das Zeichen stammt. Diesen Zusammenhang kann man auch quantitativ angeben: Ist n die Zahl der verschiedenen Zeichen im Repertoire, dann benötigt man log n Dualziffern zur Darstellung eines einzelnen Zeichens.

Die Tatsache, daß wir normalerweise ein System von 10 Ziffern, das »Dezimalsystem«, benutzen, dürfte wohl daran liegen, daß die ersten Zähl- und Rechenversuche anhand der zehn Finger unserer Hände erfolgten. In welcher Art man aber schließlich Zahlen ausdrückt, ist eher eine Frage der Konvention und der Praxis als eine solche des mathematischen Prinzips.

Natürlich hatte zur Zeit von Leibniz niemand voraussehen können, welche Bedeutung seine Gedanken für die moderne technische Entwicklung haben würden – insbesondere im Hinblick auf elektronische Prozesse, mit denen man in höchst komplizierter Weise mit Dualzeichen operieren kann.

Auch der Fernschreiber ist ein Gerät, mit dem man sich das Prinzip der Lochkarte zunutze macht. Der heute allgemein verwendete Code mit der Bezeichnung CCITT 2 (nach »Comité Consultatif International, Téléphonique et Télégraphique«) ordnet jedem Schriftzeichen eine Fünfergruppe des Binärsystems zu.

Buchstaben		A	B	C	D	E	F	G	H	I	J	K	L	M	N	O	P	Q	R	S	T	U	V	W	X	Y	Z	CR	LF	A...	1...	Zwr	leer
Ziffern		–	?	:	✠	3				8	⍾	(	)	.	,	9	0	1	4	'	5	7	=	2	/	6	+						
Besetzung	1	●	●		●	●	●				●	●						●		●		●		●	●	●	●			●	●		
der fünf	2	●		●				●		●	●	●	●				●	●	●			●	●	●					●	●	●		
Takt		•	•	•	•	•	•	•	•	•	•	•	•	•	•	•	•	•	•	•	•	•	•	•	•	•	•	•	•	•	•	•	•
Stellen	3			●			●		●	●		●		●	●		●	●		●		●	●		●	●				●		●	
mit	4		●	●	●		●	●			●	●		●	●	●			●				●		●			●		●	●		
Einsen	5		●					●	●				●	●		●	●	●			●		●	●	●	●	●			●	●		

●	Eins bzw. Stromschritt
A...	Buchstabenumschaltung od. Löschung
1...	Ziffernumschaltung
(leer)	Null bzw. Pausenschritt
⍾	Klingel
✠	Wer da?
CR	Wagenrücklauf (carriage return)
LF	Zeilenvorschub (line feed)
Zwr	Zwischenraum (space, blank)

Der Code mit der Bezeichnung CCITT 2, der heute allgemein zur »Beschriftung« von Fernschreiber-Lochstreifen verwendet wird. (Nach Klar »Rechenautomaten . . .«.)

Um den Fernschreiber zur Aussendung der entsprechenden Impulse zu bringen, kann man anstelle der Tastatur auch Lochstreifen benutzen. Darauf ist ein Muster von »Besetzungsstellen« aufgezeichnet zu denken – jeweils fünf davon dienen zur Darstellung eines Schriftzeichens –, und zwar in der schon geschilderten Weise: In die entsprechenden Punkte wird entweder »kein Loch« oder »ein Loch« gestanzt. Läßt man dieses Band zwischen elektrischen Kontakten hindurchlaufen – wobei einer beispielsweise die Form einer Drahtbürste haben kann, die den Gegenkontakt durch das Loch hindurch berührt –, dann wandelt sich die dualcodierte Nachricht in eine Folge von Impulsen um. An der Empfängerseite kann man nach der Codierungstabelle die ursprünglichen Schriftzeichen heraussuchen, was bei modernen Apparaturen selbstverständlich automatisch geschieht.

Vernam fand nun eine sehr einfache Methode, um die mit Hilfe von Fünf-Zeichen-Gruppen dual codierten Texte in Kryptogramme umzusetzen. Dabei folgte er der schon beschriebenen Methode der Addition – die in diesem Fall »modulo 2« vor sich geht. Das Umsetzungsschema sieht folgendermaßen aus:

$0 + 0 = 0 \quad 0 + 1 = 1 \quad 0 + 0 = 1 \quad 1 + 1 = 0$

Die Chiffrierung geht nun folgendermaßen vor sich: Zunächst wird der Klartext durch Dualzeichen ausgedrückt. Darunter schreibt man die Schlüsselzeichenfolge, ebenfalls dualcodiert, und zwar so, daß unter jedem Zeichen des Klartexts ein Zeichen der Schlüsselzeichenfolge steht. Und nun folgt, wie schon eingehend beschrieben, die Addition; das Ergebnis ist die Chiffre.

Ebenso einfach ist die Entschlüsselung: Man braucht nichts anderes zu tun, als die inverse Rechenoperation auszuführen – die Subtraktion »modulo 2« nach folgendem Schema:

$0 - 0 = 0 \quad 0 - 1 = 1 \quad 1 - 0 = 1 \quad 1 - 1 = 0$

Ein Vergleich mit dem Umsetzungsschema der dualen Addition zeigt, daß Subtraktion und Addition mod 2 übereinstimmen; zur Dechiffrierung kann man also dieselbe Operation anwenden wie zur Chiffrierung – eine Tatsache, die technisch wichtig ist: Sender und Empfänger benutzen dasselbe Gerät, dieselbe Schaltung.

Als Klartextzeichen dient ein im CCITT-Code verschlüsseltes E = 10 000

Klartext (E)	*10 000*	+
Schlüsselzeichen (F)	*10 110*	
Geheimtext (E + F)	*00 110 = N*	
Geheimtext (E + F)	*00 110*	–
Schlüsselzeichen (F)	*10 110*	
Klartext (–F)	*10 000 = E*	

Die Einführung der Dualziffern ist eine Substitution, der Ersatz eines Zeichenrepertoires durch ein anderes – allerdings eine solche mit einigen Besonderheiten. Die Tatsache, daß in 0/1chiffrierten Texten anstelle von rund 30 Zeichen nun nur noch zwei auftreten, unterbindet beispielsweise nicht die Anwendung der üblichen statistischen Methoden: Die Häufigkeit der Zeichen 0 und 1 verrät nichts über die Häufigkeiten der verschlüsselten Buchstaben, wohl aber, wenn man längere Wörter aus 0 und 1 betrachtet. Also ändert das Dualsystem nichts an den grundsätzlichen Problemen der Kryptologie, bringt für sich allein angewandt noch keine Verbesserung der Sicherheit mit sich; es gelten dieselben Regeln für wirksame Verschlüsselung, es bestehen aber auch dieselben Möglichkeiten für Unzulänglichkeiten und Fehler. Die Methode des verschobenen Alphabets nach Cäsar beispielsweise wäre, auf Dualzeichen angewandt, genauso durchsichtig wie beim Gebrauch üblicher Buchstaben; wenn sich die

Kryptanalytiker mit den Fünferblöcken beschäftigen, mit denen die Buchstaben verschlüsselt sind, werden sie genauso rasch zum Ziel kommen wie bei üblichen Buchstaben. Auch hier also bedarf es komplizierterer Zuordnungen, beispielsweise nach dem Vorbild der Vigenère-Methode.

Eine der ersten Konsequenzen der modernen Elektronik in Verbindung mit dem Dualsystem waren Chiffriergeräte auf der Basis von »Schieberegistern«, die inzwischen durch modernere mikrominiaturisierte Schaltelemente realisiert werden, aber immer noch nach demselben Prinzip funktionieren. Bei diesen Schaltbausteinen handelt es sich um Folgen von Speicherzellen, deren »Gedächtniskapazität« die kleinstmögliche, und zwar ein Bit ist. Das Bit ist die kleinste Maßeinheit der Information, nämlich die einer Alternative: 0 oder 1. Jede Speicherzelle kann also eine 0 oder eine 1 festhalten und zeigt dies, wenn es gewünscht wird, durch ein aus- oder eingeschaltetes Lämpchen an. In Schieberegistern sind nun die Speicherzellen so geschaltet, daß sie ihre 0,1-Information auf einen allen gemeinsam erteilten Impuls des Zeittaktgebers hin an die nächstfolgende Nachbarzelle weitergeben. Das Schema der hintereinander geschalteten Speicherzellen nach dem Schieberegisterprinzip sieht folgendermaßen aus:

Anfangszustand			0	0	0	0
Zustand nach dem ersten Schritt	1	→	1	0	0	0
Zustand nach dem zweiten Schritt	1	→	1	1	0	0
Zustand nach dem dritten Schritt	1	→	1	1	1	0
Zustand nach dem vierten Schritt	0	→	0	1	1	1

Wir nehmen an, daß das Schieberegister zunächst mit lauter Nullen gefüllt ist und nun von außen Schritt für Schritt die Dualzeichenfolge 0111 eingegeben wird.

In Datenverarbeitungsanlagen wurden Schaltelemente nach dem Vorbild der Schieberegister als Speicherelemente zur kurzfristigen Aufbewahrung von Daten verwendet. Die Funktion dieser Speicherbausteine ist recht einfach: Nehmen wir an, alle Zellen sind auf 0 gestellt – gibt man Dualziffern auf der einen Seite schrittweise ein, dann wandern sie durch das Register hindurch und kommen schließlich auf der anderen Seite unverändert, aber verzögert, wieder heraus. Jeder eintreffende Impuls bewirkt einen Schritt nach rechts; die dadurch freiwerdende erste Stelle kann neu gefüllt werden.

Um eine Information, beispielsweise eine Folge von Dualziffern, längere Zeit in einem Schieberegister aufzubewahren, muß man es zyklisch schalten; das heißt, man gibt die rechts herausgehende Information auf der linken Seite unmittelbar wieder ein – so lange, bis man sie endgültig herausführen und an einer anderen Stelle einsetzen kann. Man bezeichnet diese Operation als zyklische Rückkopplung.

Das Schieberegister mit seinem zyklisch vertauschten 0,1-Zeichen weist eine bemerkenswerte Analogie zum Prinzip der Cäsar-Chiffre auf – jener, bei denen das verschlüsselte Alphabet durch zyklische Vertauschung der Stellen entsteht.

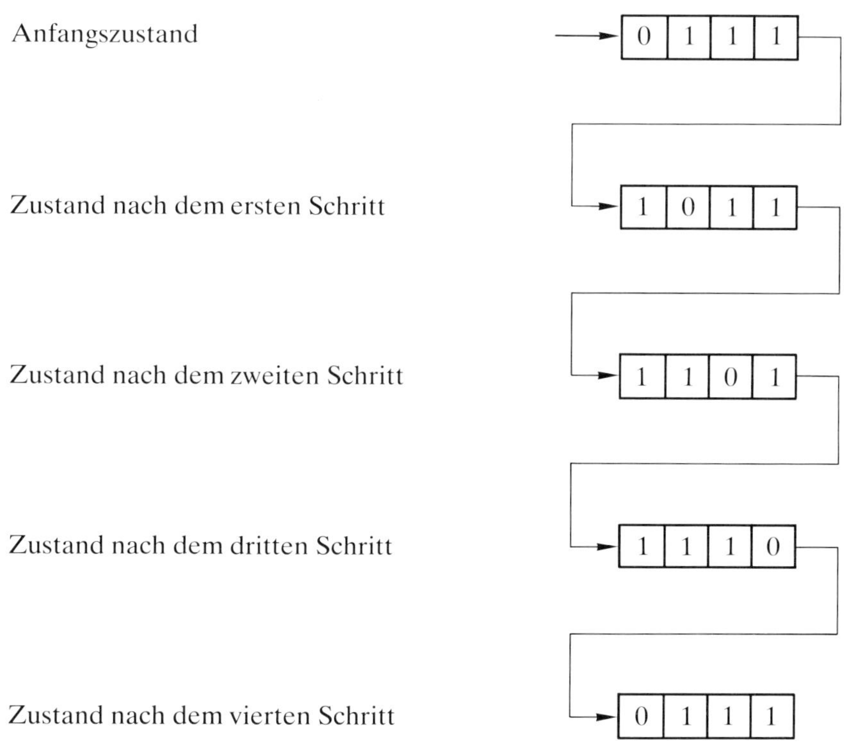

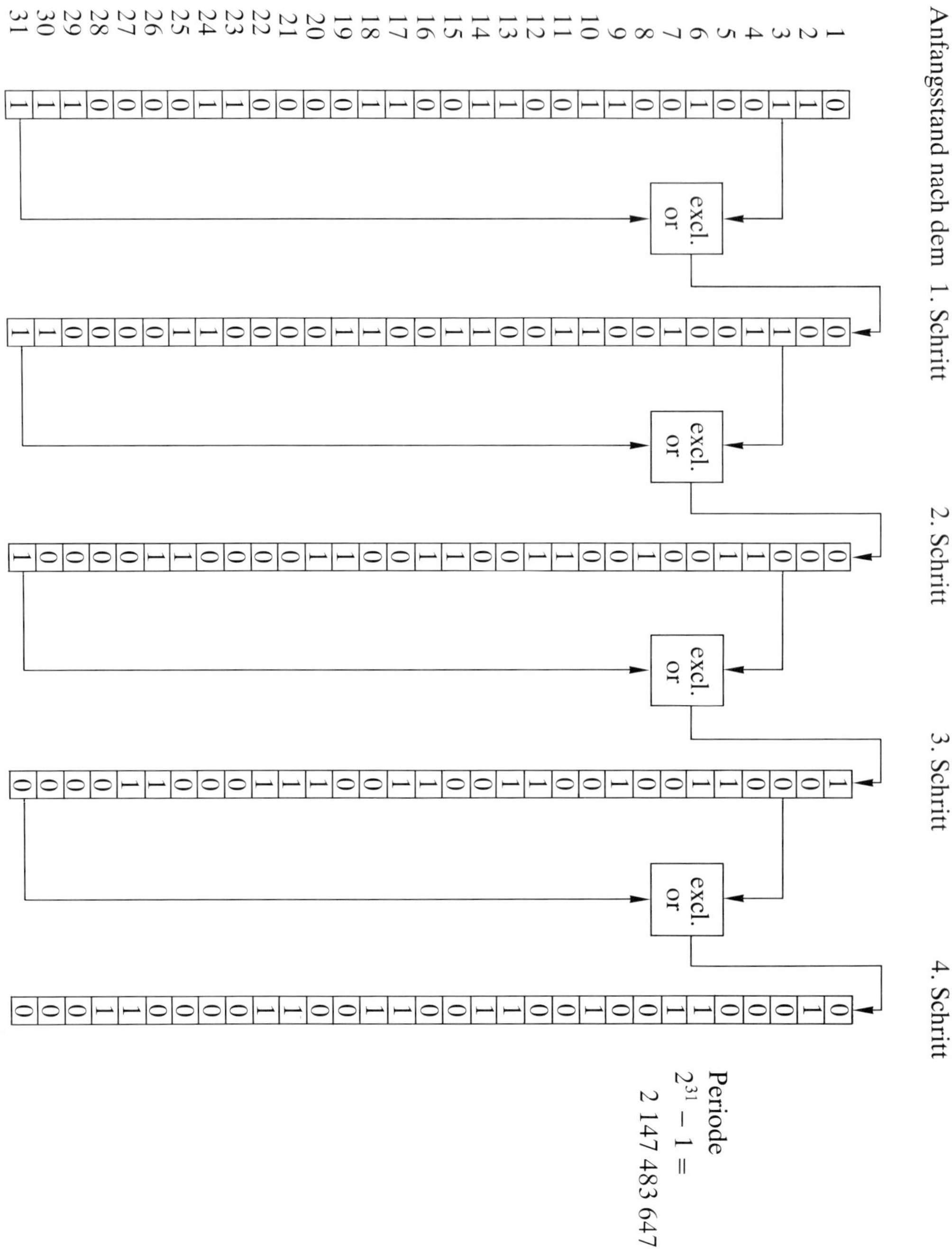

Rückgekoppeltes Schieberegister mit 31 Speicherzellen; die in der dritten und in der letzten Speicherzelle enthaltenen Dualziffern werden dual addiert (exclusiv or), das Ergebnis in das Schieberegister eingegeben. Die maximale Periode solcher Register umfaßt 2 147 483 647 Schritte. (Abbildung: Archiv Crypto AG.)

Ein zyklisch geschaltetes Schieberegister könnte also zur Erzeugung von Chiffren verwendet werden, doch ist das Bildungsgesetz so offensichtlich, daß heute niemand mehr im Ernst daran denkt, es praktisch anzuwenden. Nun gibt es kompliziertere Arten der Rückkopplung als jene in unserer Abbildung Seite 132. So ist es beispielsweise nicht nötig, die Information vom Ende des Registers an den Anfang zurückzuleiten, sie könnte genausogut von einer beliebigen Stelle an jede andere geführt werden. Diese empfängt dann zwei Impulse, die nach der Additionsregel modulo 2 verrechnet werden. Das erste nach diesem Schema auf Schieberegister-Basis funktionierende Chiffriergerät brachte die Firma Crypto AG heraus. Es war imstande, rund 10^{40} verschiedene Schlüsselzeichenfolgen praktisch »unendlicher« Länge zu erzeugen, was den damaligen Ansichten über die Sicherheit von Chiffrierverfahren entsprach.

Durch exakte Mathematisierung und Verwendung von Methoden der angewandten Algebra kann man leicht einige Schwächen der linear rückgekoppelten Schieberegister zeigen, zugleich aber auch Hinweise für eine Verbesserung der Schaltanordnung geben. Besteht das Schieberegister aus n Elementen, dann lassen sich mit ihm bestenfalls Perioden von 2^{n-1} erreichen; das heißt, nach maximal 2^{n-1} beliebig aufeinanderfolgender Dualziffern fängt das Schieberegister notwendigerweise erneut mit derselben Folge an. Was aber noch viel bedenklicher ist: Dem Entzifferer genügt ein Ausschnitt von nur 2 n aufeinanderfolgender Dualziffern der Schieberegisterfolge, um die gesamte Folge zu berechnen. Als Konsequenz dieser Erkenntnis erscheint der Einsatz von Schaltungen höherer Komplexität für kryptographische Zwecke nötig. Eine Gruppe deutscher und britischer Kryptologen (Henry Beker und Mitarbeiter von der Firma RACAL in England sowie Thomas Beth, Manfred Hain und Kollegen vom Institut für Informatik der Universität Erlangen) schlagen die Kombination von zwei Schieberegistern der schon beschriebenen Art vor, die durch zusätzliche Schaltbausteine miteinander gekoppelt sind, und sie können beweisen, daß sich durch diese Anordnung weitaus günstigere Verhältnisse – also längere Perioden und größere Schwierigkeiten bei Entzifferungsversuchen – ergeben.

Obwohl hier noch von »Schieberegistern« die Rede ist, benötigt man diese heute nur noch in Spezialfällen benutzten Schaltelemente selbst nicht mehr – man ahmt ihre Funktion durch universell anwendbare, programmierbare elektronische Systeme nach. Damit zeigt sich ein Trend, der für die modernste Entwicklung als charakteristisch angesehen werden kann: Anstelle eigens konstruierter Chiffriergeräte tritt der Computer, insbesondere der kleinste, billigste und modernste Typ, der Mikroprozessor, bei dem die Chiffriermethode erst nachträglich eingegeben wird – durch ein Programm stets auswechselbar zugeordnet oder durch die Bahnung bestimmter Leitungswege in Mikroprozessorelementen dauerhaft »eingebrannt«. Auf diese Weise ist es viel leichter möglich, die Methoden dem neuesten theoretischen Erkenntnisstand anzupassen – siehe auch das Kapitel »Die höhere Mathematik der Chiffren«.

Die Elektronik mit ihrer digitalen Ausrichtung erlaubt noch eine andere Art der Verallgemeinerung: Moderne Chiffriergeräte werden heute so gebaut, daß sie sich für verschiedenste Zwecke einsetzen lassen – eigentlich für die Übertragung sämtlicher

Die Chiffrierung von Fernschreibtexten erfolgt heute auf elektronischem Weg schon beim Eintippen des Textes automatisch; Modell Siemens T 1000 CA mit Verschlüsselungszusatz. Als Tagesschlüssel stehen 24 frei wählbare Buchstaben zur Verfügung. (Photo: Siemens AG.)

Nachrichten, die überhaupt »digitalisierbar« sind; das sind solche, die sich mosaikartig aus kleinsten Einheiten zusammensetzen lassen, beispielsweise den binären 0,1-Impulsen. Das ist bei allen Arten von Nachrichten möglich, und in jüngster Zeit macht man davon auch systematisch Gebrauch. Es gibt nur noch wenige Anwendungsfälle, bei denen man mit der anderen Möglichkeit, der »analogen« Übertragung, arbeitet, wobei die Träger der Nachricht, die Signale, auf irgendeine Art, beispielsweise elektrisch, nachgebildet werden – ohne Zerlegung in Einheiten. Über welche Datenwege die Nachrichten verbreitet werden, ist für das Verschlüsselungsgerät ebenfalls sekundär – es muß mit den verschiedensten Arten des Nachrichtenverkehrs einsetzbar sein und sich mit den entsprechenden Geräten kombinieren lassen. Das gilt etwa für den Funkverkehr aller möglichen Frequenzbänder und Übertragungsgeschwindigkeiten, für UHF/VHF ebenso wie für PCM (Pulscode-Modulation) und selbstverständlich auch für die Übertragung über Kabel sowohl elektrischer Art wie auch über Glasfasern. Davon wird im Kapitel »Chiffrierung von Sprache und Bild« noch die Rede sein.

Professionelles Vielzweck-Chiffrier- und Dechiffriergerät, z. B. für Fernschreib- und Bildübermittlung, Telephonie usw. über Kabel oder Richtfunk.
Der Grundschlüssel ist in einem kurzen Lochstreifen enthalten, den der Benutzer einlegt (10^{68} Varianten des Grundschlüssels sind möglich); nur wer darüber verfügt, kann die Nachrichten entschlüsseln. (Photo: Archiv Crypto AG.)

Die Koppelung zwischen den Ein- und Ausgabegeräten einerseits und dem Schlüsselgerät andererseits kann im herkömmlichen Sinn durch den menschlichen Eingriff erfolgen – man spricht dann von einem Off-line-System. Bei diesem Verfahren, das beispielsweise im diplomatischen Dienst noch in Gebrauch steht, kann die Nachricht in beliebiger Weise durchgegeben oder überbracht werden, beispielsweise über Telephon oder durch Kuriere; sowohl die Verschlüsselung wie die Entschlüsselung geht dann gesondert vor sich.

Die andere Möglichkeit, der On-line-Betrieb, ist die Konsequenz der Vollautomatisierung; Verschlüsselung, Übertragung und Entschlüsselung werden durch technische Systeme vollzogen, ohne daß der Mensch eingreifen muß. Die Chiffriergeräte sind dann direkt mit den Übertragungsanlagen, beispielsweise den Sendern, verbunden. Eine wesentliche Voraussetzung für das gute Gelingen des Nachrichtenaustausches ist die sogenannte Synchronisation. Das hängt damit zusammen, daß nicht nur der Funkimpuls selbst als Zeichen fungiert, sondern auch das Fehlen eines solchen. Eine Nachrichtenübertragung kann also nur zustandekommen, wenn genau festgelegt ist, zu welchen Zeitpunkten und in welchen Abständen die Zeichen eintreffen sollen. Die Abstimmung dieser Größen wird als »Synchronisation« bezeichnet. Es gibt verschiedene Arten, das Problem der Synchronisation zu lösen:

1. Die Verbindung zwischen Sender und Empfänger wird nur für die Zeit der Nachrichtenübermittlung hergestellt. Die Synchronisation erfolgt dann, indem sich der Empfänger automatisch auf die Impulsfolge des Absenders einstellt.
2. Sender und Empfänger sind in synchronem Zustand ständig miteinander verbunden; dann kann jederzeit ohne weitere Vorbereitung eine Nachricht durchgegeben werden.
3. Es erfolgt eine ununterbrochene Aussendung sinnloser Zeichen, in die die echten Funksprüche eingeschoben werden; auch hier wird die Synchronisation ständig aufrechterhalten.
4. Übermittlung in komprimierter Form; die Synchronisation wird fallweise hergestellt, und dann überträgt man den Funkspruch gewissermaßen im Zeitraffer – mit außerordentlich großer Geschwindigkeit. Auf der Empfängerseite wird er dann entsprechend ausgedehnt.

Welches Verfahren eingesetzt wird, hängt von der Situation, aber auch von den Kosten ab. Mit Hilfe von modernen Quarztaktgebern kann die Frequenz mit genügender Genauigkeit konstant gehalten werden, und doch gibt es Störeinflüsse, die die Übertragung unmöglich machen. Geht der Funkspruch beispielsweise von einem schnell fliegenden Flugzeug aus, dann können sich Verschiebungen von Mikrosekunden ergeben, die die Synchronisation abbrechen. Man setzt deshalb Regelschaltungen ein, die eine ständige Abstimmung auf den Sender erlauben und sich automatisch auf Verschiebungen einstellen.

Dem Problem der Störungen, die insbesondere bei der Verwendung von Chiffren zu großen Schwierigkeiten bei der Überführung in den Klartext führen können, versucht man noch auf anderem Weg beizukommen. In der Nachrichtentechnik sind »fehleranzeigende« und »fehlerkorrigierende« Codes im Gebrauch, die auf eingeschlichene Fehler aufmerksam machen bzw. deren Eliminierung erlauben. Dazu bedarf es allerdings eines etwas größeren Aufwands an Zeichen – man schiebt beispielsweise solche ein, die mit einem vorangegangenen Block eine bestimmte Ziffernsumme ergeben müssen; macht sich eine Abweichung bemerkbar, so deutet das auf eine gestörte Übertragung des betreffenden Datenblocks hin. Noch größere Spitzfindigkeit ist nötig, wenn man den Fehler auch gleich richtigstellen will, doch auch hierfür gibt es Methoden. Nichts spricht dagegen, diese auch bei der Übertragung von Chiffren anzuwenden.

Stehen Sender und Empfänger nur während der Nachrichtenübermittlung in Verbindung – wie in Fall 1 beschrieben –, dann ist es dem Gegner nicht nur schwergemacht, die Übertragungsfrequenz ausfindig zu machen, sondern er wird auch gewisse Zeit brauchen, um seinerseits Synchronisation zu erreichen.

Im Fall 2 gibt es keine Schwierigkeiten mit der Synchronisation, was allerdings nicht nur für den regulären Empfänger, sondern auch für den Abhörenden gilt.

Bei ununterbrochener Übertragung – Fall 3 – kann der Spruch zwar leicht abgehört werden, doch der Gegner weiß nicht, welcher Teil des Informationsstroms bedeutungstragend ist. Überdies kann man ihn durch falsche und irreführende Sprüche täuschen.

Im Fall 4 fällt es dem Gegner besonders schwer, auswertbare Funksprüche aufzufangen. Bei den ersten Einsätzen dieser Technik mußte sowohl auf der Seite des Senders wie auch des rechtmäßigen Empfängers mit erhöhter Störanfälligkeit gerechnet werden, doch ist es inzwischen gelungen, diese Methode, heute als »burst transmission« bezeichnet, so zu vervollkommnen, daß sie einige gewichtige Vorteile bietet. Mit einem Gerät der Firma RACAL, das im hohen Megahertzbereich arbeitet, lassen sich Nachrichten üblicher Länge auf Millisekunden komprimieren. Dadurch vermeidet man jene Störungen, die als »Fading« bekannt sind; sie beruhen auf wechselnder Leitfähigkeit der Ionosphäre, an der die Funkwellen reflektiert werden, und wirken sich in stark wechselnden Empfangsintensitäten, manchmal sogar in zeitweisem Erlöschen des Funkverkehrs, aus. Außerdem sind die Übertragungszeiten so kurz, daß selbst die modernsten Ortungsgeräte – »direction finder« – keine Möglichkeit zur Anpeilung mehr haben. Die Geräte selbst sind nicht größer als die schon mehrfach erwähnte Zigarrenschachtel. Im übrigen hat sich dieses Verfahren so gut bewährt, daß selbst Firmen und Fluggesellschaften Interesse daran angemeldet haben.

Das Problem der Synchronisation besteht auch beim normalen Funkverkehr, und so sind die Taktgeber wie auch die Abstimm- und Regelanlagen keine Besonderheit der kryptographischen Technologie. Dasselbe gilt für andere Bauteile, aus denen sich ein Schlüsselgerät zusammensetzt, etwa die Eingabetastatur, die der einer elektrischen Schreibmaschine entspricht, oder die Ausgabe über Endlosdruckformulare. Selbstverständlich ist es – falls gewünscht – auch möglich, die Nachrichten verschlüsselt auszudrucken oder auch computergemäß – durch Loch- oder Magnetband, Lochkarten und dergleichen – zu speichern. Das kann etwa wünschenswert sein, wenn die Geräte auf der Empfangsseite auf automatischen Betrieb eingestellt sind, so daß sie also beispielsweise auch während der Nacht, außerhalb der Dienststunden aufgenommen werden. Man stellt dann das Gerät so ein, daß die Entschlüsselung erst später, unter der Aufsicht eines dazu Befugten, erfolgt.

Die Einstellung eines Schlüssels bedeutet die Wahl eines bestimmten Programmablaufs, der bei elektronischen Anordnungen durch Freigabe und Schließung von Schaltwegen festgelegt ist, während die Chiffriermethode durch die Schaltung selbst gegeben ist. Wenn die Nachrichtenübermittlung – wie es meistens der Fall ist – über ein Fernschreibsystem erfolgt, kann der Schlüssel über die Schreibmaschinenklaviatur eingegeben werden, und zwar entweder vom eigenen Gerät aus oder auch von einem anderen durch Fernbetrieb. Ebenso ist die Eingabe über Lochstreifen möglich; bei

Fernschreibern wird die Lochung wie auch die Abtastung automatisch vorgenommen. Will man unabhängig davon arbeiten, so kann man auch einen handelsüblichen Handstanzer benutzen. Die Eingabe durch Lochstreifen eignet sich insbesondere für Langzeitschlüssel – solche, die eine gewisse Zeit hindurch unverändert verwendet werden sollen. Zieht man Geräte vor, bei denen eine Ausgabe durch Druck nicht vorgesehen ist, dann nimmt man die Eingabe des Schlüssels über Tasten vor. Als Methode empfiehlt sich insbesondere der »Zweistufenschlüssel«: Der Operateur selbst gibt nur einen Teil der Schlüsselinformation ein – beispielsweise eine fünfstellige Zahlengruppe –, der übrige Teil des Schlüssels ist ihm nicht bekannt. Er kann von anderen Personen über eine Tastatur eingegeben werden, die normalerweise versperrt gehalten wird.

Selbstverständlich gibt es Geräte aller möglichen Größenordnungen, darunter solche, die man an das normale Stromnetz anschließen kann, und andere, die durch Fahrzeugbatterien gespeist werden. Einige sind für den Betrieb in Büroräumen vorgesehen, es gibt aber auch Fälle, bei denen höchste Anforderungen an die mechanische Festigkeit gestellt sind. Den Konstrukteuren eines einschlägigen Unternehmens wurde sogar die Forderung gestellt, daß die Geräte betriebsbereit bleiben müssen, wenn man sie durch Transportraketen hinter die feindlichen Linien schießt.

Betriebssicherheit und Langlebigkeit elektronischer Geräte ist durch die moderne Technologie gewährleistet, die ohne elektromechanische Bauteile oder Elektronenröhren auskommt; Festkörperbauelemente sind gegen alle möglichen Anforderungen, nicht zuletzt gegen Stöße, Hitze und Temperaturschwankungen, bemerkenswert unempfindlich. Trotzdem haben die modernen elektronischen Geräte die altbewährten mechanischen keineswegs völlig verdrängt. In manchen Ländern stehen sie auch heute noch in Betrieb, unabhängig von Stromanschlüssen oder Batterien. Kriterien der Sicherheit, wie sie sich aus mathematischen Überlegungen ergeben, sind auch auf mechanischem Weg zu erfüllen, beispielsweise durch hinreichend lange Schlüsselzeichenfolgen. Geräte, die schon 25 Jahre im Einsatz sind, brauchen den elektronischen gegenüber deshalb an Anfälligkeit gegenüber dem Zugriff Unbefugter nicht nachzustehen. Immer wieder aber bestätigt sich schließlich die Erfahrung, daß das Problem der Nachrichtensicherung nicht bei den Maschinen, sondern bei den Benutzern zu suchen ist. Erfahrungen im Gebrauch der Schlüsselgeräte erweisen sich oft als weitaus wichtiger als eine hochgezüchtete Technik.

Ähnliche Gesichtspunkte gelten auch für den Wirkungsgrad und damit für die Leistung des erforderlichen Systems. Ob man ein billiges Gerät für etwa 1000 Dollar anschafft oder ein teures, das bis zu 100000 Dollar kostet, hängt von den Anforderungen ab. Es wäre sinnlos, jede Nachricht mit höchstem Aufwand zu verschlüsseln. Das hat nicht nur mit dem Geheimnischarakter der Nachricht zu tun, sondern auch mit dem Wert, den die Nachricht über kürzere oder längere Zeit hinweg behält. Bei kriegerischen Auseinandersetzungen geht eine Vielzahl von Meldungen hin und her, die bereits nach ein oder zwei Stunden keine Bedeutung mehr haben – beispielsweise Anweisungen über anfliegende Flugzeuge oder kurzfristige Positionsänderungen mobiler Verbände. Es genügt dann, einen Schlüssel zu benutzen, von dem man weiß, daß er sich zwar entziffern läßt, daß das aber sicher einige Stunden in Anspruch nimmt; und das kann man in diesem Fall ohne weiteres in Kauf nehmen. Es gibt aber auch Nachrichten von höchster politischer Brisanz, deren Aufdeckung selbst Jahrzehnte später noch böse Folgen haben könnte. Bei solchen wird es sich lohnen, auf die Kosten weniger Rücksicht zu nehmen.

Jahrhundertelang hat man nach dem »unbrechbaren« Schlüssel gesucht, und aufgrund der tiefgreifenden theoretischen Einsicht, die man heute mit Hilfe der Mathematik gewonnen hat, läßt sich durchaus abschätzen, wie ein Verschlüsselungssystem beschaffen sein muß, damit es schwer oder gar nicht entzifferbar ist. Als absolut sicher gilt die Verschlüsselung mit Hilfe von nur einmal verwendeten Zufallsreihen. Gewisse theoretische Zugriffsmöglichkeiten bestehen beim Einsatz von Pseudozufall, doch kann man die Entzifferung so schwer machen, daß sie praktisch unmöglich ist. Im Gegensatz zu vielen anderen Bereichen der Technik, wo zwischen Theorie und Praxis ein himmelweiter Unterschied besteht, kann man bei der Kryptologie die theoretisch mögliche Grenze ohne weiteres erreichen. Das ist dadurch möglich geworden, daß die komplizierten mathematischen Prozesse, die dazu nötig sind, mit Hilfe der Mittel elektronischer Datenverarbeitung spielend leicht zu bewältigen sind. Und damit ist für die Entwicklung der Kryptologie vielleicht sogar ein gewisser Schlußpunkt gesetzt: Sie ist einem seit alters her anvisierten Ziel so nahe gekommen, wie es nur irgendwie möglich ist – dem unknackbaren Schlüssel.

9
Die Verschlüsselung von Sprache und Bild

Das bequemste Mittel der Nachrichtenübertragung ist das Telephon. Im Gegensatz zu den Telegraphen und Fernschreibern, durch die jede Information in Serien einzelner Zeichen umgewandelt wird – man spricht von digitalen Systemen –, arbeitet heute das übliche Telephon auf analoger Basis. Damit ist ausgedrückt, daß der Sprachfluß mit elektrischen Mitteln nachgeahmt wird, und zwar sowohl in der Intensität, wie in der Frequenz, der Schwingungszahl pro Sekunde. Bei der akustisch vermittelten Sprache äußert sich die Intensität, die wir als Lautstärke empfinden, im Wellenausschlag, in der sogenannten Amplitude.

Der elektrische Wellenzug, in dem die Sprache codiert ist, ist ein genaues Abbild der ursprünglichen Schallwellen. Verstärkersystem und Mikrophon an der Empfängerseite haben unter anderem die Aufgabe, die Ausschläge der elektrischen Wellen in Lautmuster zurückzuverwandeln.

Ein wenig komplizierter als bei den Amplituden sind die Verhältnisse bei der Frequenz. Menschliche Sprache besteht aus Lauten, an denen verschiedene Frequenzen beteiligt sind, und zwar in einem Bereich zwischen 70 bis 7000 Hertz; dabei bedeutet ein Hertz die Einheit der Frequenz, nämlich eine Schwingung, genauer gesagt einen positiven und einen negativen Wellenausschlag, pro Sekunde. Um Schallfrequenzen in elektrische Wellenmuster umzuwandeln, kann man sie – wie beim herkömmlichen Telephon – über ein Mikrophon direkt in Stromimpulse umsetzen, oder man bedient sich – wie beim Funk – einer Träger- oder Sendefrequenz, die weitaus höher sein muß als die Frequenzen, die man übertragen will. Dann ist es nämlich möglich, die Trägerfrequenz durch die Übertragungsfrequenz zu »modulieren«; damit ist gemeint, daß man die Amplitude der Trägerfrequenz gleichlautend mit den akustischen Schwingungen verändert. Der Sendefrequenz wird also die Übertragungsfrequenz gewissermaßen aufgezwungen. Nur diese ist es, die schließlich durch den Empfänger verstärkt und auf Lautsprecher geleitet wird, so daß insgesamt ein analoges »Abbild« der am anderen Ende eingegebenen Sprachäußerungen entsteht.

Wie bei jedem Nachrichtensystem, so tritt natürlich auch beim Telephon das Problem der Geheimhaltung auf. Ob es sich um normale Telephone mit Übertragung über Leitungen oder um Funktelephonie handelt – Telephongespräche lassen sich stets abhören. (Im ersten Fall genügt es, die Leitung mit einer Spule zu umwickeln und so – auf induktivem Weg – die Impulse aufzufangen, im zweiten Fall braucht man nur einen Sender auf die richtige Frequenz einzustellen.)

Ein einfaches Mittel zur Verschleierung der Nachricht ist der Gebrauch ungewöhnlicher Sprachen oder Dialekte. Schon im Ersten Weltkrieg bedienten sich die Amerikaner zu diesem Zweck seltener Indianersprachen, und diese Methode bewährte sich auch noch im Zweiten Weltkrieg. Hier war es insbesondere die Sprache der Navajos, die im pazifischen Raum eingesetzt wurde. Die Navajo-Sprache ist schwer zu lernen; abgesehen von den Navajos selbst gibt es nur wenige Menschen, die sie beherrschen. Außerdem muß sie mit großer Präzision ausgesprochen werden, und somit ist es kaum möglich, am anderen Ende der Leitung eine andere Person unterzuschieben. Als Amerika in den Krieg eintrat, standen etwa 30 Navajos als Telephonisten zur Verfügung, zu Ende des Krieges waren es über 400. Oft genug saßen persönliche Freunde an den Enden der Leitungen, die einander an der Stimme erkannten.

Obwohl sich diese Methode gut bewährte, läßt sie sich natürlich nur beschränkt – über Mittelsleute, die die seltene Sprache verstehen – anwenden. Will man sich der normalen Umgangssprache bedienen, so bleibt noch die Möglichkeit, die wichtigsten Ausdrücke mit einem Code zu verschleiern. Die Sicherheit eines solchen Vorgehens ist natürlich stets gefährdet. Um Abhören zu verhindern, bedient man sich besser technischer Hilfsmittel. Legt man auf größere Sicherheit Wert, so empfiehlt sich der Gebrauch anspruchsvollerer Methoden. Aber auch hier besteht eine Beziehung zwischen Aufwand und Ergebnis: Für viele Fälle genügt es, wenn das gleichzeitige Mithören verhindert wird, beispielsweise bei der Übermittlung aktueller Nachrichten ohne bleibenden Wert, Anweisungen über Polizeifunk, Wettermeldungen usw. Soll auch das spätere Knacken unmöglich sein – etwa bei Abmachungen der Geheimdiplomatie –, dann bedarf es auch bei der Sprachverschlüsselung komplizierter Chiffriermethoden.

Das einfachste Instrument der Sprachverschlüsselung ist der »Verwürfler«, heute eher unter seiner englischen Bezeichnung »Scrambler« bekannt, der im Zweiten Weltkrieg an allen Fronten zum Einsatz kam. Man stützte sich insbesondere auf Veränderungen der Frequenzen, die beim Empfänger wieder rückgängig gemacht wurden. Ein vielgebrauchtes Prinzip ist die Inversion. Dabei werden die beim Telephon gebräuchlichen Frequenzen von 300 bis 3300 Hertz in der Mitte – bis 1650 – gespiegelt; tiefe Frequenzen gehen also in hohe über und umgekehrt. Nach einer anderen Idee werden die Frequenzbänder parallel verschoben, wobei man die höchsten und niedersten Frequenzen aneinander anschließt, um eine zyklische Vertauschung zu erreichen. Noch anspruchsvoller ist die Methode des »Splitting«, der Aufteilung des Frequenzbands. Bestimmt man beispielsweise acht Abschnitte, so werden diese nach einem beiden Seiten bekannten, aber nicht leicht durchschaubaren Schema miteinander vertauscht. Bei modernen Geräten werden sowohl die Kombinationen der Teilbänder wie auch die Verweilzeiten – zwischen 20 und 80 Millisekunden – durch Pseudozufallsgeneratoren gewechselt. Durch den Schlüssel wird festgelegt, welche Vertauschungen erfolgen und an welcher Stelle die Übertragung beginnt.

Weiter hat man versucht, die verschlüsselte Nachricht durch Nebengeräusche zu verdecken und die Wellenformen zu verzerren – ohne die davon erhoffte Steigerung

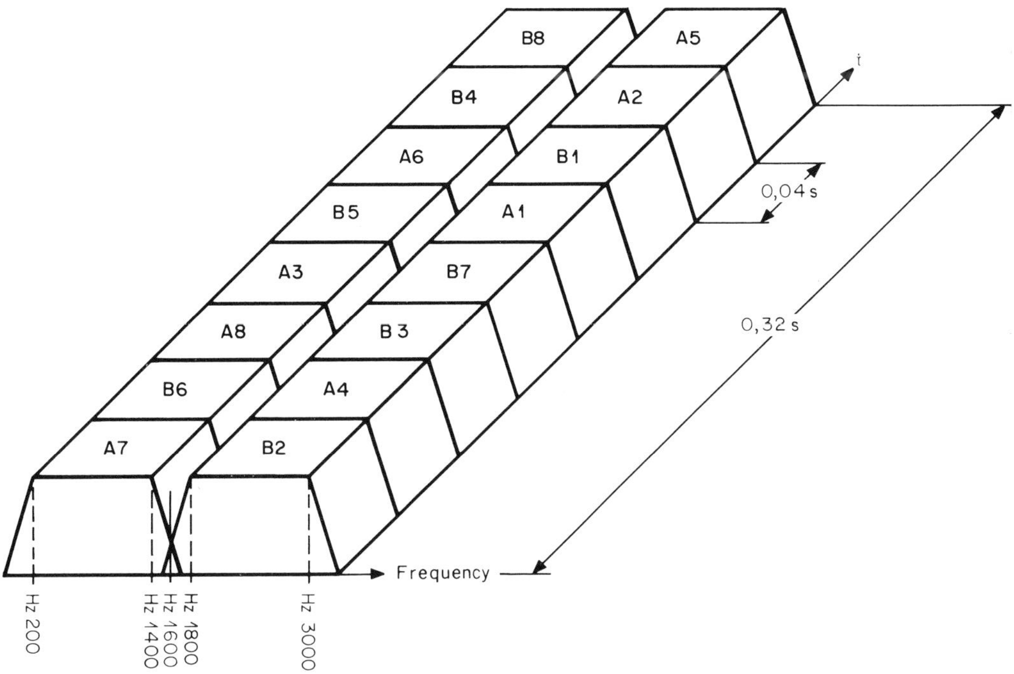

Das Schema versinnbildlicht von vorn nach hinten den akustischen Sprachfluß, von links nach rechts die Frequenzen. Für die Verschlüsselung werden zwei Frequenzbereiche gebildet, diese in Achtergruppen geteilt und in ihrer Reihenfolge vertauscht und in dieser Form (unverständliches Kauderwelsch) übertragen. Der Empfänger setzt diese verwürfelten akustischen Blöcke wieder richtig zusammen. (Zeichnung: Crypto AG.)

der Sicherheit zu erreichen. Deshalb begann man schon zwischen den beiden Weltkriegen, Sprachverschleierungsgeräte zu bauen, mit denen auch Eingriffe in die Zeitkomponenten möglich sind; man spricht dann von einer »Zeitverwürfelung«. Dazu teilt man die Schallerscheinung nicht nur nach der Frequenz, sondern auch nach kurzen Zeitabschnitten auf, die Bruchteile von Sekunden umfassen. Die dadurch festgelegten Schallblöcke werden nun durch das Gerät innerhalb bestimmter Gruppen – die beispielsweise acht Zeitblöcke umfassen – verwürfelt, also in veränderter Reihenfolge wiedergegeben. Dazu benötigt man ein Speichermedium, ursprünglich ein Magnetband, von dem man die einzelnen Abschnitte abgreifen kann. Da das Eintreffen jener Blockteile abgewartet werden muß, die bei der Vertauschungsaktion nach vorn rükken, ist die Übertragung natürlich nur unter einer gewissen Verzögerung möglich, die bei kleinen Blockgruppen nicht stört. Ausreichende Sicherheit könnte diese Methode aber nur bieten, wenn man weitaus größere Blockgruppen verwenden würde, doch dadurch würde die Verzögerung so groß werden, daß der normale sprachliche Informationsaustausch mit Rede und Gegenrede unmöglich wäre.

Immerhin bietet ein System, das sowohl nach der Frequenz wie auch nach der Zeit verwürfelt, wenigstens innerhalb von kurzen Fristen hinreichende Sicherheit. Schon um 1920 herum aber gab es »Entwürfler«, also Geräte, mit denen es möglich ist, den Einfluß der Verwürfelung rückgängig zu machen. Später setzte man mit steigendem Erfolg auch Geräte der Frequenzanalyse ein, mit denen sich der Schallverlauf sichtbar machen läßt. Selbst für den Laien sind an solchen Bildern die Anschlußstellen der zerhackten Teilstücke zu erkennen, und der Fachmann wird darüber hinaus versuchen, die einzelnen Abschnitte wie bei einem Puzzlespiel wieder richtig aneinanderzuschließen, um daraus das Schema der Verwürfelung zu entnehmen. In einer kürzlich veröffentlichten Studie der Erlanger Wissenschaftler Thomas Beth, Peter Hess und Klaus Wirl wird diese Schwäche von Zeitverwürflern genau studiert. Die Mitarbeiter des Informatik-Instituts der Universität Erlangen beschreiben insbesondere Maßnahmen, mit denen eine Zusammensetzung des Klartextes so erschwert werden kann, daß sie nur mit sehr zeit- und rechenaufwendigen Verfahren *nachträglich* gelingen kann.

Auf die Dauer können analoge Systeme dem Zugriff der Kryptanalytiker kaum widerstehen. Zu den Leidtragenden gehörten Winston Churchill und Theodore Roosevelt, die während des letzten Krieges oft mehrmals in der Woche strategisch wichtige Gespräche über das Radiotelephon führten. Dieser Funkverkehr wurde aber von Spezialisten der Deutschen Reichspost abgehört, und innerhalb weniger Monate waren sie über die Art der Verschlüsselung bestens informiert: Es handelte sich um eine Frequenzverwürfelung innerhalb von fünf Stufen, die überdies einer Inversion unterworfen waren. Ab September 1941 stand an der holländischen Küste eine Reihe von Abhorchstationen bereit, und während der nächsten Jahre landeten die entschlüsselten Niederschriften prompt an Hitlers Schreibtisch. Die Alliierten schöpften erst 1944 Verdacht und bedienten sich von nun an eines weitaus anspruchsvolleren Systems, das die Deutschen nicht mehr brechen konnten.

Fachleute auf beiden Seiten beschäftigten sich damals intensiv mit den Problemen der Sprachverschlüsselung. Das amerikanische Zentrum der Forschungen lag in den »Bell Telephone Laboratories« in New Jersey, und in Deutschland war eine »Entwicklungsgruppe Sprachverschlüsselung« auf der Burg Feuerstein bei Ebermannstadt am Werk. Zwar kam es während des Krieges noch nicht zu greifbaren Ergebnissen, doch erkannten beide Seiten den springenden Punkt. Bemerkenswerterweise betrafen die interessantesten Ergebnisse keine technischen Fragen, sondern solche der Sinnesphysiologie. Es stellte sich nämlich heraus, daß das beste Werkzeug der Entschlüsselung von Sprache das menschliche Ohr selbst bzw. der dazugehörige Teil des Gehirns ist. So ist beispielsweise die Aufschaltung von Musik oder Geräusch ein gutes Mittel, um den Einsatz elektronisch-akustischer Analysegeräte zu erschweren. Das Ohr aber wird mit solchen Hindernissen spielend fertig – entsprechend der uns allen bekannten Tatsache, daß man menschliche Sprache auch dann verstehen kann, wenn sie stark gestört wird. Dieser Tatsache liegen nicht nur physikalische Prinzipien unseres Sinnessystems zugrunde, sondern auch psychologische Faktoren, vor allem die sogenannten »Gestaltbildungsphänomene«. Der Mensch ist fähig – und das gilt für das Auge genauso wie für das Ohr – kontinuierliche Verläufe, sinnvolle Worte oder bedeutungstragende Formen auch noch unter ungünstigsten Bedingungen herauszulesen. So kann man sich beispielsweise mitten im Geräuschuntergrund einer Party bewußt auf ein bestimmtes in der Umgebung geführtes Gespräch konzentrieren. Diese Fähigkeit ist freilich nicht durch ein Wunder zu erklären, sondern durch das, was von den Informationspsychologen als »Redundanz« bezeichnet wird. Damit ist die überflüssige Information gemeint – jener Teil einer Nachricht, auf den man verzichten kann, ohne daß das Verständnis dadurch beeinträchtigt würde. Menschliche Gespräche weisen eine Redundanz zwischen 40 und 70 Prozent auf. So ist es etwa möglich, eine stark gestörte Radiodurchsage noch zu verstehen, wenn mehr als die Hälfte der sprachlichen Elemente ausfallen. Und das betrifft das Ergebnis, zu dem beide Forschungsgruppen diesseits und jenseits der Front kamen: Infolge der hohen Redundanz ist bei analoger Verschlüsselung keine absolute Sicherheit gegenüber dem Zugriff des Gegners möglich. Als einziger Ausweg bleibt, auf digitale Verschlüsselung überzugehen.

In den fünfziger Jahren war das Problem der digitalen Sprachverschlüsselung theoretisch gelöst. Die Schwierigkeit steckte nicht so sehr in der digitalen Übertragung – ganz im Gegenteil: Dafür standen ja sowohl die Erfahrungen wie auch die technischen Anlagen zur Verfügung. Vielmehr lag das Problem in der Umsetzung analog / digital selbst. Es kam darauf an, die Sprache so zu verschlüsseln, daß ein möglichst großer Teil redundanter Komponenten wegfiel. Das Ergebnis der Verschlüsselung sollte also nur die für die Nachricht selbst unentbehrliche Information enthalten. Auf der Empfängerseite mußte die Serie digitaler Zeichen wieder in Schall umgesetzt werden, und wenn man das Prinzip der Redundanzverminderung konsequent anwendet, dann erhält man bei der Rücktransformation zwar eine verständliche Sprache, aber eine solche, in der alle persönlichen Komponenten, alle Klangfarben, emotionalen Regungen usw. fehlen.

Ein Gerät, mit dem die Sprachanalyse, das Herauslösen der wesentlichen sprachlichen Einheiten und die Umsetzung in digitale Impulse erfolgt, ist der Vocoder, abgekürzt aus voice coder, Stimmen-Codierer. Dieses Gerät spielt auch eine wichtige Rolle in der Sprachforschung, und nicht allen, die damit arbeiten, ist bekannt, daß es eigentlich aus dem Verschlüsselungswesen stammt.

Nach dem Prinzip des Vocoders ist die Verbindung der Sprachverschlüsselung mit den Erfahrungen der übrigen digitalen Kryptographie gelungen. Das bedeutet, daß man nun in der Anwendung der Chiffriermethoden freier wurde, bei der Anwendung komplizierter digitaler Verfahren ergibt sich allerdings infolge des Abtasttheorems (vgl. Beth/Hess/Wirl: Materialien zur Kryptographie, Universität Erlangen, 1982) eine Erweiterung der Bandbreite. Erst in letzter Zeit wurde eine Methode gefunden, um diese zu vermeiden, und zwar durch den Mathematiker Aaron Do Wyner von den schon genannten Bell Laboratories in den USA. Es zeigt sich allerdings, daß eine auf reine Informationsübermittlung reduzierte Sprache auch nicht allen Erfordernissen entspricht. So ist es bei einem Telephongespräch, das man über einen einfachen Vocoder führt, nicht mehr möglich, die Stimme des Gesprächspartners zu erkennen.

Gerade das aber kann von entscheidender Bedeutung sein, beispielsweise bei Telephongesprächen zwischen Regierungschefs. Hier muß die Identifizierung der Stimme möglich sein – sonst könnte man im entscheidenden Fall beliebige Personen unterschieben. Da man aber andererseits die durch den Vocoder erreichte Sicherheit gewährleistet haben will, ist man doch wieder dazu übergegangen, Systeme zu bauen, mit denen eine bessere Nuancierung der Sprachübermittlung möglich ist. Damit berührt man das Problem der Frequenzbänder. Für jede Art der Übermittlung von Schall braucht man einen bestimmten Frequenzbereich, der, wie erwähnt, bei der menschlichen Sprache zwischen 70 und 7000 Hertz liegt. Normale Telephone erreichen diesen Frequenzumfang aber bei weitem nicht. Ein üblicher Telephonapparat erfaßt etwa 300 bis 3000 Hertz, und bei einem Sprechfunkgerät ist die obere Grenze sogar auf 1500 Hertz reduziert. Durch diese Beschneidung des Frequenzbandes sind die Veränderungen im Tonfall bedingt, die wir alle vom Telephonieren her kennen.

Wie der Vater der Informationstheorie Claude E. Shannon herausfand, ist für die Übertragung englischer Sprache eine Bandbreite von 32 Hertz, für die Übertragung von deutscher Sprache eine solche von 40 Hertz nötig. Wenn man also, wie es damals geschah, Bandbreiten von 120 Hertz zur Übertragung einsetzte, war gute Gewähr für einwandfreien Empfang gegeben.

Die einfachsten Vocoder teilten das ohnehin schon reduzierte Frequenzband in acht Teile, wobei jeweils Zeitabschnitte von 20 Millisekunden gemessen wurden. Die für jedes Zeitquant vorliegenden acht Werte müssen nun innerhalb derselben Zeit digital verschlüsselt und übertragen werden. Das erfordert aber eine relativ hohe Trägerfrequenz. Bei den ersten Vocodertypen benötigte man einen Breitbandkanal, der die Frequenzen zwischen 50 000 und 70 000 Hertz umfaßte.

Stellt man allerdings die Forderung der naturgetreuen Wiedergabe, dann ist ein höherer Aufwand erforderlich. Zu diesem Zweck setzt man Vocoder ein, die das Frequenzband in 16 und sogar in 32 Teile teilen. Mit ihnen erreicht man völlig befriedigende Klangtreue und kann sogar die High-fidelity-Ansprüche der Musikliebhaber befriedigen.

Standen Vocoder auch schon in den fünfziger Jahren zur Verfügung, so handelte es sich doch um außerordentlich teure und voluminöse Gebilde, von denen nur wenige zum Einsatz kamen. Eines davon – um nur ein Beispiel zu nennen – wurde für Top-secret-Gespräche zwischen Konrad Adenauer und Dwight D. Eisenhower verwendet. Für den freien Markt kamen Geräte dieser Art schon aus Kostengründen nicht in Betracht. Diese Situation änderte sich aber Ende der sechziger Jahre mit der Einführung der integrierten Schaltkreise. Anstelle der platzraubenden und unsicheren Elektronenröhren konnte man nun winzige Schaltelemente einsetzen, und so entwickelte sich auch der Vocoder zu einem handlichen Gerät, nicht viel größer als ein Radioapparat. Da er komplizierte Analyseprozesse durchführen muß, kommt man allerdings um ebenso komplizierte Schaltungen nicht herum, und auch zur Übertragung benötigt man Breitbandkanäle im Bereich zwischen 50 000 und 70 000 Hertz. Aus diesem Grund erschien es insbesondere für die Privatindustrie interessant, eine einigermaßen gute Sprachübertragung und -verschlüsselung mit Hilfe einfacherer Verfahren zu bewältigen. Als Lösungen des Problems stehen zwei Prinzipien, die »Pulscodemodulation« und die »Deltamodulation«, zur Verfügung. Dabei ist nicht wie beim

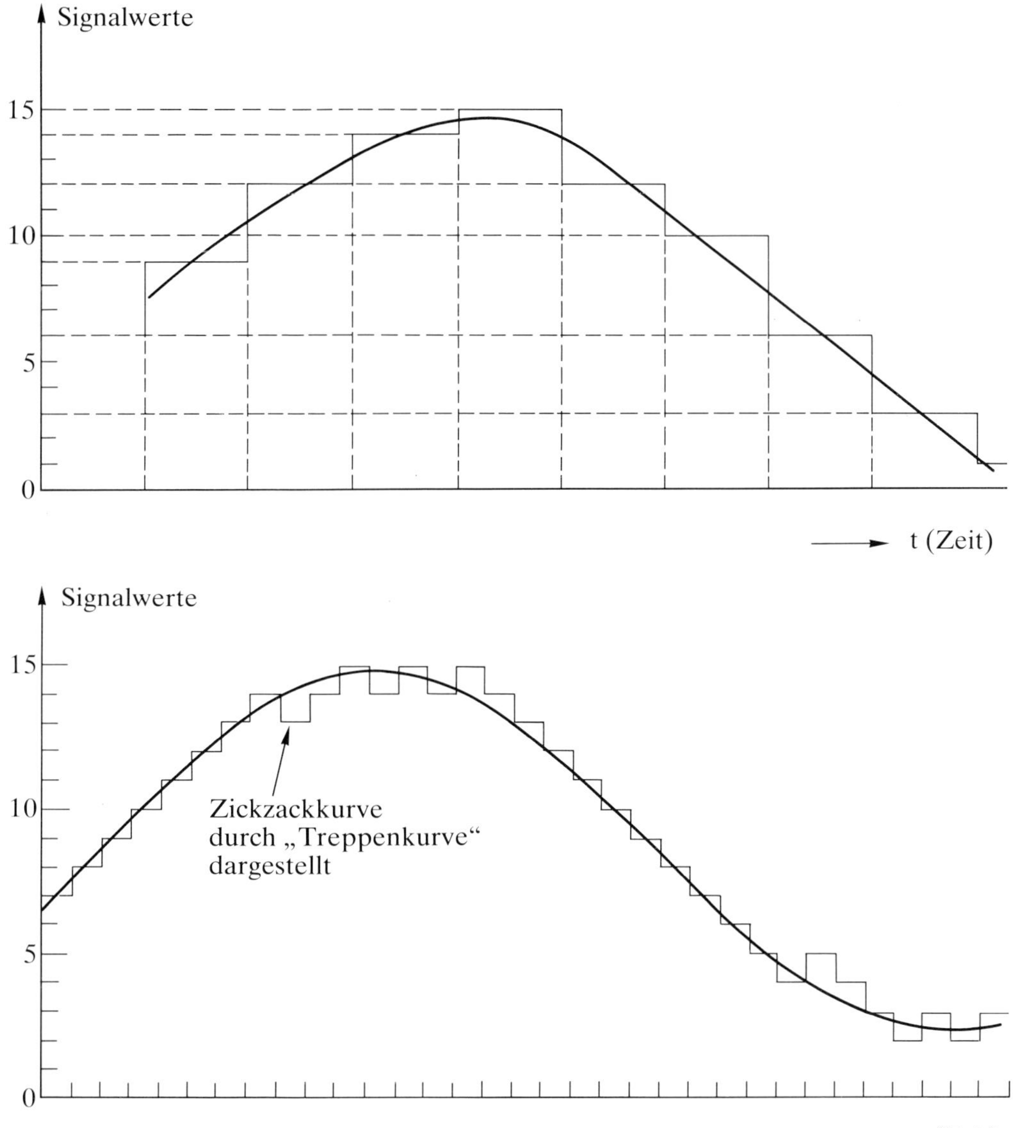

Beispiele für »Pulscode-« und »Delta-Modulation«, zwei Verfahren, mit denen der akustische Ablauf der Sprache durch Rechteck- bzw. Zickzackkurven nachgeahmt wird; da diese digital beschreibbar sind (»kein Puls« oder »Puls« bzw. »hinauf« oder »hinunter«), erfolgt dabei eine Umsetzung von »analog« in »digital«.

Vocoder eine Analyse des Frequenzspektrums, sondern eine Art Abtastung des Schwingungsverlaufs nötig. Um eine befriedigende Übertragung zu erreichen, muß die Abtastfrequenz mindestens doppelt so groß sein wie die maximale zur Übertragung bestimmte Frequenz. Bei der Sprachübermittlung benutzt man daher 8000 Abtastschritte pro Sekunde. Zur Transformation des analogen Verlaufs in ein digitales Muster ersetzt man die geschwungene Kurve der Schallwelle durch eine Treppenkurve. Dabei ist die Stufenhöhe durch den Verlauf der Welle gegeben. Angaben über diese Stufenhöhen sind es, die digital verschlüsselt und übertragen werden. Dabei werden nur ganzzahlige Signalwerte berücksichtigt; Stufenhöhen, die dazwischenliegen, werden dem nächstliegenden ganzzahligen Wert zugeordnet.

Im Fall der Deltamodulation wird der Wellenverlauf durch eine Zickzackkurve nachgebildet. Als Signalwerte gibt man aber nicht die absoluten Höhen an, sondern lediglich den Zuwachs – positiv oder negativ gezählt. Dabei begnügt man sich mit einem Einheitsschritt hinauf oder hinunter. Bei waagrechten Kurvenabschnitten erreicht man die Annäherung durch einen Wechsel des Vorzeichens. Will man eine gleich gute Annäherung an den Kurvenverlauf erreichen wie mit der Pulscodemodulation, ist eine feinere Zeitunterteilung erforderlich. Andererseits aber braucht pro Zeitquant nur eine elementare Informationseinheit, ein sogenanntes Bit, die Alternative zwischen Plus und Minus, übertragen zu werden. Dazu benötigt man 32 000 Hertz Impulsfrequenz zur Übermittlung der digitalen Zeichen.

Was ist nun die bessere Lösung – die Pulscodemodulation oder die Deltamodulation? Die besten Resultate – auch unter dem Aspekt der Ökonomie – lassen sich mit einem Verfahren erzielen, das zwischen beiden liegt. Von der Deltamodulation stammt das Prinzip der relativen Angaben; dabei werden allerdings zwei verschiedene Schritthöhen aufwärts oder abwärts berücksichtigt. Da der Anstieg durch drei Zeichen, 1, 2 sowie + oder – angegeben wird, kann man von einem Vierer-Code sprechen. Als besonderer Trick kommt aber noch hinzu, daß die Stufenhöhen nicht absolut genommen, sondern vom vorhergehenden Verlauf abhängig gemacht werden. Wurde beispielsweise im Abschnitt davor eine Zunahme des Anstiegs registriert, dann wird die darauffolgende Stufenhöhe automatisch gesteigert. Wie sich zeigt, gewinnt man erheblich an Verständlichkeit, und das bedeutet wieder, daß man auf niedrigere Impulsfrequenzen übergehen kann. Bei einem Sprachchiffriergerät kommt man mit einer Pulsfrequenz von 9600 Hertz aus. Trotzdem ergeben sich auch in schwierigen Testsituationen 85 % Verständlichkeit, ein ganz ausgezeichnetes Ergebnis, denn Werte über 60 % gelten als hervorragend. Das größte Problem bei der praktischen Anwendung dieser Methode ist die genaue Synchronisierung des Zeittakts bei Sender und Empfänger.

Heute stehen Sprachverschlüsselungsgeräte verschiedenster Bauart zur Verfügung. Jene, die nach den Verwürfelungsverfahren arbeiten, gelten in Fachkreisen nicht als sicher, und doch können sie ihren Zweck voll erfüllen – wenn es nämlich darum geht, das gleichzeitige Mithören zu verhindern. Bei Nachrichten aktueller Bedeutung, beispielsweise Polizeidurchsagen oder kurzfristig wirksame militärische Anweisungen, spielt es keine Rolle, wenn die übertragene Wortfolge Stunden oder Tage danach mit Hilfe aufwendiger Apparaturen entziffert wird. Mit verschiedenen Modulationsmethoden erreicht man ausreichende Sicherheit vor fremdem Zugriff mit ebenso ausreichender Wiedergabetreue. Für anspruchsvolle Zwecke stehen die Vocodersysteme zur Verfügung. Alle digital arbeitenden Anlagen können mit beliebiger Akribie chiffrieren – im Prinzip mit denselben Verfahren, die für die Textverschlüsselung üblich sind. Der Einsatz von Schieberegisterschaltungen und Pseudozufallsgeneratoren, die einen beliebig schnellen Wechsel der Schlüssel erlauben, gewähren jede erforderliche Sicherheit.

Alles in allem ist nicht nur im Hinblick auf das Verschlüsselungswesen, sondern in der gesamten Nachrichtenübertragung ein Trend zur digitalen Erfassung festzustellen. Selbst das Telefon, Schulbeispiel analoger Informationsvermittlung, ist die Digitalisierung schon im Gang. Die Vorteile davon sind klar: Digitale Übertragung, bei der lediglich zwischen »Impuls« und »kein Impuls« unterschieden zu werden braucht, ist wesentlich unempfindlicher gegen alle Arten von Störungen als der Modus analoger Systeme, die den feinen Verlauf des Wellenzugs nachzeichnen. Dadurch ergeben sich wieder bedeutende Vereinfachungen in den Sende- und Empfängeranlagen. Insbesondere bestehen dann günstige Möglichkeiten zum Einsatz des sogenannten Multiplex-Verfahrens, der Übertragung vieler Informationsflüsse über einen einzigen Kanal. Unter anderem ist dadurch eine bedeutende Ersparnis an Leitungen und Kabeln gegeben. Und während diese Entwicklung noch voll im Fluß ist, deutet sich schon der nächste Entwicklungsschritt an: der Einsatz der Glasfasern, die, weil sie als Übertragungsmedium Licht verwenden, um Größenordnungen höhere Übertragungskapazitäten haben, sich für die Übertragung von Bildern eignen und zudem noch billiger sind, weil die teuren Metalleitungen durch billiges Glas ersetzt werden. Auch das somit interessant werdende Gebiet der Bildverschlüsselung führte lange ein stiefmütterliches Dasein im Bereich der Kryptologie, hat aber in den letzten Jahren an Bedeutung gewonnen.

Immer häufiger werden Bilder über Leitungen und Funk übertragen, und zwar nicht nur über öffentliche Sender, sondern auch über Satelliten, wobei es oft genug um geheime Nachrichten geht.

Vor dem Zeitalter der visuellen Kommunikationsmittel bestand wenig Aussicht auf eine befriedigende technische Lösung des Problems. Versuche mit Transpositionsverfahren – nach dem Vorbild des Gitters – erbrachten keine brauchbaren Resultate. Das liegt an der Redundanz, die bei Bildern noch höher ist als jene von Sprache, und somit ist es nicht schwierig, auseinandergeschnittene und durcheinandergemischte Bildteile wieder zusammenzusetzen; wie das Puzzlespiel beweist, gelingt das jedem Kind. Ein wirksameres Verfahren ist die Verzerrung durch optische Mittel, doch ist es nur schwer möglich, die durch diese Eingriffe erreichten Entstellungen wieder rückgängig zu machen. Verzerrungen und Entzerrungen von Bildern mit Hilfe von zylinderförmigen oder kegelförmigen Spiegeln, den sogenannten »Anamorphosen«, waren übrigens ein beliebter Zeitvertreib des ausgehenden 17. Jahrhunderts. Wer Beispiele davon gesehen hat, muß allerdings zugeben, daß auch bei stärkster Verzerrung noch etwas vom Bildinhalt zu erkennen ist.

Relativ einfach läßt sich mit den heute verfügbaren technischen Mitteln die Übertragung und Verschlüsselung stehender Bilder erreichen. Wie der sogenannte Raster-

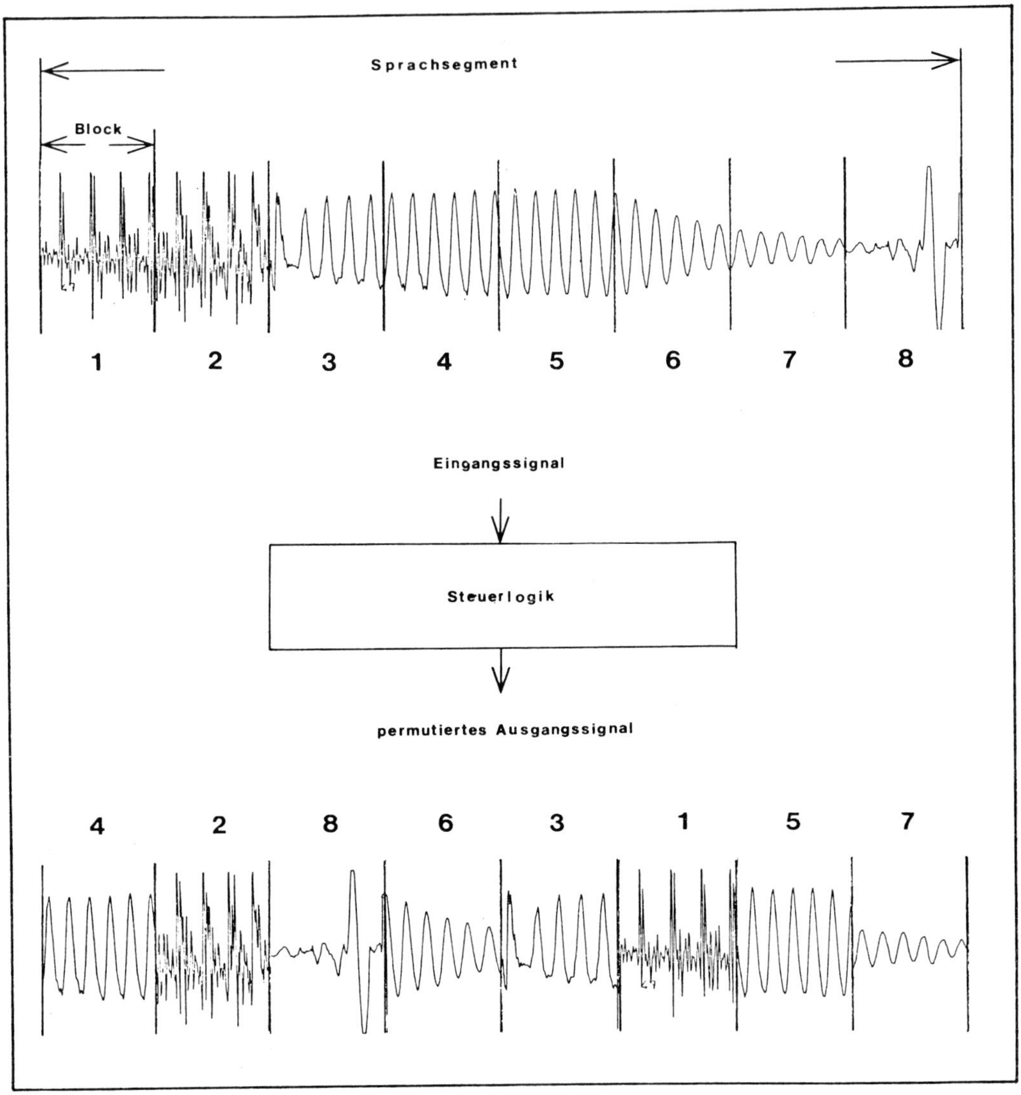

Beim Verfahren der »Blockpermutation«, auch »Time division multiplexing« (TDM) genannt, für die Sprachverschlüsselung wird der akustische Ablauf der Sprache in acht (oder auch ein Mehrfaches davon) Blöcke von 50 bis 75 Millisekunden zerlegt. Diese unterwirft man dann einer Verwürfelung, einer »Permutation«. (Nach Beth, Hess, Wirth »Materialien zur Kryptographie«.)

druck – wozu alle üblichen Farbdruckverfahren gehören – und das Fernsehen beweisen, kann man Bilder mit beliebiger Genauigkeit wiedergeben, wenn man sie mosaikartig in kleine Bereiche zerteilt. Genaugenommen arbeiten auch unsere Augen nach demselben Prinzip – unsere Sichteindrücke werden durch eine komplizierte Datenverarbeitung im Gehirn aus kleinsten Bildteilen zusammengesetzt, die die lichtempfindlichen Zellen in der Netzhaut auffangen.

Die hohe Redundanz der Bilder erlaubt es nun, diese Raster relativ grob zu machen, ohne an Verständlichkeit zu verlieren. Im Fall von stehenden Bildern läßt sich das Problem mit relativ einfachen Mitteln bewältiqen; man spricht dann je nach dem verwendeten Übertragungssystem von Bildtelegraphie, Faksimileübertragung, Telephoto usw. Bei ihnen allen wird das Bild durch eine Photozelle, gewissermaßen ein künstliches Auge, punkt- und zeilenweise abgetastet. Zur digitalen Übertragung ist es nötig, die Hell-Dunkel-Information in eine gestufte Skala zu übersetzen. Es hängt von der verlangten Wiedergabetreue ab, für wie viele Stufen man sich entscheidet. Ein Tele-Photo-System, wie es heute im praktischen Gebrauch steht, arbeitet mit einem Raster von 3,8 Linien pro Millimeter und einer Hell-Dunkel-Erfassung von zwei Stufen, unter Verzicht auf Farbe. Bei einer üblichen Übertragungsgeschwindigkeit von rund 2400 Impulsen pro Sekunde benötigt man für die Übertragung eines Bildes im Format DIN A 4 rund sechs Minuten.

Als Übertragungsmedien kann ein normales Telephon oder auch ein Funktelephon dienen. Zur Bildübertragung braucht man lediglich die akustischen Geräte, Mikrophon und Lautsprecher, durch die entsprechenden optischen Einheiten zu ersetzen. Wichtiger als bei der Tonübertragung ist hier allerdings die Synchronisation; will man erkennbare Bilder erhalten, so müssen die Schrittfolgen der Abtastung und der Rekonstruktion genau aufeinander abgestimmt sein.

Es mag gewiß Fälle geben, in denen es wünschenswert ist, Bilder zu übertragen, doch selbst wenn es um Geheimnachrichten geht, läßt sich die Bildverschlüsselung oft genug umgehen. So könnte man beispielsweise eine Landkarte unverschlüsselt übertragen und sich damit begnügen, die Koordinaten geheimgehaltener Standorte zu verschlüsseln. In anderen Fällen, beispielsweise bei den immer häufiger angewandten graphischen Darstellungen statistischer oder technischer Tatbestände, bei Konstruktions- und Bauplänen usw., ist man aber auf die Verschlüsselung des Bildes angewiesen, und so gewinnen in unserem visuellen Zeitalter auch die Methoden der Bildverschlüsselung steigende Bedeutung.

Im Fernsehen liegt uns ein ausgezeichnetes Medium zur Erfassung und Übertragung bewegter Bilder vor – wenn gewünscht, auch in Farbe –, in den Videokameras besitzen wir geeignete Eingabegeräte, und zur Ausgabe steht uns ein noch weitaus größeres Typenangebot an Empfängern zur Verfügung. Wie schon angedeutet, arbeiten Fernsehsysteme mit punkt- und zeilenweiser Abtastung, womit schon ein erster Schritt zur Digitalisierung vollzogen ist. Die Helligkeit bzw. der Farbanteil der Bildpunkte wird aber analog umgesetzt – genauso wie bei der Übertragung von Sprache. Somit bieten sich auch im Fall des Fernsehens verschiedene Arten der Verschleierung oder Chiffrierung an, beispielsweise die Aufschaltung von Störmustern, die an der Empfängerseite wieder ausgemerzt werden. Das Problem der Chiffrierung von Fernsehbildern stellte sich übrigens ausnahmsweise nicht in diplomatischen oder militärischen Kreisen, sondern bei kommerziellen Fernsehstationen. Die betreffende Gesellschaft bot ihrem Publikum die Erstaufführung von Filmen ohne störende Zwischenschaltung der sonst üblichen Werbespots. Das sollte gegen Zahlung eines geringfügigen Betrags geschehen, doch wie könnte man sich dagegen schützen, daß auch andere Fernseher von diesem verlockenden Angebot Gebrauch machten, ohne ihren Obulus zu entrichten? Damals machte man sich erstmals Gedanken über praktikable und preiswerte Formen der Verschlüsselung von Fernsehbildern. Heute ist diese Art des Fernsehens, das pay-TV, in den USA wie auch in Holland schon fest eingeführt, und tatsächlich sendet man das Programm in einer verschleierten Form aus. Die dadurch gegebene Exklusivität läßt allerdings zu wünschen übrig, in den USA kann man für wenige Cents Schaltbausteine bekommen, die die Verschleierung aufheben und den ungetrübten – und kostenlosen – Genuß der Vorführung ermöglichen. Die Gesellschaft wiederum versucht, das Schwarzsehen durch monatlichen Wechsel des Schlüssels zu unterbinden.

Da es sich hier nicht um Geheiminformationen handelte, brauchte auch die Sicherheit vor Entzifferungsversuchen nicht groß zu sein. In diesen Fällen mögen einfache Verwürfelungen nach dem Analogprinzip genügen. Es ist aber durchaus möglich, auch Fernsehbilder digital zu übertragen – wobei nur noch die Helligkeitsstufen und Farbanteile digitalisiert werden müssen. Dadurch verschafft man sich die Möglichkeit, auch bei der Bildverschlüsselung die anspruchsvollen Methoden anzuwenden, die auf den Fortschritten der kryptologischen Theorie und der Elektronik beruhen.

Die Methoden der Bildübertragung haben aber auch noch aus ganz anderen Gründen höchste Bedeutung für Diplomaten und Militärs, und zwar im Zusammenhang mit der Luftaufklärung. Längst sind die Zeiten vorbei, da man Aufklärungsflugzeuge über das Terrain des Gegners ziehen ließ, von denen aus Bilder aus Bordkameras gemacht wurden. Die hochentwickelte Steuer- und Regelungstechnik erlaubt es, diese Aufgabe unbemannten Flugkörpern zu übertragen, wobei zunächst noch dafür zu sorgen war, daß das belichtete Filmmaterial auch in die richtigen Hände gelangte. Inzwischen ist auch die Rückführung der Filme überflüssig geworden: Man nimmt die Bilder mit Fernsehsystemen auf und funkt sie an bereitstehende Stationen am Boden oder auf Schiffen. Selbstverständlich lassen sich die elektrischen Wellen auch dieser Nachrichtenübermittlung abfangen, und so erfährt die eine Seite zumindest, wofür sich die andere Seite interessiert hat und ob sie bei ihren Bemühungen erfolgreich war. Wer das verhindern will, muß sich der Methoden der Bildverschlüsselung bedienen.

10
Datenverarbeitung und Datenschutz

Im großen und ganzen ist das menschliche Gehirn das effektivste Werkzeug der Datenverarbeitung, doch ist ihm während der letzten Jahrzehnte im technischen Raum ein ernsthafter Konkurrent entstanden: der Computer. Während die Experten noch darüber streiten, ob man seine Fähigkeit als »Intelligenz« bezeichnen könnte, ob er vielleicht sogar eines Tages intelligenter werden könnte als der Mensch, ist der Computer längst zu einem realen, machtpolitischen Faktor geworden.

Das hat nichts mit irgendwelchen mystischen Einflüssen zu tun, sondern einfach damit, daß er wichtige mathematische und logische Aufgaben besser, präziser und schneller lösen kann als der Mensch. Er ist es im selben Sinn wie die Stromversorgung oder das Transportwesen, nur mit dem Unterschied, daß es bei ihm nicht um Energie, sondern um Information geht.

Maschinen, die dem Umsatz von Daten gewidmet sind, gibt es schon lange. Die Druckerpresse gehört ebenso dazu wie der Photoapparat, das Telephon ebenso wie der Fernsehempfänger. Die beiden letzterwähnten Geräte sind bereits Vertreter einer modernen Technologie, die sich der Vorteile bedient, die die Elektrizität für die Datenverarbeitung bietet.

Voraussetzung dafür ist eine besondere Art von Codierung; alle Daten müssen in elektrische Erscheinungen umgesetzt werden, beispielsweise in Stromimpulse oder Spannungen.

Solcherart verschlüsselte Daten entziehen sich natürlich dem direkten Verständnis, aber das ist nicht der Zweck dieser Umsetzung.

Sie ist vielmehr durch einige Tatsachen begründet, die letztlich zum ungeheuren Aufschwung der Datentechnik geführt haben: Zunächst einmal kommt man bei elektronischen Systemen, die den verschiedensten Arten der Datenverarbeitung gewidmet sind, mit äußerst geringen Energiemengen aus; so genügt beispielsweise eine auf einem Satelliten installierte Solarbatterie, um einen Sender zu betreiben, den man auf der Erde empfangen kann. Zweitens arbeiten elektrische Systeme weitaus störungssicherer als mechanische; insbesondere bei den Geräten der modernen Halbleiterelektronik gibt es kaum noch mechanisch bewegliche Teile, an denen sich Abnutzungserscheinungen viel eher bemerkbar machen. Das einzige, das sich bei der elektronischen Datenverarbeitung ändert, sind elektrische Zustandsgrößen, etwa die schon erwähnten Ströme und Spannungen, während das materielle System unbewegt bleibt. Der dritte Vorteil liegt schließlich in der Geschwindigkeit elektrischer Prozesse; manches winzige Schaltelement, ein sogenannter »Chip«, bewältigt viele Millionen Rechenschritte pro Sekunde, und die Fortpflanzungsgeschwindigkeit elektrischer Kraftwirkungen – und der durch sie transportierten Information – geht mit Lichtgeschwindigkeit vor sich. Ein Sende-Impuls läuft in einer Sekunde zehnmal um die Erde, und diese Geschwindigkeit nutzen wir nun tatsächlich aus, in der Nachrichtenverbreitung ebenso wie in ihrer Verarbeitung. Es ist wichtig, darauf hinzuweisen, daß sich die neue Technologie nicht in Verbesserungen alter Methoden erschöpft, sondern völlig neue Dimensionen eröffnet. Wollte man beispielsweise den heutigen Telephonverkehr in der Bundesrepublik durch die alten Handvermittlungen bewältigen, dann müßte die gesamte Bevölkerung, einschließlich der Kinder, in den Telephonzentralen Dienst machen.

Um eine gewisse Übersicht über die in der modernen Datenverarbeitung anfallenden Aufgaben zu bekommen, bewährt sich folgende Einteilung:

Man unterscheidet:

Eingabegeräte – das sind solche, die Informationen aufnehmen können; dazu gehören beispielsweise das Mikrophon und die Fernsehkamera, elektronische Schreibmaschinen, »Scanner« – Geräte, die Schriften und Bilder abtasten;

Einheiten zur Datenverarbeitung; dazu zählen neben einigen heute veralteten mechanischen Rechenmaschinen insbesondere die Computer;

Speichergeräte; dazu zählen die altüberlieferten Bücher und andere auf Papier beruhenden Speichermedien vom Schmierzettel bis zum Photoalbum ebenso wie die modernen elektronischen oder magnetischen Speicher, beispielsweise Magnetband- und -plattengeräte, und weiter jene Spezialspeicher, die man für kurzfristige Aufbewahrung der Daten im Computer benötigt;

Übertragungs- und Verteilungsmedien; dazu zählt man alle Werkzeuge der Nachrichtentechnik vom Telephondraht bis zum Fernsehsender;

Ausgabegeräte; das sind jene, in denen die elektrisch verschlüsselte Information wieder in eine vom Menschen aufnehmbare Form überführt werden, beispielsweise Drucker, Lautsprecher und Bildschirmgeräte.

Während der Verarbeitung wird also jede Nachricht verschiedene Male von einem Gerät ins andere geleitet, und jedesmal erfolgt dabei auch der Übergang in eine andere Form der Codierung; damit sind nicht nur »analoge« Umsetzungen gemeint, mit denen beispielsweise Schallschwingungen in elektrische Stromstöße umgesetzt werden; sondern auch »digitale«, also solche, bei denen man von verschiedensten Zeichensystemen zu anderen wechselt. So müssen beispielsweise die in üblicher Weise wiedergegebenen Buchstaben und Zahlen mit Hilfe von Dualcodes »digitalisiert« werden, ehe sie überhaupt einer Datenverarbeitung im Computer zugänglich sind. Aber auch die Übersetzung der Befehle einer Programmiersprache in die 0,1-Symbole der Maschinensprache gehört dazu. Für alle diese Umsetzungen gibt es heute technische Hilfsmittel, die als »Hardware«, in Form von Geräten, oder als »Software«, als Programme, vorliegen können. Diese technischen Hilfsmittel zur Überbrückung verschiedenster Zeichenhierarchien sind so selbstverständlich geworden, daß sie in der oben angegebenen Grobeinteilung informationstechnischer Geräte überhaupt keinen Platz finden. Natürlich aber sind sie wesentlich, wenn man die Situation vom Blickwinkel der Geheimhaltung oder des Datenschutzes betrachtet, von dem noch die Rede sein wird.

Die Computertechnik gibt es erst seit dreißig Jahren – sie hat eine lawinenhafte Entwicklung hinter sich und ist immer noch in Expansion begriffen. Schon sind neue Systeme in Vorbereitung, die sowohl die Datenverarbeitung wie die Nachrichtenübermittlung weiter intensivieren werden. Beispiele dafür sind etwa der Übergang zur digitalen Elektronik – vgl. das Kapitel über »Verschlüsselung von Sprache und Bild« – bei Telephon und Schallplatte, die Einführung der Glasfaser anstelle der Drahtleitung beispielsweise für den Fernsprechverkehr, das Kabel- und das Satellitenfernsehen.

Auch Kombinationen alter und moderner Systeme führen zu neuen Möglichkeiten; ein Beispiel ist die Textverarbeitung, die aus der Kombination von Schreibmaschine und Kleincomputer erwächst, der »Bildschirmtext«, der aus der Verbindung zwischen Telephon, Fernsehempfänger und Rechenzentrum hervorgeht, die Datenverarbeitung im Büro, wo der Computer verschiedenste Aufgaben der Organisation und Speicherung erfüllt.

Hätte es vor dreißig Jahren einen »Club of Rome« gegeben, dann hätte er damals »beweisen« können, daß es keine Möglichkeit gibt, die komplizierten Verwaltungsaufgaben, die heute auftreten, zu bewältigen, und daß es somit in allen möglichen Bereichen der Versorgung, des Verkehrs, des Tansportwesens, des Finanzhaushalts, der Industrie usw. zu einem Zusammenbruch, zu einem Chaos kommen müßte. Geht man in der Geschichte der Menschheit zurück, so stellt man fest, daß die neuen Aufgaben (die insbesondere durch die progressive Vermehrung der Menschen erwachsen) nie mit den alten Mitteln, sondern stets durch technische Innovation gelöst wurden. Das Verwaltungschaos wurde uns nicht vorhergesagt, und somit hatte niemand Anlaß, sich davor zu fürchten. So übersieht man leicht, daß der Computer für den Bestand unserer Zivilisation lebenswichtig ist; die dadurch gegebene Abhängigkeit ist außerordentlich bedenklich. Sie zeigt sich schon, wenn einmal der Computer des elektrischen Stromnetzes ausfällt – wie es in New York einmal der Fall war – mit allen gefährlichen Folgen, die man sich leicht ausmalen kann: Ausfall aller Nachrichtennetze, Stillstand der Heizungen und Klimaanlagen, Zusammenbruch des Schienenverkehrs, eine akute Notlage in Spitälern usw. Ein Wehrexperte hat darauf hingewiesen, daß die Vernichtung einiger wichtiger Computer genügen würde, um ein Land zum Widerstand unfähig zu machen. Dazu bedarf es nicht einmal eines Bombenangriffs – es genügt auch, einige informierte Agenten einzuschleusen, die im richtigen Augenblick auf die richtigen Knöpfe drücken.

Sabotageakte, über den Computer veranlaßt – daraus könnte eine neue Art der Kriminalität entstehen, obwohl bisher kaum etwas über Versuche dieser Art bekanntgeworden ist. Als verhältnismäßig harmlos muß man es bezeichnen, wenn sich gekündigte Datenexperten durch unerlaubte Eingriffe in die Programme an ihren Firmen rächen. Ein Franzose gab seiner Anlage, bevor er sich von ihr trennte, den Befehl ein, nach einer Frist von zwei Jahren sämtliche Daten zu löschen. Auch eine amerikanische Versicherungsangestellte vernichtete sämtliche Daten ihrer Firma und verursachte einen Schaden von 10 Millionen Dollar. Manipulationen solcher Art sind schwer nachzuweisen, und selbst wenn dies gelingt, ist noch keineswegs gesagt, ob man den Schuldigen überhaupt findet und ihm außerdem noch seine Tat nachweisen kann.

Das gilt auch für die typischen Fälle von Computerkriminalität, bei denen Eingriffe in das Computersystem zur illegalen Bereicherung dienten. Als die ersten Fälle von Betrugsversuchen und Täuschungsmanövern durch Fälschung von Daten und Veränderung von Programmen bekannt wurden, kamen manche Täter sogar ungeschoren davon, weil sie keine Menschen, sondern Maschinen »betrogen« hatten, und das war damals – nicht strafbar. Inzwischen haben sich Gesetzgebung und Behörden auf diese neue Art des Verbrechens eingestellt – und mußten dabei völlig neue Erfahrungen machen: Nicht weiter überraschend war es etwa, daß auch der beste Kriminalist den Computersystemen und -experten hilflos gegenübersteht, wenn er einen einschlägigen Fall aufzukären hat; inzwischen gibt es auch bei der Polizei Fachleute, die den unkonventionellen Anforderungen gewachsen sind. Eine weitere Erfahrung, selbst für Psychologen, ist die Tatsache, daß an der Computerkriminalität nicht nur untere Angestelltenschichten beteiligt sind, sondern auch jene der Managerebene mit hohen und höchsten Führungskräften. Es ist nicht ausgeschlossen, daß sich die Beteiligten der Schwere ihres Delikts gar nicht so recht bewußt sind, vermutlich vor allem deshalb, weil ihren Aktivitäten die physische Komponente fehlt – es ist ja nichts Physisches, das auf unerlaubte Weise den Besitzer wechselt, sondern etwas, was nur in Form von Zahlen und Zeichen vorliegt – Daten, Informationen, allenfalls Eintragungen auf Abrechnungen und Bankbelegen. In der Frühzeit der Computerkriminalität wurde ein Datendieb sogar freigesprochen, weil er ein eigenes Magnetband benutzt hatte, um sich den Speicherinhalt des ihm anvertrauten Computers auszugeben; somit lag also gemäß den damaligen Bestimmungen kein echter Diebstahl vor. Es könnte sogar noch einen weiteren Grund für den unerlaubten Eingriff am Datensystem geben: eine Art intellektuelle Herausforderung durch das System. Der Programmierer befindet sich auch bei seiner normalen Arbeit stets in einer Art Konkurrenz mit der datenverarbeitenden Anlage, in manchen Fällen scheint es geradezu nötig, den Computer zu überlisten, damit er ein Programm annimmt. So bedeutet es umgekehrt eine Genugtuung, einen Fehler im System aufzudecken – und wenn sich dieser noch dazu verwenden läßt, um nur in Datenlisten existierende Geldbeträge auf das eigene Konto zu überweisen, dann ist die Versuchung groß.

Es gibt verschiedene Möglichkeiten, Datenverarbeitungsanlagen für Betrug und Diebstahl zu benutzen. Ulrich Sieber, Jurist am Institut für Kriminologie der Universität Freiburg und erster deutscher Experte für Computerverbrechen, unterscheidet vier Arten des Eingriffs:

die Manipulation von Daten; Eingabe falscher Daten, Veränderung und Austausch von Daten,

unberechtigte Aneignung und Verwertung von Daten (Computerspionage),

die Vernichtung von Daten (Computersabotage),

Schwarzarbeit am Computer – unberechtigte Benutzung der Anlagen.

Gewiß ist Computerkriminalität um nichts besser, als es andere Arten von Wirtschaftsverbrechen sind – wenn dabei auch keine Schüsse knallen und kein Blut fließt. Vielleicht ist das die Entschuldigung dafür, daß man manche der Fälle, in denen es wieder einmal gelungen ist, einen Computer zu übertrumpfen, mit gewissem Schmunzeln zur Kenntnis nimmt – als Beispiele einer neuen Art origineller Gaunerkomödien.

Eine der frühesten Arten betrügerischer Datenmanipulation beruht auf Zinsberechnungen, bei denen sich immer wieder Teilbeträge von Cents oder Pfennigen ergeben. Normalerweise wird dann auf- oder abgerundet, manchmal werden aber Dezimalzahlen nach dem Komma auch abgeschnitten. Gewiß sind es winzige Beträge, um die es hierbei geht, doch wenn man die im Laufe von Wochen und Monaten zusammenkommenden Rundungsdifferenzen addiert, dann ergeben sich ganz erhebliche Summen. Einige Programmierer ließen sich diese auf ihr Konto buchen, in einigen Fällen erbeuteten sie nahezu eine halbe Million Dollar.

Zu den beliebtesten Tricks gehört es auch, den Computer zu Honorarzahlungen oder sozialen Leistungen zu veranlasssen, die einem nicht zustehen. Ein Angestellter im Arbeitsamt ließ für sich, seine Braut und seinen zukünftigen Schwiegervater nicht existierende Kinder eintragen und kassierte über 21 000 DM als Kindergeld. Da er mit dem Ergebnis zufrieden war und die Methode funktionierte, »erfand« er weitere Kinder – diesmal auch für die über 80jährigen Großeltern seiner Braut – und nahm noch einmal über 25 000 DM ein. An seiner Arbeitsstelle hatte er Gelegenheit, die an Kontrollinstanzen geschickten Listen selbst so zu frisieren, daß sie harmlos wirkten. So war es ein Zufall – ein Vorgesetzter hatte in einem privaten Gespräch von den hohen Kindergeldanweisungen erfahren –, daß man dem Betrüger auf die Spur kam.

Die beste Methode, sich über ein Datenverarbeitungssystem auf unerlaubte Weise zu bereichern, scheint es immer noch zu sein, innerhalb von kurzer Zeit möglichst viel Geld auf das eigene Konto zu transferieren und sich dann aus dem Staub zu machen. Nach diesem Schema arbeitete beispielsweise der Programmierer eines Supermarktes, der dem Konto eines Komplizen über 30 Millionen DM zukommen ließ – durch über den Computer gegebene Anweisungen an die Zentrale. Andere Betrüger wieder investieren viel Einfallsreichtum in Verfahren, mit denen sie die Konten ihrer Arbeitgeber über längere Zeit hinweg erfolgreich anzapfen können. Ein mit der Datenverarbeitung vertrauter Angestellter dachte sich sogar eine Art Zweitausgabe seiner Firma aus, in der dieselben Transaktionen abliefen wie in der wirklichen, nur mit dem Unterschied, daß etwas weniger Gewinn eingebracht wurde. Seinem Arbeitgeber zeigte der Betrüger natürlich nur die schlechteren Bilanzen, und so fiel es nicht weiter auf, daß er sich die Differenzbeträge selbst anweisen ließ. Besonders raffinierte Gauner verwenden dazu nicht ihre eigenen Bankverbindungen, sondern Auslandskonten, Scheinfirmen usw.; in einzelnen Fällen konnte man den betrügerischen Angestellten ihre Vergehen nicht nachweisen – sie hatten das Geld von anonymen Konten stets nur in Verkleidung, mit Brillen und Perücken angetan, abgehoben und konnten nicht einwandfrei identifiziert werden.

Ein lukratives Geschäft für Betrüger ist der Diebstahl von Daten. Es bereitet ja kaum Schwierigkeiten, die auf Magnetband gespeicherten Kundenlisten, Baupläne oder Programme zu kopieren und in der handlichen Form einer Kassette mit nach Hause zu nehmen. Auch hier ist der Übergang zwischen der erlaubten und der unerlaubten Manipulation verschwommen – beispielsweise, wenn ein Angestellter, der sich selbständig macht, Kundenadressen zur eigenen Verwertung mitnimmt. Im Grunde genommen tut dies jeder Vertreter, der zwar in der Branche bleibt, aber den Arbeitgeber wechselt. Bei welcher Zahl von Adressen beginnt der Diebstahl? Im Verlag, der die »Enyclopaedia Britannica« herausbringt, kopierten drei unredliche Mitarbeiter des Rechenzentrums eine Kundenkartei mit 3 Millionen Adressen und verkauften sie über eine Maklerfirma an ein Marketing-Unternehmen, das sie selbst gegründet hatten. Der Schaden wurde auf etwa 4 Millionen Dollar geschätzt.

Noch größere Werte können in Programmen stecken, die ihrerseits wieder in einer einzigen, dicht beschriebenen Magnetbandrolle Platz finden – eine Aktentasche genügt, um sie nach Hause zu tragen. Die Speicherkapazität eines Magnetbands ist enorm – man kann darauf 30 Millionen Zeichen unterbringen, was 15000 eng beschriebenen Schreibmaschinenseiten entspricht. Datendiebstahl läßt sich oft nur durch das Urheberrecht erfassen, und hier ist es wieder höchst schwierig, die Identität des gestohlenen mit dem ursprünglichen Programm zu beweisen. Sie müssen ja keineswegs in derselben Form gefaßt sein, genauso gut ist es möglich, den Wortlaut der Anweisungen, die Reihenfolge bestimmter Befehle, den Gebrauch von Abkürzungen usw. zu verändern, so daß lediglich nur noch das logische Gerüst übrigbleibt, um das es geht.

Nur wenige Delikte dieser Art werden aufgedeckt und noch weniger davon bestraft.

Einer der wenigen bekanntgewordenen Fälle betrifft ein Programm für Gehaltsabrechnungen an einer bestimmten IBM-Anlage; drei Programmierer eines Rechenzentrums hatten nahezu ein Jahr daran gearbeitet. Kurze Zeit danach tauchte auf dem Markt ein Programm auf, das demselben Zweck diente und ähnlich aufgebaut war – nur war es nun einem Computer der Firma Siemens angepaßt. Schließlich konnte man einem der Angehörigen des Programmiererteams nachweisen, daß er für die Konkurrenz gearbeitet und die Ergebnisse seiner offiziellen beruflichen Tätigkeit gleich übernommen hatte. Er wurde wegen unlauteren Wettbewerbs angeklagt, schließlich stellte man allerdings das Verfahren »mangels öffentlichen Interesses« ein.

Weitaus mehr Aufsehen erregte es vor einigen Jahren, als sich der französische Zoll die Kontennummern französischer Staatsbürger besorgt hatte, die im Schweizerischen Bankverein, Basel, Konten besaßen. Von der Schweiz aus gesehen ist es völlig legal, wenn ein Ausländer auf einer Schweizer Bank ein Konto eröffnet, von der anderen Seite der Grenzen aus gesehen handelt es sich allerdings oft genug um Steuerhinterziehung oder Zollvergehen. Gegen entsprechende Belohnung war der Chefprogrammierer des Unternehmens, ein Franzose, bereit gewesen, die Kundenlisten zu kopieren. Im Anschluß daran quittierte er seinen Dienst beim Bankverein und ließ sich nicht mehr blicken.

Die Vernichtung von Daten zum Schaden ihres Besitzers hat zwar nicht die Bedeutung wie Computerbetrug, doch dient er gelegentlich als Mittel der Rache, der Erpressung oder der Sabotage.

Ein Fall von Erpressung mit Hilfe der Datenverarbeitung wurde aus den USA bekannt. Techniker eines Versicherungsunternehmens versuchten, Gehaltsforderungen durchzudrücken, indem sie den in den Nächten erfolgenden Austausch von Daten zwischen den Filialen verhinderten. Damals gab es dafür keine andere Strafe als eine Geldbuße – nach dem gleichen Gesetz, das die Belästigung durch obszöne Telephonanrufe betrifft.

Auch von einem Versuch, die im Rechenzentrum des Pentagons gespeicherten Daten zu vernichten, wird gesprochen. Der Computer sollte mit einem sogenannten »crash-Programm«, einem Spezialprogramm für die Löschung anderer Programme, zu einer Aktivität gezwungen werden, die mit Sicherheit nicht im Sinn der Benutzer lag.

Besonders verblüffend erscheint es, daß der Diebstahl von Daten auch aus der Ferne erfolgen kann – mit Hilfe der für Rechenzentren üblichen Fernübertragung. In den USA ist eine Art der Dienstleistung üblich, durch die ein Kunde über Telephon Verbindung mit einem Rechenzentrum herstellen kann, um dort Rechnungen durchzuführen oder Daten zu beziehen. In einem besonders krassen Fall entstand ein Schaden von ungefähr 6 Millionen Dollar, als ein »Interessent« von der Existenz eines für ihn recht wichtigen Programms erfuhr, das allerdings nicht ihm gehörte. Es gelang ihm, den Erkennungscode in Erfahrung zu bringen; damit war er in der Lage, sich das gewünschte Programm über die Telephonleitung zuspielen und auf seinem Datenendgerät ausdrucken zu lassen.

Auch der Diebstahl von Rechenzeit ist ein ungesetzliches Unterfangen, obwohl man auch hierbei die Grenzen schwer abstecken kann. Sind sie schon überschritten, wenn der Mitarbeiter eines Rechenzentrums ein Spielprogramm für den eigenen Gebrauch auf dem hauseigenen Computer schreibt? Muß man ihn belangen, wenn er während der Nachtstunden ein Programm für die eigene Gehaltsabrechnung laufen läßt? Oder muß es so weit gehen, wie es in einem deutschen Rechenzentrum geschah, wo sich einige Mitarbeiter zusammentaten, ein eigenes Dienstleistungsbüro gründeten und die ihnen erteilen Aufträge – ohne Erlaubnis des Besitzers – über dessen Computer erledigten. Auch auf diese Weise kann beträchtlicher Schaden entstehen, im vorliegenden Fall lag er bei rund 64 000 DM. Das liegt daran, daß Computerzeit nicht billig ist – bei größeren Systemen kann sie mehrere tausend Mark pro Stunde ausmachen. Auch hier sind sich oft die Beteiligten der Schwere ihres Delikts gar nicht bewußt, der ja nichts Materielles, sondern etwas Ideelles, nämlich die Zeit, zu betreffen scheint. Es geht ihnen ähnlich wie jenen, die widerrechtlich das Telephon ihres Arbeitgebers für private Zwecke benutzen, was sich nur durch unangenehme Sicherungsmaßnahmen verhindern läßt und deshalb da und dort sogar geduldet wird. Wenn man nicht gerade Gespräche nach Übersee führt, so erweist sich die Rechenzeit allerdings als weitaus teurer, und somit ist es bei der unerlaubten Benutzung eines Computers durchaus berechtigt, von Diebstahl zu sprechen. Wenn man zudem noch einige Vorkehrungen trifft, um Sicherungsmaßnahmen zu umgehen, dann wird Betrug daraus. So gibt es beispielsweise bestimmte Tricks, um einen zentralen Rechner über das reguläre Abschaltzeichen hinaus zu benutzen, wodurch die beanspruchte Computerzeit unberechnet bleibt. Recht raffiniert war auch die bei einem »Time-Sharing-Betrieb« angewandte Methode: eine überzählige, unerlaubte Datenendstation einzubauen. Unter Time-Sharing versteht man eine besondere Art der Zeitschaltung, wobei die verfügbare Computerzeit eines schnell arbeitenden Rechners auf verschiedene Benutzer aufgeteilt wird, und zwar dadurch, daß jeder nacheinander kürzeste Benutzungsintervalle zugewiesen bekommt, die er für die Durchführung seiner Aufgabe braucht. Ist der Rechner nicht voll ausgelastet, dann ergeben sich dazwischen Betriebspausen – und genau diese waren es, die der unbefugte Benutzer von seinem geheim installierten »Terminal« aus verwendete.

Mit dem Aufkommen der Computerkriminalität verstärkten sich natürlich auch die Bemühungen, mit ihr fertig zu werden. Immerhin schätzte noch 1981 ein amerikanischer Computerfachmann, daß lediglich ein Prozent aller über den Computer laufender Gesetzesübertretungen entdeckt werden und nur ein Siebentel davon zur Anzeige kommt. Die Chance, in den USA wegen Datendiebstahls vor Gericht gestellt und verurteilt zu werden, wird auf 33 : 1 geschätzt.

Inzwischen gibt es bereits Gruppen von hochqualifizierten Fachleuten, deren Spezialität es ist, Computersysteme unbefugt zu durchbrechen; sie werden als »Tigerteams« bezeichnet. Einer der bekanntesten Fachleute für Datenschutz, Gerome H. Saltzer vom MIT, meinte bei einem Vortrag anläßlich eines Datenschutz- und Datensicherungskongresses 1976 in Linz, daß bisher noch jedes Sicherungssystem geknackt worden sei, wenn das im Interesse finanzkräftiger Institutionen lag. Auf der anderen Seite aber haben sich – vor allem in den USA – auch schon Fachleute formiert, die sich mit der Entwicklung von Gegenmaßnahmen beschäftigen. Das System »Information Protection« ist zu einem eigenen Wissenschaftszweig geworden, dem sich u. a. Spezialisten des MIT und der Universität von Stanford widmen.

In Wirtschaft und Verwaltung ist man sich längst bewußt, welche Werte auch in immateriellen Besitztümern liegen, beispielsweise in Geschäftsberichten, Planungsunterlagen, Konstruktionsplänen, Forschungsprotokollen und dergleichen. Gewiß hat es früher auch Industriespionage gegeben und entsprechende Gegenmaßnahmen, doch die Umstellung der Unternehmen auf elektronische Datenverarbeitung zwingt dazu, die Problematik neu zu betrachten, speziell im Zusammenhang mit elektronischer Speicherung und Datenübermittlung.

Solange sich die Problematik auf den Wirtschaftssektor zu beschränken schien, fand sie in der Öffentlichkeit kaum Beachtung. In den letzten Jahren hat man allerdings erkannt, daß auch Daten anderer Art von potentiellem Wert sind, insbesondere auch jene, die die persönliche Situation jedes einzelnen Staatsbürgers betreffen. Damit sind Fragen verbunden, deren man sich lange überhaupt nicht bewußt war. Welche persönlichen Daten sind wertvoll und welche nicht, mit welchem Schaden ist zu rechnen, wenn Unbefugte solche Daten benutzen, um Vorteile zu erlangen? Ist es überhaupt möglich, bestimmte Daten für sich zu behalten, sie anderen Interessenten zu verweigern – da wir doch in einer sozialen Gemeinschaft leben, in der selbstverständlich jeder eine Menge über viele andere weiß?

Auch hier ist der Unterschied zwischen handgreiflichen Gütern und »geistigem Eigentum« eklatant! Während die Besitzverhältnisse bei allem, was in Form von Gegenständen vorkommt, völlig klar sind, herrscht bei jenen Gütern, die in den Rahmen des Begriffs »Information« gehören, merkliche Unsicherheit. Nur in einigen seltenen Fällen gibt es rechtliche Grundlagen, beispielsweise das Urheber- und das Patentrecht. Hier ist der Schutz des Gesetzes allerdings längst nicht so umfassend wie bei materiellem Besitz – so werden beispielsweise Patente genauso wie Urheberrechte nach gewissen Zeitspannen frei und können von jedem zum eigenen Vorteil verwendet werden. Fragen dieser Art betreffen seit neuestem auch alle jene Informationen, die in Computerspeichern aufbewahrt werden.

Die Diskussionen über Persönlichkeitsrechte, insbesondere in Verbindung mit personenbezogenen Daten, haben in den letzten Jahren mehrmals stattgefunden. Da dabei auch sehr heikle Punkte, beispielsweise im Hinblick auf die Beziehung des Bürgers zum Staat, zur Sprache kamen, beschränkten sie sich selten auf die nüchterne Beleuchtung der Fakten, sondern waren von weltanschaulichen Gegensätzen geprägt. Es geht aber durchaus nicht nur um Meinungen und Glaubensbekenntnisse, sondern um durchaus handfeste Fragen.

Es gibt mehrere Arten von Daten, die man kaum geheimhalten kann, dazu gehören Name, Beruf, Adresse. Selbst diese lassen sich von anderen auswerten, beispielsweise in Form von Listen, in denen Angehörige bestimmter Berufe zusammengefaßt sind.

Für bestimmte Unternehmen können ihre Adressen wichtig sein, etwa für solche, die bestimmte Handelsware, Berufskleidung und dergleichen an den Mann bringen wollen. In der Praxis von Versandhäusern ergeben sich weitere, ergänzende Daten, beispielsweise über die Bereitschaft bestimmter Haushalte, sich über den Versandhandel mit Gebrauchsgütern einzudecken. Listen dieser Art, die über Namen und Adresse hinaus noch eine gewisse Zusatzinformation enthalten, sind von kommerziellem Wert und werden von einschlägigen Firmen, den sogenannten »Adreßverlagen«, nach allen Regeln der Kunst gehandelt. Sie erzielen oft genug beachtliche Umsätze. Die Konsequenzen dieses Datenhandels bekommen wir alle zu spüren – wenn man uns mit Prospekten und Werbeschriften überhäuft, mit denen von der Schuhcreme bis zum Ferienflug so gut wie alles angeboten wird. Man kann den Erhalt dieser Schriften nun nicht gerade als schädlich bezeichnen, doch um eine Belästigung handelt es sich allemal.

Nun gibt es aber auch sogenannte »sensible« Daten, deren Bekanntwerden für den Betroffenen recht üble Folgen haben kann. Dazu gehören beispielsweise Informationen über Vorstrafen, über Krankheiten, über Neigungen und Gewohnheiten, die gegen den örtlichen Sittenkodex verstoßen. Oft genügt es schon, wenn sie sich in der Nachbarschaft und im Bekanntenkreis verbreiten, um eine Person aus der Gemeinschaft auszustoßen, sie Anfeindungen oder sogar Erpressungen auszusetzen. Aber selbst für jemand, der nichts zu verbergen hat, bedeutet es eine Verletzung der Intimsphäre, wenn Dinge bekannt werden, die andere nichts angehen. Darum gibt es schon seit Alters her Ansätze, Informationen dieser Art zu schützen, beispielsweise durch das Beichtgeheimnis oder die Schweigepflicht des Arztes.

Manchmal kann es aber auch zu Interessenkonflikten kommen, etwa dann, wenn es um Bewerbungen geht. Man muß es dem Arbeitgeber zugestehen, daß er über die berufliche Qualifikation des Bewerbers informiert sein will. Aber geht es ihn etwas an, ob der vorgesehene Mitarbeiter im Gefängnis war, ob er Alkoholiker ist, an Gedächtnisstörungen leidet? Selbstverständlich kann man der Firma die Angaben verweigern, riskiert aber dabei, nicht aufgenommen zu werden. Doch selbst, wenn das Personalbüro mit seinen Fragen zurückhaltend ist, so mag es durchaus vorkommen, daß Arbeitgeber Informationen über Arbeitnehmer sammeln und diese austauschen, sobald einer von ihnen den Arbeitsplatz wechseln will. An Problemen dieser Art ist zu erkennen, daß hier eine Rechtsunsicherheit besteht, die selbst durch Datenschutzgesetze nur unvollkommen beseitigt wird.

Nun sind alle aufgeworfenen Fragen, die im Zusammenhang mit personenbezogenen Daten stehen, keineswegs neu. Daß sie erst seit letzter Zeit bewußt geworden sind, liegt an nichts anderem als an der elektronischen Datenverarbeitung, am Computer. Mit seiner Hilfe ist es möglich, Daten in bisher undenkbarem Ausmaß zu sammeln, zu speichern und zu verwerten, und zwar sowohl was die Menge als auch was die Schnelligkeit des Zugriffs betrifft. Moderne Speichermedien haben einen äußerst geringen Platzbedarf – einmal eingegebene Daten können also beliebig lange aufbewahrt werden. Und mit Hilfe der Datennetze, durch die man die »Datenbanken«

verbindet, lassen sie sich weiter verzögerungsfrei an jede beliebige Stelle leiten. Zu guter Letzt verhilft die Datenverarbeitung auch noch zu einer besonders intensiven Auswertung, beispielsweise dadurch, daß man scheinbar belanglose Informationen zusammenlegt, um daraus eine entscheidende Einsicht zu gewinnen. Informationen über aufgenommene Kredite, Flugreisen, die verwendete Automarke, die Zahl der erfolgten Scheidungen und die Häufigkeit des Wohnungswechsels zusammengenommen ergeben vielleicht das Persönlichkeitsbild eines nicht unbedingt vertrauenswürdigen Menschen.

Aus Beispielen dieser Art ist zu ersehen, daß es vor allem die großen Institutionen sind, die durch die elektronische Datenverarbeitung eine besondere Machtposition erhalten haben – und von denen die Gefahr des Mißbrauchs ausgeht. Krankenkassen, Versicherungsanstalten, Banken gehören dazu, Institutionen, denen man zwar theoretisch die Informationen verweigern kann, sich aber dadurch praktisch von den wichtigsten sozialen Dienstleistungen ausschließt. Keinerlei Entscheidungsfreiheit bleibt einem freilich, wenn es der Staat selbst ist, der die Angaben verlangt, meist auf der Grundlage von langen Formularen, die man wohl oder übel ausfüllen muß, wenn man Wohnungen wechselt, Autos kauft, straffällig wird oder den »Familienstand« ändert.

Seit die Idee der Datenbank aufgetaucht ist, gibt es Warnungen vor dem Bürokratismus einer totalen Registratur, eines Computerstaats, der mit raffinierten Überwachungsmitteln, Mikrophonen und Fernsehkameras, nicht nur die Handlungen, sondern auch die Gedanken der Bürger kontrolliert. Schreckenerregendes Vorbild dafür ist Orwells »Großer Bruder« aus dem Roman »1984«. Genaugenommen bedarf es aber der angstauslösenden Mittel einer übersteigerten Spionagetechnik nicht, um Menschen zu manipulieren; manche Kritiker meinen, daß die totale Überwachung längst Wirklichkeit geworden ist, daß es für jeden von uns längst so etwas wie einen »Datenschatten« gibt, eine Art zweites Ich, das, mit allen wesentlichen Eigenschaften ausgestattet, in Form von magnetisch fixierten Zeichen existiert.

Auch hier wieder ergibt sich ein Dilemma. Der Staat und seine Verwaltungsstellen haben die Aufgabe, zum Wohl des Bürgers tätig zu sein, eine Aufgabe, für die auch persönlichkeitsbezogene Daten gebraucht werden. Auf der anderen Seite allerdings regt sich ein Verdacht, daß sich die computerunterstützte, amtlich autorisierte Datensammlung schließlich zu Exzessen auswachsen könnte, zu einer Überwachungsmaschinerie, die uns letztlich zum »Computerstaat« führt, in der alles kontrolliert und reglementiert ist.

Einer der kompetentesten Kritiker der Informationssysteme in der Bundesrepublik Deutschland, Prof. Wilhelm Steinmüller, Rechtswissenschaftler an der Universität Regensburg, meint beispielsweise, daß das auf Datenverarbeitung beruhende »Sicherheitssystem zum Sicherheitsrisiko für unsere freiheitlich-demokratische und soziale Grundordnung geworden« ist.

Da gibt es ein »Informationssystem der Polizei«, abgekürzt INPOL, das über rund 20 Großrechenanlagen verfügt. Terminals – Fernschreiber, Bildschirmausgabegeräte usw. – sind in den Dienststellen der Polizei, in Flughäfen, an Grenzübertrittsstellen und in Streifenwagen enthalten. INPOL besteht aus mehreren Teilsystemen mit besonderen Aufgaben und Fähigkeiten. Eines davon ist der »Zentrale Personen-Index«, abgekürzt ZPI, mit dem man innerhalb von drei Sekunden erfahren kann, wo über die erfaßte Person Angaben zu erhalten sind. Das System PIOS ist eine Art umfassendes Register über Personen, Institutionen und Objekte, die für den Staatsschutz wichtig sind. Das System zur »beobachtenden Fahndung« BEFA 7 richtet sich gegen Terroristen; die Voraussetzungen, unter denen jemand damit erfaßt wird, sind öffentlich nicht bekannt. 1982 wurde in Bayern das System DISPOL in Betrieb genommen, das »digitale Sondernetz der Polizei«, das das polizeiliche Fernschreibnetz mit dem Fahndungscomputer INPOL zusammenschließt.

Darf der bisher straffrei davongekommene Bürger noch hoffen, in den diversen Datensammlungen der Kriminalämter noch nicht erfaßt zu sein, so gilt das sicher nicht für andere Informationssysteme, beispielsweise jene des Meldewesens, des Sozialdatenbanksystems, bei Auto- und Führerscheinbesitzern auch das Kraftfahrt-Bundesamt, bei Angehörigen anderer Staaten und Staatenlosen schließlich das Ausländer-Zentral-Register. Dazu kommen noch Dateien bei den Finanzbehörden, bei Vorbestraften auch beim Bundes-Zentral-Register, bei Verkehrssündern die »Flensburger Kartei«. Elektronische Speicher haben natürlich auch die Versicherungen und Banken angelegt, und wenn man auch nur ein einziges Mal Kredit aufgenommen hat – schon der Antrag auf eine Kreditkarte genügt –, dann befindet man sich in den Listen der SCHUFA, der »Schutzgemeinschaft für allgemeine Kreditsicherung«, die über 22 Millionen Bundesbürger Informationen gesammelt hat – und sie gegen Entgelt an Bankinstitute weitergibt. Der Berufstätige steckt natürlich auch in der Kartei seines Arbeitgebers, der Student in jener der Universität, Angehörige von Gesellschaften und Vereinen sind in deren Speichern registriert, und selbst Bezieher von Zeitschriften sind elektronisch festgehalten – sofern der Vertrieb zumindest einen Homecomputer besitzt. Wer schon einmal eine Schiffsreise gebucht hat, steckt in den Computern der Schiffahrtsgesellschaft, wer geflogen ist, ist bei einer Fluggesellschaft registriert. Und auch alle jene, die, freiwillig oder nicht, von einer Umfrageaktion erfaßt wurden, können sicher sein, daß man ihre Daten kaum vergessen hat; zwar existiert ein Gesetz, das eine »Anonymisierung« der Daten vorschreibt, die für wissenschaftliche Zwecke aufgenommen wurden – alle unwesentlichen personenbezogenen Daten müssen also gelöscht werden, doch bleiben immer noch genügend übrig, um den einen oder anderen schließlich wieder im Netz der Daten zu fangen.

Diese Aufzählung ist keineswegs vollständig, aber sie dürfte genügen, um die Notwendigkeit von Maßnahmen begreiflich zu machen, mit denen der Bürger vor einer überhandnehmenden elektronischen Registrierung und Auswertung geschützt werden soll. Es bedurfte jahrelanger Vorbereitungen, ehe das deutsche Datenschutzgesetz 1978 in Kraft treten konnte. Es umfaßt 47 Paragraphen, die die Speicherung, Veränderung, Übermittlung und Löschung von Daten durch Vorschriften einengen. Insbesondere soll es personenbezogene Daten schützen, und zwar nicht nur solche, die von anderen Personen oder Gesellschaften, sondern auch von Behörden und anderen öffentlichen Stellen verwendet werden. Die Verarbeitung persönlicher Daten ist überhaupt nur erlaubt, wenn dies ein Gesetz oder eine ähnliche Rechtsvorschrift zuläßt oder wenn der Betroffene damit einverstanden ist. Natürlich wurden in das Gesetz auch verschiedenste Abschnitte aufgenommen, die die Aufsicht, Einspruchs- und Beschwerdemöglichkeiten, Zulassung und Verwaltung usw. betreffen. Als Anlage zum Paragraphen 6 werden eine Reihe von Maßnahmen aufgeführt, die von allen mit Daten beschäftigten Stellen zu treffen sind.

Insbesondere geht es dabei darum:

1. Unbefugten den Zugang zu Datenverarbeitungsanlagen, mit denen personenbezogene Daten verarbeitet werden, zu verwehren (Zugangskontrolle),

2. Personen, die bei der Verarbeitung personenbezogener Daten tätig sind, daran zu hindern, daß sie Datenträger unbefugt entfernen (Abgangskontrolle),

3. die unbefugte Eingabe in den Speicher sowie die unbefugte Kenntnisnahme, Veränderung oder Löschung gespeicherter personenbezogener Daten zu verhindern (Speicherkontrolle),

4. die Benutzung von Datenverarbeitungssystemen, aus denen oder in die personenbezogene Daten durch selbsttätige Einrichtungen übermittelt werden, durch unbefugte Personen zu verhindern (Benutzerkontrolle),

5. zu gewährleisten, daß die zur Benutzung eines Datenverarbeitungssystems Berechtigten durch selbsttätige Einrichtungen ausschließlich auf die ihrer Zugriffsberechtigung unterliegenden personenbezogenen Daten zugreifen können (Zugriffskontrolle),

6. zu gewährleisten, daß überprüft und festgestellt werden kann, an welche Stellen personenbezogene Daten durch selbsttätige Einrichtungen übermittelt werden können (Übermittlungskontrolle),

7. zu gewährleisten, daß nachträglich ermittelt werden kann, welche personenbezogenen Daten zu welcher Zeit von wem in Datenverarbeitungssysteme eingegeben worden sind (Eingabekontrolle),

8. zu gewährleisten, daß personenbezogene Daten, die im Auftrag verarbeitet werden, nur entsprechend den Weisungen des Auftraggebers verarbeitet werden können (Auftragskontrolle),

9. zu gewährleisten, daß bei der Übermittlung personenbezogener Daten sowie beim Transport entsprechender Datenträger diese nicht unbefugt gelesen, verändert oder gelöscht werden können (Transportkontrolle),

10. die innerbehördliche oder innerbetriebliche Organisation so zu gestalten, daß sie den besonderen Anforderungen des Datenschutzes gerecht wird (Organisationskontrolle).

Diese Sätze sind insofern bedeutungsvoll, weil sie dem Benutzer der Daten auch die Verantwortung für deren Sicherung auferlegen. Eine Behörde hat also beispielsweise dafür zu sorgen, daß kein Unbefugter zu den von ihr festgelegten Daten Zugriff hat, ebenso muß der Arzt seine Patientenkartei schützen und der Rechtsanwalt die Unterlagen über den von ihm geführten Prozeß. Nun kann man es freilich als ausreichende Sicherheit ansehen, wenn die Patientenkartei oder die Prozeßakten in einem verschlossenen Raum, vielleicht sogar in einem Tresor aufbewahrt werden. Eines Tages allerdings muß man sie herausholen, und damit ergeben sich auch verschiedenste Möglichkeiten des Zugriffs von anderer Seite. Bedient man sich einer Übermittlung über Telesysteme, beispielsweise Telephon oder Funk, dann ist unter Umständen sogar damit zu rechnen, daß die modernen Mittel der Abhorchpraktiken eingesetzt werden. Immerhin – das Gesetz verlangt die Sicherheit nur in angemessenem Rahmen, und so muß sich jeder selbst fragen, wie groß die Gefahr eines Mißbrauchs der Daten ist – für den er dann vielleicht zur Verantwortung gezogen wird. Aber selbst für Bewerbungsunterlagen, Krankenberichte, Verkehrsdelikte, Prüfungsergebnisse u. dgl., insbesondere wenn sie zentral gespeichert sind, wird sich ein gewisser Aufwand an Sicherheit zweifellos rechtfertigen.

Um dem Datenschutzgesetz zur Wirkung zu verhelfen, wurden vielfache Kontrollstellen – Personen und Institutionen – eingesetzt. Es gibt betriebliche Datenschutzbeauftragte, Angestellte eines Unternehmens oder auch frei beauftragte Rechtsanwälte, die auf die Einhaltung der Bestimmungen achten sollen. Für die Arbeitnehmer ist der Betriebs- bzw. Personalrat zuständig, da er sich um alle Rechte der Angestellten und Arbeiter, speziell also auch jene, die ihm der Datenschutz zuspricht, kümmern muß. Selbstverständlich steht jedem Betroffenen auch der Weg über die Gerichte offen. Es gibt Länderdatenschutzbeauftragte, in Rheinland-Pfalz eine Datenschutzkommission des Landtags, und, als oberste Instanz, den Bundesbeauftragten für den Datenschutz mit Amtssitz in Bonn. Der als erstes eingesetzte oberste Datenschützer ist Prof. Dr. Hans Peter Bull, der sich nun einer Aufgabe gegenübersieht, die sich in der Zeitspanne einer beruflichen Tätigkeit kaum lösen läßt. Überdies hat sich bald herausgestellt, daß das Datenschutzgesetz einige Unklarheiten und Lücken umfaßt, die durch eine Revision bald beseitigt werden sollten. Etwas deutlicher ausgedrückt: In manchen seiner Bestimmungen ist das Gesetz so allgemein gefaßt, daß es sich leicht umgehen läßt. Es wird nötig sein, für spezielle Bereiche gültige Sonderregelungen vorzunehmen, die in bestimmten Fällen Ausnahmen oder auch Verschärfungen einführen. Die Notwendigkeit solcher bereichsspezifischer Regelungen sind leicht einzusehen; so bedarf beispielsweise eine Gesundheitsbehörde anderer persönlichkeitsbezogener Daten als die Polizei, und diese geht es meist nichts an, was im Gesundheitsamt über die Leiden und Gebrechen eines Bürgers registriert ist. Es muß somit festgesetzt werden, welche Art von Daten der Gesundheitsbehörde, der Polizei oder auch anderen Behörden zusteht und welche nicht; dadurch könnte die Intimsphäre des einzelnen erheblich besser geschützt werden – denn der freie Datenaustausch ist nicht nur zivilen Institutionen, sondern auch Behörden untersagt.

Mit dem Datenschutzgesetz werden ideelle Werte, die in einer immateriellen Form vorliegen, erheblich besser geschützt, als das bisher üblich war – selbst wenn manche Kritiker mit den dadurch veranlaßten Maßnahmen noch längst nicht zufrieden sind. Bei den Diskussionen bleibt allerdings meist ein wichtiger Aspekt unberücksichtigt, der Voraussetzung für die Durchführung der gesetzlichen Bestimmungen in der Praxis ist. Mit Vorschriften allein ist es ja nicht getan, es muß stets auch die Mittel dazu geben, ihnen nachzukommen. Nun erfaßt das neue Gesetz keineswegs nur jene Daten, die in den Speichern der Computer festgehalten sind, sondern auch die altbewährten Karteien, die aufgestapelten Aktenordner, die Stöße von ausgefüllten Formularen, die man im Tresor einschloß, wenn dies wichtig schien. Im Zeitalter der Computer und Datenbanken sieht die Aufgabe des Datenschutzes natürlich erheblich anders aus. Welche Maßnahmen sind nötig, welche Mittel würden die Anforderungen der gesetzlichen Bestimmungen erfüllen, denen gemäß auch Unmengen von Daten gesichert werden müssen, an deren Schutz früher sicher niemand gedacht hätte?

Der Einsatz von Großrechnern erfolgt heute meist innerhalb von Verbundnetzen. Damit ist gemeint, daß die zentrale Einheit mit mehreren Außenstellen, den sogenannten Terminals, verbunden ist, von denen Zugriff zur Recheneinheit und zu den Speichern besteht. Manche Außenstationen sind selbst leistungsfähige Rechenanlagen, und oft genug sind auch mehrere Zentraleinheiten aneinander angeschlossen. Als Übertragungswege werden meist Leitungen benutzt, über weitere Strecken hinweg jene des allgemeinen Telephonnetzes. Sie alle sind gegen den Zugriff von unbefugter Seite so gut wie ungeschützt. Dabei geht es nicht nur um das Abfangen von Nachrichten und Daten, sondern auch um deren Veränderung und Verfälschung. Dadurch werden außerordentlich raffinierte Betrugsmanöver möglich, die schwer zu erkennen und nachzuweisen sind. Der Schutz der Information muß nicht nur gegenüber Außenstehenden gewahrt bleiben, sondern auch gegen den unberechtigten Eingriff von innen her. Das läßt sich nur dadurch erreichen, daß möglichst nur die direkt beteiligten Personen an die Daten herankommen.

Die bisher gebräuchlichen Methoden der Sicherung sind noch recht bescheiden. Es handelt sich um sogenannte Paßwort-Systeme und Zugriffstabellen, im Grunde genommen also um unter Verschluß gehaltene Schlüsselwörter, die einzugeben sind, um sich für die Datenentnahme zu legitimieren. In einer streng geheim gehaltenen Studie für militärische Auftraggeber der Ottobrunner »Industrie-Anlagen-Baugesellschaft« wird mit Nachdruck darauf hingewiesen, daß solche Maßnahmen unzulänglich sind.

Die Konsequenz aus diesen Erfahrungen steht fest: Dateien bieten keine echte Sicherheit, wenn die Daten im Klartext vorliegen. Die Lösung dieses Problems liegt zweifellos in einer Verbindung der Erfahrungen aus der Kryptologie und dem Datenschutz spezieller Art, wie er heute im Zusammenhang mit der Datenverarbeitung zur Diskussion steht. Daten, die wirklich gesichert werden müssen, wird man also künftig nicht im Klartext, sondern in einer irgendwie verschlüsselten Form aufbewahren und übermitteln. Die Verzahnung der beiden Techniken bringt keine prinzipiellen Schwierigkeiten mit sich. Auch bei der elektronischen Datenverarbeitung üblicher Art arbeitet man mit dem Prinzip der digitalen Verschlüsselung; das Codieren und Decodieren gehört sogar zu den meist ausgeübten Routinehandlungen des elektronischen Datenbetriebs. Es bedarf also nur noch des Einfügens entsprechender Zusatzgeräte, die die Verschlüsselungen jener speziellen Art vornehmen, wie sie für Geheimhaltungszwecke nötig sind. Dieser Aufgabe entsprechende Verfahren wurden in letzter Zeit entwickelt und bedürfen nur noch ihrer Einführung in die Praxis.

Im militärischen und diplomatischen Bereich dürfte dieser Schritt bereits vollzogen sein, durch die Einführung des Datenschutzes in andere Lebensbereiche ergibt sich aber auch eine entscheidende Wende für die Stellung von Schlüsselgeräten aus der Sicht der Öffentlichkeit. Hat sich ihr Gebrauch bisher auf begrenzte Kreise militärischer, polizeilicher und diplomatischer Institutionen beschränkt, so steht nun ein großer Schritt in die Öffentlichkeit bevor. Wenn jedem Benutzer von Daten die Verantwortung für deren Schutz auferlegt ist, so wird man um den Einsatz von Schlüsselgeräten nicht herumkommen – sie werden Gegenstände des täglichen Gebrauchs werden wie elektrische Schreibmaschinen und Telephone.

Dieser Umstellung kommt die schon oft erwähnte progressive Entwicklung der Elektronik entgegen, die zu einer Verkleinerung und Verbilligung der Geräte führt. Ein besonderer, selbst von den Fachleuten nicht vorhergesagter Trend drückt sich durch den Siegeszug der Taschenrechner und Mikroprozessoren aus. Auf diese Weise kommen Rechenkapazitäten auf den Markt, die sich mit jenen mittlerer Computer der sechziger Jahre vergleichen lassen, die aber lediglich das Volumen von Zigarrenkisten und die Preise von Kassettenrecordern haben. Dadurch ergibt sich ein Trend zur Dezentralisierung der elektronischen Datenverarbeitung – ganz entgegen den Erwartungen der Fachleute liegt die Zukunft vielleicht doch weniger im Zusammenschluß riesiger Datennetze, sondern in der Bildung kleinerer, privater, voll auf persönliche Bedürfnisse ausgerichteter Rechen- und Speicherkapazitäten.

Große Verschlüsselungsgeräte haben heute Preise ab 20000 Mark, Tischschlüsselgeräte werden für 6000 Mark aufwärts angeboten, und Taschenschlüsselgeräte kosten zwischen 15000 und 100000 Mark. Das sind aber noch Preise, die sich auf kleine Serien für begrenzte Interessengruppen beziehen. Werden diese Geräte erst einmal für den allgemeinen Gebrauch gebaut, so dürften sich die Kosten auf einen Bruchteil reduzieren.

Wir leben im Zeitalter der Elektronik und Datenverarbeitung. Im Computer steht uns ein Hilfsmittel zur Verfügung, das unglaubliche Möglichkeiten bei der Beschaffung und Auswertung speicherbaren Wissens ergibt. Die Systeme der Kommunikation erlauben die Weiterleitung von Nachrichten ohne Zeitverlust rund um die Erde, und so ist es – heute schon und erst recht in nächster Zukunft – prinzipiell jedem möglich, am allgemeinen Wissen teilzuhaben und davon zu profitieren. Wie es aber bei jedem technischen Fortschritt der Fall ist – die neuen Mittel und Methoden stehen nicht nur jenen zur Verfügung, die zum Wohle der Allgemeinheit vernünftigen Gebrauch davon machen wollen, sondern auch den andern, denen es um die Befriedigung persönlicher Interessen auf Kosten der übrigen geht. Es wäre aber nicht weise, deshalb auf die Nutzung der neuen technischen Mittel zu verzichten.

11
Die höhere Mathematik der Chiffren

Jahrhunderte, ja Jahrtausende hindurch waren die Methoden des Chiffrierwesens einigen wenigen Trägern von Machtpositionen vorbehalten, während der normale Bürger nie sicher sein konnte, ob sein Besitz an privaten Daten nicht von andern verletzt würde. Gerade den Einsatz von Computern hat man als den endgültigen Übergang zur allumfassenden Überwachung gesehen, wie sie Orwell für das Jahr 1984 vorausgesagt hat. Bemerkenswerterweise sind es gerade die Mittel der Elektronik, insbesondere die Mikroprozessoren, die jedem von uns, der daran interessiert ist, Mittel an die Hand geben, um sein geistiges Eigentum ausreichend zu sichern. Entscheidende Voraussetzungen dazu kamen von einigen Mathematikern, die mit neuen Ideen erheblichen Aufruhr hervorriefen – und das nicht nur in Kreisen von Kryptologen.

Grundlegend für die neu entstandene Situation sind veränderte Auffassungen über kryptologisch gegebene Sicherheit – den Schutz gegen den Zugriff von Unbefugten. So war es beispielsweise bis noch vor wenigen Jahren für jeden Benutzer kryptographischer Geräte selbstverständlich, daß er allein über die von ihm eingesetzten Modelle verfügte. Diese Voraussetzung ist heute nicht mehr haltbar, aber – wie sich beweisen läßt – auch nicht mehr nötig. Es gibt zwar noch Produktionsstätten, die im Auftrag von Regierungen arbeiten und ihre Produkte nur der eigenen Seite zur Verfügung stellen; trotzdem kann natürlich niemand völlig sicher sein, daß nicht eines der Geräte doch einmal dem Gegner in die Hände fällt. Andererseits aber gibt es heute viele Firmen, die Schlüsselgeräte raffiniertester Bauart für den allgemeinen Gebrauch herstellen und anbieten; jeder, der daran Bedarf hat, kann eines erwerben. Die Abnehmer und Benutzer dieser Geräte müssen also damit rechnen, daß auch die Seite, vor der sie ihre Geheimnisse schützen wollen, über dieselben Modelle verfügt. Daraus ergibt sich die Aufgabe, die Geräte derart zu bauen, daß ihr Besitz allein nicht zu einer erfolgverheißenden Krypto-Attacke genügt. Die Mathematiker haben nun nachgewiesen, daß es prinzipiell möglich ist, Schaltsysteme zu entwerfen, mit denen sich diese Forderung erfüllen läßt. Das dabei verwendete Prinzip ist folgendes: Das Chiffrierverfahren – durch die Schaltung des elektronischen Geräts realisiert – ist allgemein bekannt und braucht nicht geheimgehalten zu werden. Es muß in der Lage sein, eine so große Zahl verschiedener und gleichwertiger Chiffriermöglichkeiten zu bieten, daß beispielsweise das Ausprobieren verschiedener Kombinationen keinerlei Anhaltspunkte liefert. Noch wichtiger aber ist eine komplizierte mathematische Grundlage – so daß sich auch nicht so leicht mathematische Kunstgriffe finden lassen, um dem Chiffrierverfahren auf den Grund zu kommen.

Das, was geheimgehalten wird, ist der sogenannte Schlüssel, jetzt in einem engeren Sinn des Worts gebraucht. Man versteht darunter nur noch eine Kennzahl, die aus den praktisch unendlich vielen Möglichkeiten des Chiffrierens eine einzige auswählt. Da es also auf diesen Schlüssel ankommt, haben ihm die modernen Kryptomathematiker bevorzugte Aufmerksamkeit gewidmet. Noch eine weitere Kennzahl ist nötig, und zwar jene, die angibt, an welcher Stelle der Schlüsselkette die Nachricht und damit die Chiffrierung beginnt. Da der unbefugte Abhörer von der Kenntnis dieser Kennzahl nichts hat, kann sie unverschlüsselt durchgegeben werden. Bevor aber die in die jüngste Zeit reichenden mathematischen Aktivitäten zur Sprache kommen, soll noch einmal die Frage nach dem absolut unknackbaren Chiffrierverfahren aufgeworfen werden – zum Zweck späterer Beurteilung, wie weit man diesem Idealziel nahekommen kann. Überraschenderweise ist allgemein bekannt, wie man zu dieser unbrechbaren Chiffre kommt.

Zwischen 1921 und 1923 führten drei deutsche Kryptologen, der Mathematiker Werner Kunze, der Sprachwissenschaftler und Mathematiker Rudolf Schauffler und der als Chemiker ausgebildete Erich Langlotz ein neues Verschlüsselungssystem in den deutschen diplomatischen Dienst ein. Die Buchstaben des Alphabets waren dabei durch vierstellige Zahlen codiert. Sender wie auch Empfänger erhielten nun gleichlautende Tabellen von ebenfalls vierstelligen Zahlen, die nach einem Zufallsprinzip ausgewählt waren, als Grundlage von Chiffrierung und Dechiffrierung. Zunächst mußte vereinbart werden, an welcher Stelle einer solchen Tafel die Chiffrierung begann, und dann wurde der Klartext nach den im vorhergehenden Kapitel beschriebenen Verfahren in den Chiffretext umgewandelt – Vierergruppe für Vierergruppe durch Addition einer Schlüsselzahl nach der anderen. Der Empfänger zog nun die entsprechenden Zahlen wieder ab und hatte dann den Klartext vorliegen. Dieses System arbeitete einwandfrei.

Eine ähnliche Methode, die auf einer nur einmal angewandten ungeordneten Folge von Schlüsselzeichen – einem sogenannten »one time pad« – beruht, wurde auch von der Spezialeinheit des britischen Hauptquartiers in Bletchley Park im Zweiten Weltkrieg angewandt, und zwar um den Inhalt entzifferter deutscher Funksprüche weiterzugeben – eine Art von Nachricht, die verständlicherweise unter allen Umständen vor dem deutschen Zugriff gesichert werden mußte.

Und schließlich wurde ein entsprechendes Verfahren auch bei der als »red line« bekannten telegraphischen Verbindung zwischen den Regierungschefs in New York und Moskau verwendet.

Die Idee des »Zahlenwurms«, wie man den one time pad auch nennt, war auch in der Patentidee von Gilbert S. Vernam enthalten, weshalb diese Chiffriermethode auch gelegentlich nach ihm benannt wird. Trotzdem hat sie sich nicht durchsetzen können – ihre Nachteile liegen auf der Hand: Der Benutzer ist auf umfangreiche Schlüsseltabellen angewiesen, die vorher verteilt oder versandt werden müssen und somit leicht in falsche Hände geraten können. Und im mobilen Gebrauch, beispielsweise bei militärischen Einsätzen, wäre es höchst umständlich, umfangreiche Tabellenwerke mit sich zu schleppen. Somit erhebt sich die Frage, auf welche Weise es möglich sein könnte, der Idee der Zahlenwurmverschlüsselung möglichst nahe zu kommen, ohne auf lange Tabellen angewiesen zu sein.

Die Sicherheit dieser Methode beruht zweifellos auf der Verwendung von zufälligen Zahlenfolgen, also solchen, die völlig ungeordnet sind. Denn es sind ja stets Beziehungen irgendwelcher Art – beispielsweise die statistischen Gesetze der Sprache –, die Ansatzpunkte für die Entzifferung bieten. Nun stellt sich allerdings heraus, daß es gar nicht so einfach ist, die geforderten »völlig ungeordneten« Zahlenfolgen zu erzeugen. Selbst ein Mensch, der sich bemüht, »Unordnung« zu erzeugen, beispielsweise beim Eintippen von Buchstaben mit einer Schreibmaschine, folgt unbewußt bestimmten Regeln. Das kann man sogar mit Computern beweisen, die daraufhin programmiert sind, die Regeln der Buchstabenfolge zu analysieren und die Fortsetzung zu extrapolieren. Der Computer ist dann sogar imstande, die jeweils nächstfolgende Ziffer mit bemerkenswert großer Treffsicherheit zu »erraten«.

Welche Mittel stehen uns zur Verfügung, um einwandfreien Zufall hervorzubringen? Wie uns die Physik verrät, ist das genaugenommen nur in der Mikrowelt möglich, und zwar dort, wo sogenannte »Quantenprozesse« auftreten. Eine echte Zufallsfolge bieten beispielsweise die Zeitdifferenzen zwischen den Zerfallsprozessen von Atomkernen radioaktiver Stoffe. Auch das sogenannte elektronische Rauschen eignet sich, um echten Zufall hervorzubringen – die knisternden und knackenden Geräusche, die auf elektrische Mikroprozesse in der Atmosphäre zurückgehen und die man mit Hilfe von Antennen auffangen und verstärken kann. Jeder von uns kennt sie – man braucht dazu lediglich einen Radioapparat auf eine Frequenz einzustellen, auf der nicht gesendet wird, und ihn lauter als gewöhnlich aufzudrehen. Auch hier sind es die Zeitabstände einzelner Signale, die völlig ungeordnet und deshalb nicht berechenbar sind. Etwas Entsprechendes läßt sich an jedem Fernsehapparat demonstrieren – auch hier sucht man eine Frequenz, auf der kein Sender liegt. Die durcheinanderwirbelnden Punkte, die dann auf dem Bildschirm erscheinen, ergeben ein reines Zufallsmuster, in diesem Fall sogar ein flächenhaftes.

In der Praxis setzt man auch »Zufallsgeneratoren« ein, die aus dem Aspekt der theoretischen Physik zwar keinen reinen Zufall hervorbringen, die aber andererseits doch keinerlei Ordnung erkennen lassen und somit ihre Funktion zufriedenstellend erfüllen. Eine der einfachsten Methoden ist der Münzenwurf, wie man ihn etwa verwendet, um »Ankick« oder Platzwahl beim Fußballspiel auszulosen – es ist ein Zufallsgenerator, der nur zwei Werte, »Kopf« oder »Zahl«, hervorzubringen vermag, also in einem Dualsystem arbeitet. Wenn es nicht zu umständlich wäre, könnte man also den Münzwurf ohne weiteres für die Erzeugung von dualen Schlüsselworten verwenden. Ähnlich zufriedenstellende, wenn auch theoretisch nicht einwandfreie Zufallsgeneratoren sind Spielwürfel, Rouletterad und die vom Fernsehen bekannte Verlosungsmaschine für Lotto und Toto.

Offenbar stehen also doch genügend Hilfsmittel zur Verfügung, um einwandfreie »Zahlenwürmer« für die Vernam-Methode zu erzeugen. Um ein Chiffrierverfahren zu finden, das der Vernam-Methode möglichst nahe kommt, müßte man einen Weg finden, um außerordentlich lange, ungeordnet scheinende übereinstimmende Schlüsselfolgen beim Sender wie beim Empfänger zu erhalten. Am ehesten eignen sich dazu Rechenoperationen, mit denen sich relativ einfache Zahlen in höchst kompliziert scheinende Ausdrücke umformen lassen. Sender und Empfänger, die miteinander in Verbindung treten wollen, brauchen dann nichts anderes zu wissen, als eben diese Zahlen, die »Schlüssel« zu den entsprechenden Chiffren. Glücklicherweise bietet die Mathematik genügend Gelegenheit, um diese Forderung zu erfüllen. Ein Beispiel dafür ist die näherungsweise Berechnung von »Irrationalzahlen«. Es sind Zahlen, die, stellt man sie als Dezimal- oder Dualzahlen dar, unendlich lange Ziffernfolgen ohne Periode hinter dem Komma aufweisen. Ein Beispiel dafür ist der halbe Umfang des Einheitskreises, die Zahl, die wir normalerweise mit dem griechischen Buchstaben Pi kennzeichnen:

$$\pi = 3{,}141\,592\,653\,59\ldots$$

Ein anderes Beispiel einer Irrationalzahl liefert die Länge der Diagonale eines Quadrats mit der Seitenlänge 1:

$$\sqrt{2} = 1{,}4142135\ldots$$

Nach bestimmten mathematischen Anweisungen lassen sich beliebig viele Irrationalzahlen berechnen. Ist die Rechenanweisung bekannt, dann braucht man nur noch eine Zahl als Schlüssel zu kennen, die man dann der mathematischen Umsetzung unterwirft und daraus beliebig lange Zahlenfolgen errechnen kann. Obwohl sie natürlich Ausdruck eines bestimmten Zusammenhangs ist, läßt sie keinerlei Gesetzmäßigkeiten erkennen – man spricht daher von »Pseudozufall«. Auch bei dieser noch relativ einfachen Methode benötigt man noch eine weitere Kennzahl, die angibt, an welcher Stelle der Pseudozufallsfolge die Chiffrierung beginnt. Die Methode der Pseudozufallsgeneratoren ermöglicht den Einsatz von Schlüsseln, deren Mitteilung zur Aufbewahrung – verglichen mit den Zahlenwürmern – wenig Mühe bereitet. Mit ihrer Hilfe erhält man Schlüsselzeichenfolgen, die der Chiffrierung dienen; das kann im einfachsten Fall dadurch geschehen, daß man sie zu den mit Zahlen codierten Klartextbuchstaben addiert. In der Kryptographie ist allerdings der einfachste Weg kaum der beste, und so liegt es nahe, sich mit der Frage zu beschäftigen, nach welchen allgemeinen Bedingungen eine Chiffrierung überhaupt vor sich gehen soll.

Als im Ersten Weltkrieg die verantwortlichen Stellen des Chiffrierwesens feststellten, daß die von ihnen ausgesandten verschlüsselten Nachrichten immer wieder geknackt wurden, andererseits aber keine besseren Chiffriermethoden zur Verfügung standen, um diesem Zugriff zu entgehen, behalfen sie sich mit sogenannten »Produktchiffren«. Das dabei angewandte Prinzip ist es, einige Chiffrieroperationen nacheinander anzuwenden, so daß durch die Kombination ein System entsteht, das schwerer zu brechen ist als ein einzelnes Verfahren für sich allein. Ein solches System, das sich in der Praxis gut bewährte, war das schon früher erwähnte deutsche ADFGVX-System. Wichtiges Prinzip war dabei, Teile der Nachricht umzustellen und dann eine erneute Chiffrieroperation anzuwenden.

Diese Methode geriet in Vergessenheit, als zwischen den beiden Weltkriegen die ersten Rotormaschinen aufkamen, deren Algorithmus man lange Zeit für absolut sicher hielt. Erst die Erfahrungen des Zweiten Weltkriegs zeigten, daß das Prinzip der Rotoren den modernen Methoden der »Codebrecher« nicht standhält, und so wurde die »Produktchiffre« auch theoretisch wieder interessant.

Mit der Frage einer mehrfachen Chiffrierung beschäftigte sich Claude E. Shannon in seiner Publikation »Communication Theory of Secrecy Systems«, die 1949 im »Bell System Technical Journal« erschienen ist. Er führt dort die beiden Begriffe »Konfusion« und »Diffusion« ein, zwei prinzipiell verschiedene Möglichkeiten, um Texte wie auch Nachrichten anderer Art zu chiffrieren. Dabei beschreibt die »Konfusion« die »Stärke« einer Chiffre, die durch – mehr oder weniger raffinierte – Substitutionsmethoden erreicht wird. Die »Diffusion« dagegen zeigt an, wie stark die Zeichen im Text durchmischt werden. Mittel dafür sind Transpositionsmethoden. Aus den Überlegungen von Shannon ergibt sich, daß jede Methode für sich gewisse Schwächen hat, daß es also empfehlenswert ist, Chiffriermethoden einzusetzen, in denen Konfusion und Diffusion kombiniert auftreten. Da die Chiffrieroperationen nun nicht nur nacheinander, sondern auch aufeinander bezogen angewandt werden, spricht man hier neuerdings vom »Blätterteig-Prinzip«.

Horst Feistel, Mitarbeiter des Thomas J. Watson Research Center der IBM, gab in einem vereinfachten Demonstrationsbeispiel eine gute Vorstellung vom Zusammenwirken von »Konfusion« und »Diffusion«. Sein System besteht aus zwei Arten von Bausteinen, und zwar erstens aus Substitutionsgeräten, die nach folgendem Schema arbeiten:

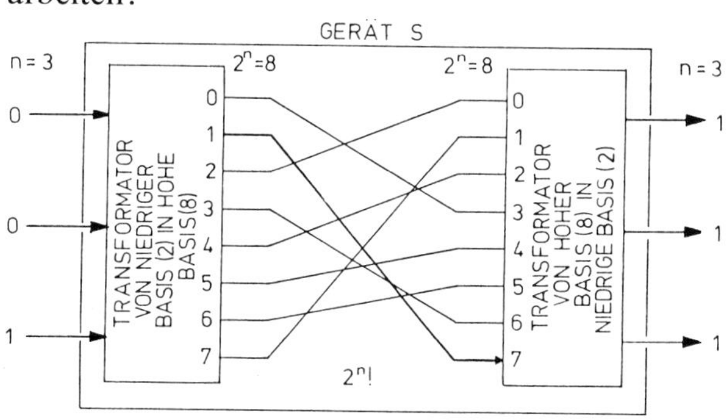

EINGANG	AUSGANG
000	011
001	111
010	000
011	110
100	010
101	100
110	101
111	001

Substitutionsgerät.
Zuerst wird eine dreistellige Dualzahl ($n = 3$) in eine Dezimalziffer zwischen 0 und 8 umgewandelt, dann erfolgt die Zuordnung zu einer anderen Dezimalziffer zwischen 0 und 8 – die Chiffrieroperation –, und schließlich wird diese wieder durch eine dreistellige Dualzahl ausgedrückt. Bei diesem Gerät ($n = 3$) sind 40 320 ($1 \cdot 2 \cdot 3 \cdot 4 \cdot 5 \cdot 6 \cdot 7 \cdot 8$) verschiedene Schaltverbindungen möglich. Jeder davon entspricht eine Zuordnungstabelle, wie sie beispielhaft angegeben ist.
(Nach Horst Feistel »Chiffriermethoden und Datenschutz«.)

Da dabei ein ganzer Block von Zeichen zugleich verschlüsselt wird, spricht man auch von einer »Blockverschlüsselung«, im vorliegenden Fall allerdings nur mit einem recht geringen, durch die Endziffer 3 beschriebenen Umsetzungsgrad. Zweitens setzt Feistel Permutationsgeräte ein, die nach folgendem Schema arbeiten:

Permutationsgerät zur Vertauschung von Dualzeichen innerhalb von 15 Stellen.

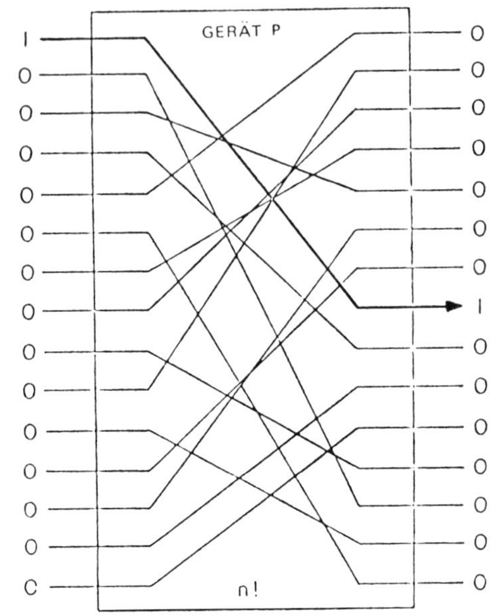

Sie beruhen auf »ein-eindeutiger« Basis, das heißt, jedem Zeichen auf der Eingangsseite wird ein einziges, bestimmtes auf der Ausgangsseite zugeordnet – eine einfache Vertauschung, wie sie schon aus den Anfangszeiten der Kryptologie bekannt ist. Das folgende Schema zeigt, wie »Konfusion« und »Diffusion« zusammenarbeiten und sehr rasch, schon nach wenigen Umsetzungsschritten, einen hohen Grad an Verwirrung bewirken.

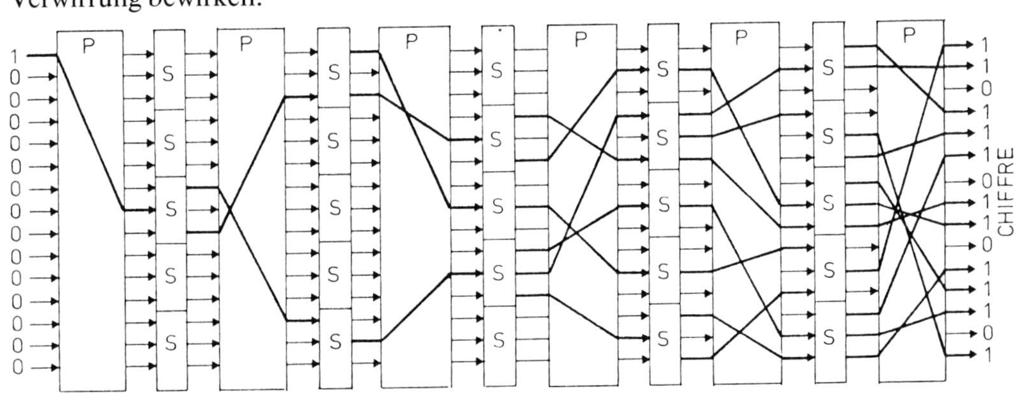

Beispiel für ein Produktchiffriersystem, eine Kombination von Substitutions- und Permutationsgeräten. (Abbildung oben und unten nach H. Feistel »Chiffriermethoden . . .«.)

Deutlich ist zu erkennen, daß es die Permutationsgeräte sind, die zur Ausbreitung der Wirkung führen, während die Substitutionsgeräte eine Art Lawinenwirkung hervorrufen. Schon nach einigen Umsetzungsschritten hat sich der Einfluß eines einzelnen Zeichens – im Schema ist es das Zeichen 1 – über den gesamten Block von 15 Zeichen verbreitet. Hat man es nicht mit einer so einfachen Eingabezahl wie 100000000000000 zu tun, dann würden die an den verschiedenen Stellen auftauchenden 0- und 1-Zeichen in komplizierter Weise zusammenwirken, sich gegenseitig beeinflussen. Trotzdem ist es möglich, alle diese verwickelten Prozesse wieder rückgängig zu machen, um den Klartext zu bekommen. Voraussetzung ist natürlich die Kenntnis der Chiffriermethode, die in diesem Fall durch das Umsetzungsschema der Permutations- und Substitutionsgeräte gegeben ist.

Unser Schema mit der Eingabezahl 100000000000000 liefert aber zugleich auch die Erklärung für jene »Schwäche«, die Systemen ohne »Diffusion«, reinen Substitutionsumsetzungen, zu eigen ist. Dann ist es nämlich leicht, die Chiffre – also die Verschaltung – zu ermitteln, und zwar eben dadurch, daß man dem System Zahlen eingibt, die aus einer einzigen Eins, sonst aber nur aus Nullen bestehen. Wurde nicht für »Diffusion« gesorgt, dann erscheint auch an der Ausgabeseite wieder eine nur aus einer einzigen Eins und sonst lauter Nullen bestehende Zahl. In der Regel allerdings wird die Eins ihre Position geändert haben, und damit ist bereits der für die Verschaltung charakteristische Umsetzungsweg – zunächst für die erste Stelle – aufgedeckt.

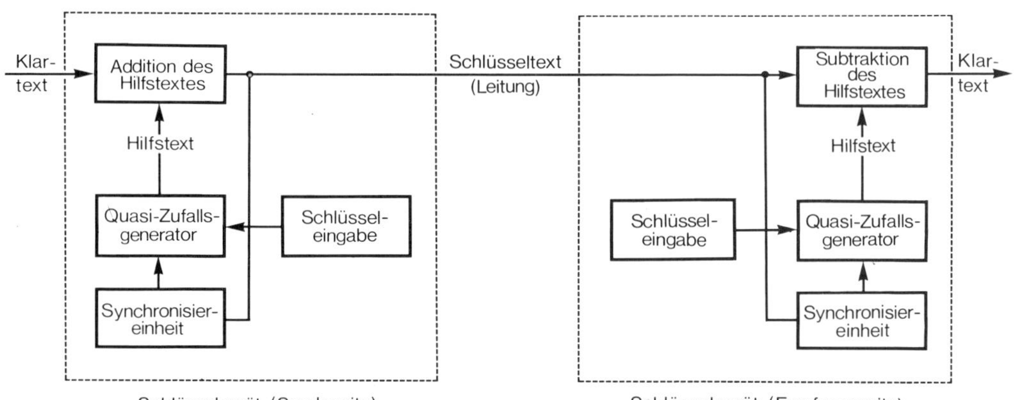

Aufbauschema eines modernen Chiffriergeräts; es zeigt die wichtigsten Einheiten als Blöcke dargestellt und die durch Pfeile gekennzeichneten Datenwege. (Nach Wolfgang Bitzer »Chiffriermethoden und Datenschutz«.)

Nun führt man dasselbe durch, wobei die Eins an der zweiten Stelle sitzt usw. – und schließlich ist es durch reines Durchprobieren, ohne Einblick ins Innere des Schaltsystems, gelungen, die Chiffrieroperation herauszukriegen. Diese Methode, »das System zu kitzeln«, wie es im Kryptologenjargon heißt, ist übrigens das typische Beispiel einer »Entzifferungsattacke«, eines Angriffs, der dem Chiffrieralgorithmus gilt. Er ist von der »Klartext-Attacke« zu unterscheiden, deren Ziel der Schlüssel und damit die Rekonstruktion des Klartexts ist; dazu muß allerdings normalerweise der Algorithmus selbst schon bekannt sein.

Das System LUZIFER, das die IBM Anfang der siebziger Jahre auf den Markt brachte, folgt im Prinzip den von Horst Feistel geschilderten Bedingungen. Extra wurde dafür Sorge getragen, daß Einstellungen, die einem Gegner das Knacken leicht machen könnten, von vornherein ausgeschlossen werden. Der Schlüssel, durch den die Zustände der S- und P-Geräte festgelegt sind, besteht aus Folgen von Dualzahlen, die in einer Loch- und Magnetkarte, über die nur der rechtmäßige Benützer verfügt, festgehalten sind. Das verwendete Schaltsystem zeigt starke Diffusion – kleine Fehler oder Störungen während der Übertragung haben eine Art Lawineneffekt, unter Umständen kommt die Nachricht beim Empfänger total verstümmelt an. Diese Eigenschaft brachte einen zunächst unerwarteten positiven Effekt mit sich: Zufällige oder beabsichtigte Fehler können rasch erkannt werden, es ergab sich also ein fälschungssicheres System.

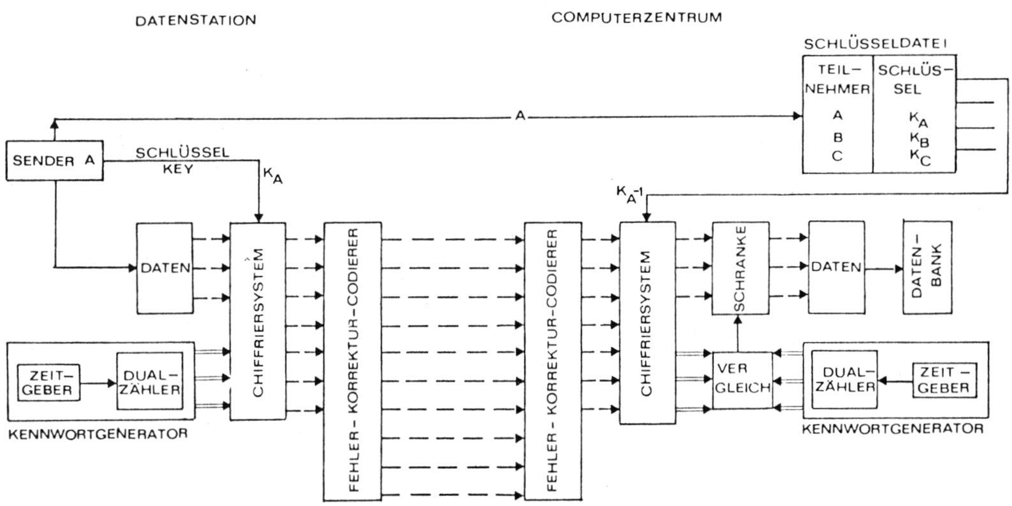

Elemente eines Verschlüsselungs-/Entschlüsselungssystems. Zur doppelten Sicherung (erzeugt durch Quasi-Zufallsgenerator) ist auch ein Kennwort eingeführt; dieses wird mit zur Chiffrierung benutzt. Auf der anderen Seite wird geprüft, ob das Schlüsselwort stimmt. Nur wenn das der Fall ist, setzt das System den empfangenen verschlüsselten Text in Klartext um. (Nach Feistel »Chiffriermethoden und Datenschutz«.)

Abbildung rechts: Schema der Verschlüsselung beim DES-System. Dabei bedeutet L die linke Blockhälfte, R die rechte Blockhälfte, als K_1 bis K_{16} sind die sechzehn Unterschlüssel bezeichnet, die aus dem Gesamtschlüssel abgeleitet werden, der aus 56 Dualzeichen besteht. Die Abkürzung f deutet den Verrechnungsprozeß an. (Nach G. Herrmann »Datensicherheit durch Verschlüsselung«, IBM.)

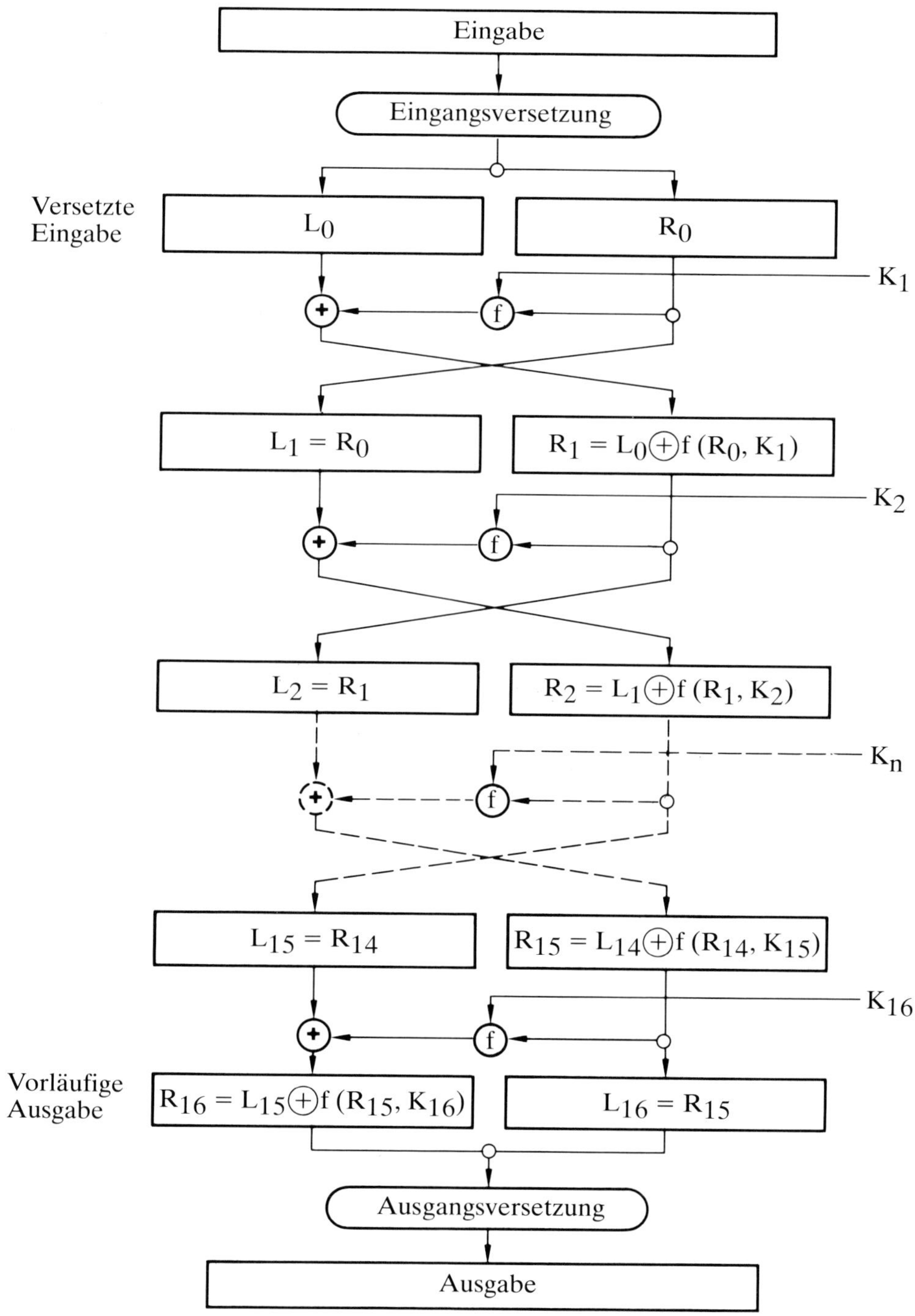
Eingabe
Eingangsversetzung
Versetzte Eingabe
L0
R0
K1
f
L1 = R0
R1 = L0 ⊕ f (R0, K1)
K2
f
L2 = R1
R2 = L1 ⊕ f (R1, K2)
Kn
f
L15 = R14
R15 = L14 ⊕ f (R14, K15)
K16
f
Vorläufige Ausgabe
R16 = L15 ⊕ f (R15, K16)
L16 = R15
Ausgangsversetzung
Ausgabe

In der Praxis wird diese Methode mit »Kennwörtern« benutzt, die als Blöcke in den Nachrichtenstrom eingeschoben werden. Kommen die Kennwörter auf der anderen Seite verstümmelt an, dann wird die Nachricht zurückgewiesen. Beim System LUZIFER wird als Kennwortgenerator eine duale Uhr verwendet, so daß als Kennwörter von beiden Seiten prüfbare Zeitangaben verwendet werden, vorausgesetzt, daß beide ihre Uhren genau synchronisiert haben.

Nimmt man etwas längere Kennwörter in Kauf, dann läßt sich auch ein Fehlerkorrekturcode anwenden. Er ist – in Abstimmung auf das verwendete Informationsübertragungssystem – so eingerichtet, daß zufällige Fehler, hervorgerufen etwa durch das elektronische Rauschen, automatisch beseitigt werden. Das gilt auch für Veränderungen der Kennwörter, so daß die Nachricht als echt aufgenommen wird. Fehler anderer Art jedoch, solche beispielsweise, die auf Irrtümern des Übermittlers beruhen oder die zu Täuschungszwecken eingeschleust wurden, werden von den zufälligen unterschieden und angezeigt.

Das System der IBM wird seit 1977 auch im deutschsprachigen Raum angeboten, und zwar in Form der beiden Verschlüsselungsgeräte IBM 3845 und 3846. Sie unterscheiden sich übrigens nur durch die äußere Form – im ersten Fall handelt es sich um ein Tischmodell, im anderen um eine Einschubeinheit. Es ist der Firma gelungen, auch das amerikanische National Bureau of Standards von einer Weiterentwicklung dieses Systems zu überzeugen. Unter dem Namen »Data Encryption Standard«, abgekürzt DES, wurde es öffentlich als Chiffriernorm zugelassen. Es ist dadurch gekennzeichnet, daß es mit Eingabeblöcken von je 64 Dualzeichen arbeitet. Zunächst wird jeder Block in sich versetzt und in zwei Hälften, eine linke und eine rechte, aufgeteilt. Jeder Teil wird für sich, in Abhängigkeit vom Schlüsselzeichen, in komplizierter Weise verrechnet. Nachher erfolgt eine Durchmischung der beiden Zwischenergebnisse. Nach insgesamt 16 Schritten ergibt sich ein erstes Resultat, das nun noch einmal versetzt wird.

Wenn ein unbefugter Interessent dieses Verschlüsselungssystem knacken will, muß er erstens die Chiffrieroperation kennen; das wird ihm nicht schwerfallen, da das Verfahren detailliert beschrieben wurde. Ferner muß er über große Mengen verschlüsselter und zugehöriger unverschlüsselter Daten verfügen. Und schließlich braucht er einen leistungsfähigen Computer für die Schlüsselberechnung. Damals, zur Zeit der Einführung des DES-Systems, wurde es von seinen Erfindern für praktisch unbrechbar gehalten. Sie argumentierten ungefähr folgendermaßen: Da es etwa 36×10^{15} Schlüsselvarianten gibt, benötigt ein unbefugter Interessent ungefähr 2300 Jahre unter der Annahme, daß sein Computer je eine Mikrosekunde für die Durchrechnung eines möglichen Schlüssels braucht.

Die Angaben der IBM wurden allerdings nicht von allen Fachleuten widerspruchslos aufgenommen. Kurze Zeit danach meldeten sich zwei Mathematiker, M. E. Hellman und Whitfield Diffie, die damals an der Stanford University in Kalifornien arbeiteten. Insbesondere der damals noch keine vierzig Jahre alte Martin M. Hellman gilt heute schon als einer der ganz Großen in der Geschichte der Kryptologie. Die beiden Mathematiker zeigten, daß man für 20 Millionen Dollar einen Spezialcomputer bauen könnte, der lediglich einen Tag brauchen würde, um den Schlüssel zu brechen. Solchen Aufwand könnte zwar eine private Institution kaum aufbringen, doch der Staat wäre dazu durchaus in der Lage – und manche Kritiker vermuteten sogar, daß das in der Absicht gelegen haben könnte: ein Schlüsselverfahren einzuführen, das zwar unter normalen Voraussetzungen als sicher gelten kann, im Falle eines Falles aber dem Geheimdienst zugänglich wäre.

Die Entwicklung der Kryptologie hat sich aber inzwischen beschleunigt – mit den heutigen Mitteln ließe sich eine auf DES-Basis verschlüsselte Nachricht noch weitaus rascher knacken. Aber damit nicht genug: In einem vielbeachteten Artikel haben M. E. Hellman, N. J. A. Sloane und A. D. Wyner aufgezeigt, durch welche Maßnahmen man das DES-System so weit verbessern könnte, daß die behauptete Sicherheit nun praktisch tatsächlich gegeben ist.

Im übrigen waren jene Firmen, die sich 1977 dazu entschlossen hatten, einen DES-Chip auf den Markt zu bringen, mit dem Erfolg des Verkaufs alles andere als zufrieden. Wahrscheinlich lag es an den umlaufenden Gerüchten, daß sich viele Großanwender nicht für den DES entscheiden konnten.

Erstaunlicherweise fand sich aber später eine andere, zunächst nicht ins Auge gefaßte Anwendung des Chips, und zwar zum Nachweis der Authentizität einer Nachricht. Dazu vereinbaren Sender und Empfänger ein aus 56 Dualzeichen bestehendes Codewort, das mitchiffriert wird. Nur wenn die Dechiffrierung auf der anderen Seite zum richtigen Ergebnis, zu eben dem vereinbarten Codewort, führt, wird sie als gültig anerkannt.

Etwa zur gleichen Zeit brachte auch die Firma AEG-Telefunken einen neuen »Kryptorechner« auf den Markt. Das »Telekrypt-System« beruht auf einer logischen Schaltung, die im Grunde genommen nichts anderes als eine riesige Zahl von modulo-2-Operationen durchführt. Die dazu benötigten Schaltelemente sind allgemein bekannt und erhältlich – sie werden als »Exklusiv-oder-Gatter« bezeichnet. Die Ver-

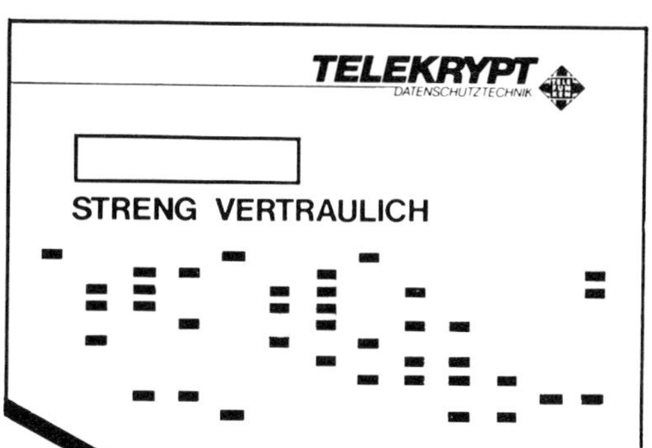

Normiertes Schlüsselkärtchen für das moderne Chiffriersystem TELEKRYPT von AEG; es wird in die Chiffriermaschine eingesteckt – nur wer darüber verfügt, kann die Nachricht in den Klartext überführen. (Abbildung: Archiv AEG-Telefunken.)

schlüsselung erfolgt einfach dadurch, daß den eingegebenen als Schlüssel dienende Zeichenfolge aufgerechnet wird. Als Basis einer nicht näher beschriebenen Pseudozufalls-Operation dient eine sogenannte »Drittellochkarte«; sie entspricht einer dreigeteilten Lochkarte – ein Format, das den DIN-Normen entsprechend auch für Ausweise verwendet wird. An diesen Karten sind hundert Besetzungsstellen vorgesehen, also Positionen, an denen Löcher angebracht werden können – oder auch nicht. Durch jede dieser Markierungen wird eine 0 oder 1 gekennzeichnet. Dies ergibt die Möglichkeit von 2^{100}, also ungefähr 10^{30} verschiedener Kombinationen. Würde man alle verschiedenen auf diese Weise erzeugten Grundschlüssel ausnützen, dann ergäbe sich erst nach 10^{39} Jahren eine Wiederholung. Bei höchster Arbeitsgeschwindigkeit würde das Gerät 10^{27} Jahre lang laufen müssen, um alle diese Varianten auszunutzen. Entsprechend umständlich wäre es für den Entzifferer, einen dieser Schlüssel zu ermitteln; hätte er dafür einen Großcomputer zur Verfügung und könnte eine Million Versuche pro Sekunde machen, so müßte er mit tausend Billionen Jahren rechnen, um zum gesuchten Resultat zu kommen.

Auch hier muß man der vom Hersteller gegebenen Beweisführung nicht unbedingt folgen; abgesehen davon, daß die Rechengeschwindigkeit der Computer immer noch im Steigen begriffen ist, so ist das planlose Durchprobieren aller Möglichkeiten keineswegs die einzige Methode, um einer Chiffriermethode auf die Spur zu kommen. Ein anderes Mittel wären mathematische Tests, und wenn es bei neu eingeführten Methoden natürlich feststeht, daß solche noch nicht verfügbar sind, so gilt dies keineswegs für alle Zeiten.

Die Bemühungen der IBM, der AEG und anderer großer Firmen zeigen, in welche Richtung die Entwicklung geht: zum Datenschutz für den Privatgebrauch. In der Tat legt man in letzter Zeit großen Wert auf die Unterscheidung zwischen »secrecy« und »privacy«, also zwischen der strengen Geheimhaltung, wie sie für die klassischen Anwender kryptographischer Verfahren immer noch die Regel ist, und der Sicherung für den Privatgebrauch – die Sicherung von Daten, deren Wert den hohen Aufwand keineswegs rechtfertigt, der in politischen, militärischen u.ä. Bereichen nötig ist. Dementsprechend kommt man hier auch mit einfacheren, weniger aufwendigen Verfahren aus, um ausreichenden Schutz zu gewinnen.

Die Richtung auf den allgemeinen Gebrauch betrifft auch die jüngste Entwicklung der Kryptologie, die durch eine bahnbrechende theoretische Arbeit von Whitfield Diffie und Martin E. Hellman eingeleitet wurde: »New Directions in Cryptography«, 1976. Damit prägten sie den Begriff des »Public Key«, die öffentliche Chiffre.

Daß diese Arbeit tatsächlich so etwas bedeutet wie eine Privatisierung und Demokratisierung der kryptologischen Mittel und Verfahren, sieht man dieser Publikation nicht an. Selbst dem Fachmann muß sie bemerkenswert abstrakt erscheinen – eigentlich handelt es sich nur um einen Vorschlag für eine bestimmte Anwendung von Transformationen, wobei die Transformation der allgemeinste mathematische Ausdruck einer Chiffrierungsoperation ist. Die mit komplizierten Formeln gemachte Aussage ist aber durchaus praktikabel: Es wird nicht mehr oder weniger behauptet, als daß es prinzipiell möglich sein muß, Chiffrierungssysteme zu entwickeln, deren Verfahren – samt der dazugehörigen Schaltanordnung – öffentlich bekannt ist, die aber trotzdem so eingerichtet werden können, daß sich damit zwei Partner völlig sicher vor unbefugtem Zugriff unterhalten können.

Nebenbei hatten die beiden Mathematiker auch eine allgemeine Lösung des Problems der »Signatur« gegeben und damit das im Zusammenhang mit dem System LUZIFER schon beschriebene Problem der Kennwörter und des Authentizitätsnachweises gelöst. Allerdings fehlten in dieser kurzen Veröffentlichung jegliche Angaben über ein bestimmtes Chiffriersystem, so daß die praktische Anwendung der neuen Erkenntnisse nicht unmittelbar möglich war. Die Berufskollegen von Diffie und Hellman rätselten herum, ob die beiden bereits ein System kannten, es aber aus irgendwelchen Gründen nicht publiziert hatten. Diesen Mutmaßungen allerdings machte eine Veröffentlichung von Ronald Rivest, Adi Shamir und Len Adleman vom berühmten MIT, dem Massachusetts Institute of Technology, ein Ende; der Titel »A Method for Optaining Digital Signatures and Public-Key Crypto-Systems« einer Arbeit, die nur ein halbes Jahr nach jener von Diffie und Hellman erschien, durch die sie angeregt worden war.

Tatsächlich hatten die drei MIT-Mathematiker eine recht einfache Weise gefunden, um die theoretischen Ideen ihrer Kollegen in die Praxis umzusetzen. Sie stützen sich dabei auf die sogenannten Primzahlen. Ihre Existenz beruht auf der Tatsache, daß es ganze Zahlen gibt, die man als Produkte von anderen Zahlen darstellen kann, und solche, bei denen das nicht der Fall ist. Diese werden als Primzahlen bezeichnet; die niedrigsten sind 1, 2, 3, 5, 7, 11, 13, 17, 19, 23, 29, 31, 37 usw. Das nächstliegende Verfahren, um festzustellen, ob man es mit einer Primzahl zu tun hat oder nicht, ist es, die gegebene Zahl versuchsweise der Reihe nach durch die oben angeführten Primzahlen zu dividieren. Dies erfolgt praktisch am einfachsten, indem man mit Hilfe des sogenannten Euklidschen Algorithmus den größten gemeinsamen Teiler der gegebenen Zahl mit der Primzahl bestimmt. (Das braucht nur bis zu jener Primzahl zu geschehen, die nicht größer als die Wurzel aus der gegebenen Zahl ist, und zwar einfach deshalb, weil ja einer der beiden Faktoren kleiner als die Wurzel sein muß. Hat man diese gefunden, dann ist natürlich der zweite, größere auch bekannt.) Auf die Art erhält man die sogenannte (Prim-)Faktorzerlegung der gegebenen Zahl.

Rechnungen dieser Art sind nicht weiter schwierig, solange man es mit kleinen Zahlen zu tun hat. Steigt die Stellenzahl aber an, dann wächst die für die Durchrechnung benötigte Zeit wie eine Lawine. Stützt man sich auf heute verfügbare Rechner, dann hätte ein solcher bei der Primfaktorzerlegung einer fünfzigstelligen Zahl vier Stunden lang zu tun, bei hundert Stellen 75 Jahre lang, bei 300 Stellen aber schon vier Milliarden Jahre lang. Stellt sich eine Rechnung dieses Schwierigkeitsgrads als Voraussetzung für das Brechen einer Chiffre heraus, dann kann man diese ohne weiteres als praktisch unbrechbar bezeichnen. Allerdings darf man nicht übersehen, daß das einfache Durchprobieren keineswegs die einfachste Methode ist; gerade in den letzten Jahren, nicht zuletzt aufgrund der von den Computern gegebenen Rechenkapazität, aber auch angeregt durch kryptologische Probleme, ist es gelungen, unsere Kenntnisse von den Primzahlen erheblich zu erweitern. 1980 fand Len Adleman zusammen mit zwei Kollegen eine neue Art des Programmierens, durch die es möglich wird, eine beliebige hundertstellige Zahl in ein paar Stunden auf ihre Primeigenschaft zu untersuchen. Schon vorher aber wurden Testmethoden bekannt, die Primzahlen zwar nicht mit absoluter Sicherheit, aber immerhin mit großer Wahrscheinlichkeit zu erkennen erlaubten. Eine auf diese Weise ermittelte Zahl läßt sich aber nun in verhältnismäßig kurzer Zeit exakt prüfen.

Das RSA-Chiffrierprinzip, wie es inzwischen nach ihren Erfindern bereits heißt, stützt sich auf zwei beliebige rund hundertstellige Primzahlen. Diese beiden dienen nun als Schlüssel, ihr Produkt, eine rund zweihundertstellige Zahl, als Schlüsselzeichenfolge. Eine Nachricht entsprechender Länge zu chiffrieren bzw. zu dechiffrieren, dauert nur wenige Sekunden.

Die Berechnung einer großen Zahl als Produkt zweier ebenfalls großer Primzahlen ist ein Beispiel für eine mathematische Operation, die in der einen Richtung mühelos verläuft, in der anderen aber immense Schwierigkeiten bereitet: Ist nur die Produktzahl bekannt, dann bedarf es umständlicher Methoden, um die beiden Primzahlen wieder zu ermitteln. Da diese Situation an eine Tür erinnert, die sich nur von einer Seite öffnen läßt, sich aber, nachdem man hindurchgetreten ist, unwiderruflich schließt, spricht man hier von einer »Falltürfunktion«. Solche Falltürfunktionen spielen in der modernen mathematischen Kryptologie eine grundlegende Rolle, schon sind Mathematiker in allen Ländern dabei, andere Beispiele dafür zu finden.

Besteht nicht die Möglichkeit, daß dabei neue Erkenntnisse herauskommen, die schließlich jedoch geheimgehalten werden, so daß der allgemeine Anwender wieder im dunkeln tappt? Die amerikanische Regierung beispielsweise sah dem Tun und Treiben ihrer führenden Kryptologen mit etwas Skepsis zu; soweit sie in staatlichen Stellen arbeiteten, wurden sie angewiesen, ihre Ergebnisse vor der Publikation zunächst einmal einer Kommission vorzulegen, die dann über das weitere Geschehen zu bestimmen hatte. Von jenen, die sich dieser Bestimmung unterwarfen, wurde allerdings noch kein Fall bekannt, in denen die Veröffentlichung verboten wurde. Wahrscheinlich ist es heutzutage auch nicht mehr möglich, eine grundlegende kryptologische Erkenntnis auf die Dauer geheimzuhalten. Die höhere Mathematik, die dahintersteckt, wird zwar nur von wenigen bewältigt, diese aber sind Wissenschaftler, für die die Publikation ihrer Ergebnisse schließlich das erklärte Ziel und die Bestätigung ihres erfolgreichen Arbeitens sind. Verzichten sie darauf, damit an die Öffentlichkeit zu treten, dann müssen sie damit rechnen, daß ihnen andere zuvorkommen. Selbst bei einer so abstrakt gewordenen Wissenschaft wie der Kryptologie läßt sich der menschliche Faktor nicht ausschließen.

Durch die Ideen von Ronald Rivest, Adi Shamir und Len Adleman ist der Public-Key, der »öffentliche Schlüssel«, in greifbare Nähe gerückt. Zu seiner Verwirklichung ist nichts anderes nötig als der Besitz eines Mikrocomputers, von denen sich schon Millionen in privaten Händen befinden. Wie Thomas von Randow in der »ZEIT«

berichtet, soll im Jahr 1984 das erste Public-Key-Netz in Kalifornien eingerichtet werden. Es ist eine immerhin bemerkenswerte Tatsache, daß damit der Computer, ehemals nur wenigen öffentlichen Stellen und Industrieunternehmen vorbehalten, zur Verwirklichung demokratischer Ideale beiträgt – zur Sicherung der Privatsphäre, zur Befreiung von Überwachung und Kontrolle.

12
Codierte Welt

Geheimdiplomatie und Spionage sind untrennbar mit dem Schlüsselwesen verbunden. Andererseits aber haben die Prozesse des Verschlüsselns und Entschlüsselns eine Bedeutung, die weit über den Zweck der Geheimhaltung hinausreicht. Es klingt zwar nach Maßlosigkeit, aber es stimmt: Mit diesen Prozessen erfassen wir ein grundlegendes Geschehen in unserer Welt. »Alle Dinge dieser Welt sind verschlüsselt«, schrieb Blaise de Vigenère im 16. Jahrhundert. Niemand weiß, wie das zu verstehen war. Handelte es sich um einen feinsinnigen Aphorismus, oder hatte Blaise de Vigenère in genialer Voraussicht einiges von dem erahnt, was 400 Jahre später Furore in der Wissenschaft machen sollte? Im Jahr 1941 begann Claude Elwood Shannon mit der Ausarbeitung seiner »Informationstheorie«. Die grundlegenden Arbeiten erschienen zwischen 1942 und 1948 in einem von den Bell Telephone Laboratories herausgegebenen wissenschaftlich-technischen Journal, und bemerkenswerterweise war eine davon kryptologischen Problemen gewidmet; der Titel lautete »Communication Theory of Secrecy Systems«.

Claude E. Shannon wurde 1916 in Michigan geboren. Auf der University of Michigan studierte er Elektrotechnik und Mathematik; er begann sich schon dort für Kommunikation und Kryptologie zu interessieren. Nach weiteren Studienjahren am Massachusetts Institute of Technology und am Institute for Advanced Studies in Princeton trat er in den wissenschaftlichen Stab der Bell Telephone Laboratories ein. Er war ein vielseitig interessierter Mann, beschäftigte sich unter anderem mit Schach, Jazz und Science fiction und pflegte im übrigen seine Hobbys rasch zu wechseln. Kommunikation und Kryptologie aber blieben für sein Leben bestimmend, und einmal sagte er selbst, er könne nicht entscheiden, welches der beiden Fächer wichtiger für ihn gewesen sei; genaugenommen ließen sich beide nicht trennen, und oft hätte er entscheidende Ideen für den kryptologischen Bereich gehabt, wenn er sich gerade mit Informationstheorie beschäftigt hätte und umgekehrt.

Was war nun das Verdienst von Claude E. Shannon? Wie jeder andere Wissenschaftler, so stützte auch er sich auf die Vorarbeiten von anderen, und hierbei spielt insbesondere der Vater der Kybernetik, Norbert Wiener, eine hervorragende Rolle. In der Anfangszeit der Kybernetik erschien es schwer, diese Wissenschaft zu definieren, doch seit den Arbeiten von Shannon läßt sich kurz und bündig sagen: Kybernetik ist die Lehre vom Umsatz der Information. Das mathematische Instrumentarium dazu ist die Informationstheorie. Damit erweisen sich Kybernetik und Informationstheorie als einer anderen Wissenschaft ebenbürtig, und zwar der Physik, die man als »Lehre vom Umsatz der Energie« bezeichnen könnte. Aus beiden Definitionen drückt sich die Einsicht aus, daß es zwei äquivalente Arten zur Beschreibung unserer Welt gibt. Jedes Ding, jedes Ereignis hat eine materielle Komponente, die mit den Mitteln der Physik zu beschreiben ist. Dazu kommt aber auch eine »informationelle Komponente«, die ganz andere Dinge betrifft – die Steuerung, das Verhalten, die Wechselwirkungen mit der Umgebung usw. Diesem Unterschied entspricht die Trennung von Hardware und Software in der Computertechnik; mit der Hardware ist der materielle Anteil der Anlage zusammengefaßt, und mit der Software die Gesamtheit der Betriebsanweisungen, der Programme, der Methoden usw. Noch deutlicher wird diese Unterscheidung bei Lebewesen, wo es zweifellos auch zwei wesentliche Erscheinungsformen gibt, die körperlichen, die mit dem Stoffwechsel, dem Kreislauf usw. zusammenhängen, und die der Verhaltensweisen, der Wahrnehmung, der Gefühle, die keine physikalischen Umsetzungen sind, sondern auf einem Informationsumsatz beruhen.

Das ist freilich nicht immer so leicht einzusehen wie im Bereich der Nachrichtentechnik – wenn es um Telephon und Telegraph, Radio und Fernsehen geht. Als Nachrichtentechnik im weiteren Sinn des Wortes sind natürlich auch Zeitschriften und Bücher, wie auch handschriftliche Notizen zu sehen. Als neue Informationsträger sind in letzter Zeit Film- und Magnetband dazugekommen sowie die Speicher der Computertechnik – von der Lochkarte bis zum Kernspeicher. Alle diese Medien kann man von der physikalischen Seite her beschreiben, man kann sich aber auch fragen, in welcher Weise bei ihnen die Information umgesetzt wird. Ihnen allen gemeinsam ist die Tatsache, daß sie in einer codierten Weise vorliegt, und bei näherer Betrachtung ist leicht zu sehen, daß es gar keine Information geben kann, die nicht verschlüsselt ist. Bei dem geschriebenen oder dem gedruckten Wort sind es die Symbole der Schrift, die als Mittel der Codierung dienen, und beim gesprochenen Wort sind es die Laute. Bei Telephon und Telegraph, Funk und Fernsehen handelt es sich um elektrische Schwingungen, bei Ton- und Videoband um magnetisierte Stellen in den Metalloxiden, mit denen die Kunststoffbänder beschichtet wurden. Man kann nun danach fragen, mit Hilfe welcher physikalisch-technischen Mittel diese Informationsträger bereitgestellt werden, wie weit sie gegen Störungen und Korrosion anfällig sind. Damit erfaßt man aber nur die eine Seite des Problems, die andere bezieht sich auf andere Fragen: Mit welchen Zeichen ist die Information verschlüsselt? Wie groß ist das Zeichenrepertoire? Wieviel Information kann gespeichert, wieviel übertragen werden?

Mit den letzten Fragen wird das Schlüsselproblem der Informationstheorie berührt: Auf welche Weise läßt sich Information messen? Dieses Problem wurde auch schon früher von verschiedenen Wissenschaftlern erörtert, und es erwies sich als schwieriger, als es zunächst den Anschein hatte. Welche Einheit zur Messung von Information soll man verwenden? Zunächst einmal stellt sich heraus, daß man ein und dieselbe Information mit verschiedenem Aufwand übermitteln kann. Das betrifft die allgemein bekannte Tatsache, daß sich manche Leute weitaus umständlicher ausdrücken als andere, ohne dadurch mehr mitzuteilen. Das läßt sich in der Terminologie der

Informationstheorie exakt beschreiben: Jede Nachricht enthält mehr oder weniger Redundanz, wobei unter Redundanz – wie schon erwähnt – der für die Tatsachenmitteilung überflüssige Teil der Nachricht gemeint ist. Will man ein echtes Maß für den Inhalt gewinnen, dann muß man diesen überflüssigen Rest abziehen, oder, anders ausgedrückt, die Nachricht auf kürzestmögliche Weise fassen. Wie Shannon bewiesen hat, gibt es stets einen minimalen Aufwand zur Beschreibung ein und desselben Tatbestands, der nicht unterschritten werden kann, wenn man nicht wesentliche Teile weglassen will. Als erste Voraussetzung für die Messung von Information muß man also verlangen, daß die zur Messung vorliegende Nachricht auf die kürzest mögliche Form gebracht wird.

Damit ist aber noch keineswegs das ganze Problem gelöst, denn noch immer wissen wir ja nicht, welche Maßeinheiten zur Messung der Nachricht dienen. Früher hat man versucht, Informationswerte durch Abzählen von Zahlen oder Buchstaben zu erhalten, doch kam man auf diese Weise nicht zu nachprüfbaren Werten; die Resultate hängen nämlich von der Art der Zeichen ab. Man muß sich daher auf ein spezielles Zeichensystem einigen, und wie man das auch bei vielen anderen Meßproblemen macht, nimmt man das einfachste System als Grundlage. Das einfachste Zeichenrepertoire, mit dem man überhaupt Nachrichten verschlüsseln kann, ist aber ein sogenanntes Dualsystem, ein solches, das nur aus zwei Zeichen besteht. Dabei ist es gleichgültig, wie man diese Zeichen nennt – man könnte dazu die Zeichen + und – verwenden oder R und L usw. Man hat sich schließlich auf die Zeichen 0 und 1 geeinigt. Damit wird die Entsprechung zum Dezimalsystem deutlich, das mit den Zeichen 0, 1, 2, 3, 4, 5, 6, 7, 8 und 9 operiert. Wie schon Gottfried Wilhelm Leibniz bewiesen hat, erfüllt ein Dualsystem, also ein solches, das nur die Ziffern 1 und 0 kennt, genau denselben Zweck wie jedes andere, beispielsweise das gebräuchliche Dezimalsystem. Für Rechnungen, die mit dem Computer durchgeführt werden, ist das Dualsystem sogar weitaus praktischer, weil man mit Hilfe elektronischer Mittel die 0 und die 1 sehr leicht nachbilden kann.

Und damit ist die vollständige Vorschrift für die Messung der Information gegeben: Bringe die Nachricht auf die kürzest mögliche Form und codiere sie dann in ein Dualsystem um. Die Zahl der benötigten Binärzeichen ist das Maß für die Information. Ein solches Zeichen, als Meßeinheit gebraucht, erhält den Namen »Bit«, eine Abkürzung von »binary digit«.

Auf den ersten Blick ist gewiß nicht einzusehen, warum durch diese etwas umständliche Meßmöglichkeit der Information ein wesentlicher Fortschritt erreicht worden sein soll. Ein wenig erinnert dieser Fall allerdings an das ähnliche Problem, das die Physiker seinerzeit mit der Energie hatten. Es war übrigens ein Außenseiter, dem schließlich eine befriedigende Definition gelang, der Arzt Julius Robert Mayer; vorher hatte man verschiedenste Erscheinungen, unter anderem Kraft, Spannung, Potential, Leistung usw. mit Energie gleichgesetzt. Erst durch die eindeutige Klärung mit Hilfe der Definition war es möglich, die verschiedensten Arten der Energieumsetzung quantitativ zu verfolgen und die Zusammenhänge mit allen übrigen physikalischen

Erscheinungen klarzulegen. Und etwas Entsprechendes geschah nun auch im Zusammenhang mit der Information – und gerade darin liegt die Bedeutung für alle Prozesse, an denen Nachrichten im weitesten Sinn des Worts beteiligt sind. Nun ist zu unterscheiden zwischen einer Information, die über eine gewisse Zeit hinweg aufbewahrt wird – dann spricht man von einem Informationsspeicher –, und jenen Fällen, in denen Information übertragen wird – dann spricht man von Informationskanälen. In beiden Fällen ist mit verschiedenen Maßen zu messen. Im ersten Fall geht es um die Information selbst, im anderen um Information pro Zeiteinheit. Dementsprechend mißt man im ersten Fall mit der Einheit von einem Bit und im zweiten Fall mit der Einheit bit pro Sekunde. Selbstverständlich kann man noch weitere Maße ableiten, beispielsweise Informationsdichten – wie etwa von Datenträgern – auf der Fläche und im Raum, die man zweckgemäß mit bit/cm^2 und bit/cm^3 mißt. Um eine Vorstellung über typische Größen zu geben, sind einige beispielhafte Werte in der Tabelle unten zusammengefaßt.

Da die Redundanz definitionsgemäß eine Größe gleichen Charakters wie die Information ist, kann man sie mit denselben Einheiten, also mit Hilfe von Bits, messen. Außerdem ist es auch möglich, sie durch Prozentzahlen anzugeben. 60 Prozent

Tabelle einiger Informationswerte (nach H. Zemanek »Elementare Informationstheorie«)

Lochkarte	960 bit, 6 bit/cm^2
mittlere Information für einen Buchstaben für das deutsche Alphabet	4,11 bit
mittlere Information für einen Buchstaben für deutsche Sprache	2,11 bit
mittlere Information einer Dezimalziffer	3,32 bit
Fernsehen	$3 \cdot 10^9$ bit/min
Keimzelle	$\leqq 10^{11}$ bit
menschlicher Körper	$\leqq 10^{12}$ bit
visuelle Rezeption	10^7 bit/s
auditive Rezeption	$1,5 \cdot 10^6$ bit/s
Zuflußkapazität des Bewußtseins	16 bit/s
Zuflußkapazität des Kurzgedächtnisses	0,7 bit/s
Zuflußkapazität des Dauergedächtnisses	0,05 bit/s
Fassungsvermögen des Bewußtseins	160 bit
Fassungsvermögen des Kurzgedächtnisses	1000 ... 2000 bit
Fassungsvermögen des Dauergedächtnisses	$10^5 \dots 10^8$ bit

die häufigsten Wörter		die häufigsten Hauptwörter			
Wort	Häufigkeit	allein	Häufigkeit	in Zusammen-setzungen	Häufigkeit
die	358.054	Zeit	14.529	Zeit	21.596
der	354.526	Herr	9.688	Ordnung	14.416
und	320.885	Jahre	7.677	Haupt	12.761
zu	258.584	Weise	7.292	Herr	10.618
in	214.308	Mann	7.069	Lage	10.384
ein	153.095	Herren	6.863	Mann	10.146
an	145.968	Leben	6.820	Hand	9.628
den	141.542	Paragraph	6.816	Wesen	9.198
auf	127.349	Hand	6.372	Augen	9.024
das	127.137	Herrn	6.323	Menschen	8.460
von	118.088	Menschen	6.039	Stellung	8.348
nicht	115.342	Seite	5.793	Jahre-	8.326
mit	109.958	Welt	5.285	Welt	7.848
dem	103.691	Frau	5.195	Gesetz	7.794
des	103.171	Art	4.967	Land	7.714
aus	102.961	Mark	4.910	Steuer	7.522
sie	102.212	Gott	4.719	Schluß	7.509
ist	96.973	Liebe	4.512	Haus	7.368
so	96.873	Frage	4.298	Herren	7.337
sich	92.995	Augen	4.269	Herrn	7.253
daß	87.969	Vater	4.247	Natur	7.144
er	87.029	Stadt	4.220	Tag	6.917
es	86.778	Teil	4.120	Paragraph	6.818
vor	83.810	Natur	4.117	Lebens	6.641
ich	82.213	Nacht	3.907	Vater	6.561
über	77.081	Sache	3.906	Satz	6.550
da	75.739	Recht	3.891	Sache	6.532
nach	74.500	Wort	3.770	Seite	6.381
eine	69.918	Tag	3.057	Art	6.291
auch	60.750	Gesetz	3.024	Jahr	6.194
durch	59.999	Fall	2.993	Stadt	6.144
als	59.279	Stellung	2.713	Richtung	6.057
um	56.968	Lebens	2.621	Wort	6.054
bei	55.553	Mittel	2.567	Frau	5.721
wie	54.988	Weg	2.558	Sicht	5.530
für	54.406	Haus	2.414	Rechnung	5.421

Die häufigsten Wörter der deutschen Sprache, ausgezählt aus 10 910 777 Wörtern. (Nach H. Zemanek »Elementare Informationstheorie«.)

Redundanz würden also bedeuten, daß eine bestimmte Nachricht in einer Fassung vorliegt, von der nur 40 Prozent unbedingt nötig, die übrigen 60 Prozent aber zur Übermittlung der Tatsachenmitteilung selbst überflüssig sind.

Die Redundanz spielt in der Kryptanalyse eine vorherrschende Rolle, da sie das wichtigste Mittel zur Entzifferung ist. Das gilt beispielsweise für die Suche von Floskeln, Höflichkeits- oder Füllwörtern, üblichen Wortenden und dergleichen, von denen aus man – wie früher erwähnt – die Lösung des Problems versucht. Es gilt aber insbesondere auch für die statistische Methode, die auf der Auszählung von Buchstabenhäufigkeiten beruht. Und selbst die komplizierten Verfahren, die zur Auflösung polygraphischer Schlüssel verwendet werden, beispielsweise die Kasiski-Methode, geht letztlich auf die Auswertung von Buchstabenredundanzen zurück. Dabei ist zunächst nicht leicht einzusehen, weshalb so unterschiedliche Häufigkeiten von Buchstaben eine Art von Redundanz sein sollen. Den Beweis dafür hat Shannon erbracht, und zwar durch eine exakte mathematische Fassung der oben angeführten Meßvorschriften für die Information, mit der auch wechselnde Häufigkeiten ins Konzept einbezogen werden. Ein nur mathematisch ableitbares Resultat seiner Überlegungen ist es, daß man mit Hilfe einer Verschlüsselung, bei der nur Zeichen gleicher Häufigkeit auftreten, stets mit einem geringeren Zeichenaufwand auskommen kann als mit einer Verschlüsselung durch Zeichen verschiedener Häufigkeit. Im Fall eines Dualsystems bedeutet das, daß man zu einer Verschlüsselung übergehen muß, bei der die Zeichen 0 und 1 zu je 50 Prozent vorkommen. Mit ihrer Hilfe kann man die Buchstaben der deutschen Sprache in Dualausdrücke umsetzen. Und zwar geschieht das so, daß die häufig vorkommenden Buchstaben mit wenig Dualzeichen, die selten auftretenden mit mehr Dualzeichen verschlüsselt werden. Wie viele das sein müssen, läßt sich exakt berechnen, was wir hier aus verständlichen Gründen nicht nachvollziehen wollen. Wer aber den Beweis führen will, braucht nur einen beliebigen Text nach dem angegebenen Schlüssel in Dualzeichen umzusetzen und dann eine Auszählung vorzunehmen – er wird bestätigt finden, daß sowohl die 0 wie auch die 1 mit 50 Prozent Anteil am Gesamttext vorkommt. Und das wird um so besser der Fall sein, je länger der Probetext ausgefallen ist.

Mit dieser Berechnung hat Shannon etwas erreicht, was auch für die Praxis außerordentlich wichtig ist, und zwar aus Gründen der Ökonomie. Eine völlig redundanzfreie Verschlüsselung ist nämlich zugleich jene des geringsten Aufwands – des geringsten Aufwands an Speicherraum, Kanalkapazität, Zeit und Kosten. Andererseits ist diese Erkenntnis aber auch für die Kryptologie von größter Bedeutung: Ein Kryptogramm, das keine Redundanz aufweist, gibt auch ein Minimum an Ansatzmöglichkeiten zur Entzifferung.

Wenn also redundanzfreie Codierung aus verschiedenen Gründen günstig ist – warum verwenden wir dann überhaupt solche mit Redundanz? Das Beispiel der Telephonübertragung zeigt, welchen Zweck die Redundanz erfüllt: nämlich die einer Vorkehrung gegen Störungen. Und da es in der Praxis so gut wie keine völlig störungsfreie Übertragung gibt, ist es normalerweise auch nicht angebracht, auf sie zu verzichten. Ohne Redundanz wäre nicht einmal eine harmlose Unterhaltung zwischen Kegelbrüdern möglich.

Die Einsicht in die tieferen Zusammenhänge des Informationsumsatzes, zu dem auch die Verschlüsselung gehört, läßt sich vor allem im kryptanalytischen Bereich anwenden. Es dürfte sicher sein, daß die modernsten, noch nicht öffentlich bekannten kryptanalytischen Verfahren auf der Basis der Informationstheorie statistische Methoden sind, die letztlich auf verschiedensten Redundanzeigenschaften von Texten beruhen. Zweifelos sind dazu komplizierte statistische Untersuchungen nötig, aber mit Hilfe der Computer – deren wissenschaftliche Grundlage ebenfalls in der Informationstheorie verankert ist – erreicht man heute Rechenkapazitäten, die früher überhaupt nicht vorstellbar waren. Und es ist kein Geheimnis, daß die größten Computer der Welt für die Zwecke der Kryptanalyse eingesetzt werden.

Die Verschlüsselung, die sich als grundlegender Vorgang unserer Welt erwiesen hat, ist normalerweise keineswegs ein Mittel der Geheimhaltung. Die Aufgabe, die mit ihr bewältigt wird, ist die Fassung von Information – von einfachen Zahlen und Daten bis zu geistigen Inhalten kompliziertester Art. Diese Inhalte, die schemenhaft und ungreifbar im Hintergrund stehen, sind es, die sich mit Hilfe der Verschlüsselung in immer wieder wechselnden Formen ausdrücken. Und stets, wenn man Zahlen, Daten, Aussagen und dergleichen auswerten will, müssen sie auf verschiedenste Weise umgesetzt werden, beispielsweise durch Transformation mittels technischer Medien – in elektrische Wellen und wieder zurück in Schall oder Licht, in andere Sprachen, in anderen Trägern angepaßte Zeichensysteme – beispielsweise vom gesprochenen Wort in Schrift und umgekehrt. Alle diese Arten, in denen sich Information präsentieren kann, bestehen aus irgendwelchen Zuordnungen, wie wir sie in Form von Schlüsseltabellen kennengelernt haben.

Im allgemeinen wird ein Repertoire von Zeichen mit einem anderen derart in Beziehung gesetzt, daß man jedes Zeichen jederzeit durch ein anderes ersetzen kann und umgekehrt. Meist kommt es darauf an, den verschlüsselten Inhalt schließlich in eine Form zu bringen, in der er wirksam oder verständlich wird. Und das wieder setzt voraus, daß eine Instanz vorhanden ist, die die Auswertung vollbringen kann, die über den Schlüssel verfügt. Das wird normalerweise als selbstverständlich vorausgesetzt, doch gerade in der Kryptologie liegt ein Spezialfall dafür vor, daß es auch anders sein kann. Dafür gibt es aber noch eine Fülle weiterer Beispiele, und gerade in letzter Zeit ist man auf Erscheinungen aufmerksam geworden, die sich nur aus dem Aspekt der Codierung und Decodierung verstehen lassen – was aber erst im Zeitalter der Kybernetik erkannt werden konnte.

Das gilt zunächst einmal schon für den Trivialfall von fremden Sprachen. Gerade hier läßt sich einiges von dem nachprüfen, was vorhin über Information und Redundanz gesagt wurde. So ist es beispielsweise möglich, jemanden zu verstehen, der eine fremde Sprache spricht, von der man keineswegs alle Wörter beherrscht. Den unverständlichen Rest kann man meist erraten, was nichts anderes bedeutet, als daß man die Redundanz der Sprache benützt. Und sollte man wirklich einmal Schwierigkeiten haben, dann kann man stets auf die Codetabellen zurückgreifen – in diesem Fall die jedermann zugänglichen Wörterbücher.

Weitaus schwieriger ist die Entzifferung altüberlieferter Schriften. Im einfachsten Fall handelt es sich um unbekannte Zeichen in einer bekannten Sprache, was einer Verschlüsselung durch einfache Substitution entspricht. Die Auflösung gelingt dann auf die übliche Art nach der Methode der Buchstabenfrequenzen.

Das berühmteste Beispiel in der Geschichte der Entzifferung überlieferter Schriften sind die Hieroglyphen. Sie waren seit alters her bekannt, und ungezählte Gelehrte versuchten, ihnen auf die Spur zu kommen – unter ihnen auch Leon Battista Alberti im 15. Jahrhundert. Zur Entzifferung führte schließlich ein Glücksfall, der den Kryptanalytikern im militärischen oder diplomatischen Dienst auch schon manchmal zur Lösung verholfen hatte: 1799 fand man den »Stein von Rosette«, der ein und

Tontafel mit Keilschrift; zur Entschlüsselung alter Schriften bedient man sich seit neuestem ähnlicher Methoden wie die Kryptologen bei der Entzifferung von Geheimtexten. (Photo: The University Museum, University of Pennsylvania, Philadelphia.)

denselben Text in drei verschiedenen Schriften enthielt, und zwar in demotischer und griechischer Schrift sowie in Hieroglyphen. Trotzdem ließ der Erfolg noch auf sich warten. Auf die endgültige Lösung kam der Franzose Jean-François Champollion erst im Jahr 1822. Es handelte sich um einen Text zu Ehren des Pharaos Ptolemäus Epiphanes, der von 204 bis 180 vor Chr. lebte.

Es kam übrigens öfter vor, daß sich Wissenschaftler, die vom Militärdienst her Erfahrungen im Bereich der Kryptanalyse hatten, später mit alten Schriften beschäftigten. Dazu gehört Edouard Dhorme, ein Orientalist, der sich auf altsyrische Schriften spezialisierte. 1946 nahm er sich eine Inschriftentafel vor, die bei Byblos gefunden worden war. Die Schriftsymbole erinnerten an Hieroglyphen, ergaben aber in üblicher Deutung keinen Sinn. Dhorme vermutete, daß der Text in Phönizisch abgefaßt war, und aufgrund dieser Hypothese kam er zu einer befriedigenden Übersetzung.

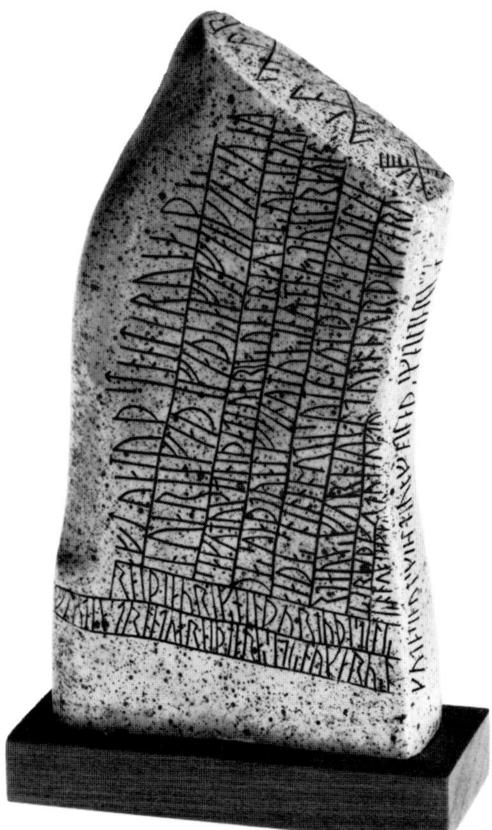

Runenstein aus dem 9. Jahrhundert - Geschichte des Helden »Vämod", zum Teil in chiffrierter Form - selbst jene, die die Runen lesen konnten, verstanden diese Schrift nur zum Teil. (Photo: Archiv Crypto AG.)

Ein anderer ehemaliger Kryptanalytiker, der sich alten Schriften zuwandte, war Hans Bauer von der Universität von Halle. Er hatte ähnliche Spezialinteressen wie Dhorme, mit dem er auch in Verbindung stand. Seine größte Leistung war die Entzifferung der »Ras-Shamra-Texte«, die Lobpreisungen verschiedener Götter der Westsemiten enthielten.

In letzter Zeit knüpft man große Hoffnungen an den Computer als Hilfsmittel der Entzifferung alter Schriften. Bisher sind allerdings nur wenige Versuche seines Einsatzes bekanntgeworden. Einer davon betrifft die Harappa-Kultur. Die Sprache wurde vor 6000 Jahren im Industal gesprochen, Zeugnisse davon wurden in Form von Wortzeichen auf Siegeln in den Ruinen einer Gebirgssiedlung in Westpakistan gefunden. Es waren vor allem zwei Gruppen von Experten, eine finnische und eine indische, die sich der Harappa-Sprache annahmen. Die Finnen setzten einen Computer ein, um sie mit den alten südindischen Drawida-Sprachen zu vergleichen. Dabei stützten sie sich insbesondere auf paarweise Kombinationen von Zeichen, die auf die Spur ihrer Bedeutung führen sollte. Die Inder erweiterten diesen Vergleich – wieder mit Hilfe eines Computers – auch noch auf das zweieinhalb Jahrtausende alte Sanskrit. Auf diese Weise gelang es, fast 3000 Inschriften zu erfassen und zu analysieren.

Zwischen der Übersetzung altüberlieferter Schriften und der Entzifferung von Geheimnachrichten bestehen Entsprechungen, aber auch Unterschiede. Das, was auf den alten Papyrusrollen und Tontafeln zu lesen ist, sollte ja keineswegs geheimgehalten werden, sondern war zur Unterrichtung der Allgemeinheit bestimmt – über die Verdienste von Herrschern, die Heldentaten von Heerführern usw. Trotzdem sind es ähnliche Methoden, die zur Auflösung führen – im Sinn der Informationstheorie handelt es sich um die Auswertung von Redundanzen, die zum Ziel führt.

Und wenn die Entzifferung schließlich doch in den meisten Fällen gelungen ist, dann liegt das daran, daß man gewisse Entsprechungen mit bereits bekannten Sprachen, Ähnlichkeiten der gebrauchten Zeichen und dergleichen festgestellt hat.

Auf Probleme analoger Art ist man in einem völlig anderen Gebiet gestoßen, und zwar in jenem der Genetik. Für die klassischen Biologen war es ein Rätsel, weshalb aus den Keimzellen Organismen heranwachsen konnten, die nach genau überprüfbaren Gesetzen ihren Vorgängern, den Eltern, entsprechen. Im Mittelalter nahm man sogar an, daß in den Keimzellen ein winzig kleines Abbild des fertigen Wesens verborgen sei. Durch den Einsatz der modernen Mikroskope ließ sich diese Vermutung widerlegen, aber das Problem blieb offen: In welcher Weise ist die Information für den Bauplan der Organismen in den Zellen festgehalten?

Dieses Problem wurde nach dem Krieg von Francis H. C. Crick vom Institut für Molekularbiologie in Cambridge (England) und James D. Watson vom Biologischen Institut der Harvard-Universität in Cambridge (Massachusetts) gelöst; sie bekamen dafür den Nobelpreis. Zum allgemeinen Erstaunen stellte sich heraus, daß es sich weniger um ein klassisch-biologisches Problem als um ein solches der Codierung- und Informationstheorie gehandelt hatte. Es gibt nämlich tatsächlich so etwas wie einen Bauplan der Organismen, der aber nicht als ein Miniaturmodell festgehalten wird, sondern in einer richtigen Schrift. Die Schriftzeichen sind Molekülteile, die an einem langen Strang wie die Sprossen einer Leiter angebracht sind. Diese Riesenmoleküle ergeben die Desoxyribonukleinsäure, abgekürzt DNS. Die Seitensprossen, die eigentlichen Buchstaben, heißen Nucleotide, und zwar gibt es vier verschiedene. Durch wechselnde Folgen dieser Einheiten in der Kette sind die Baupläne von Eiweißsubstanzen codiert; man kann geradezu von einem Morsealphabet des Lebens sprechen. Man ist heute recht gut darüber informiert, durch welchen chemischen Mechanismus

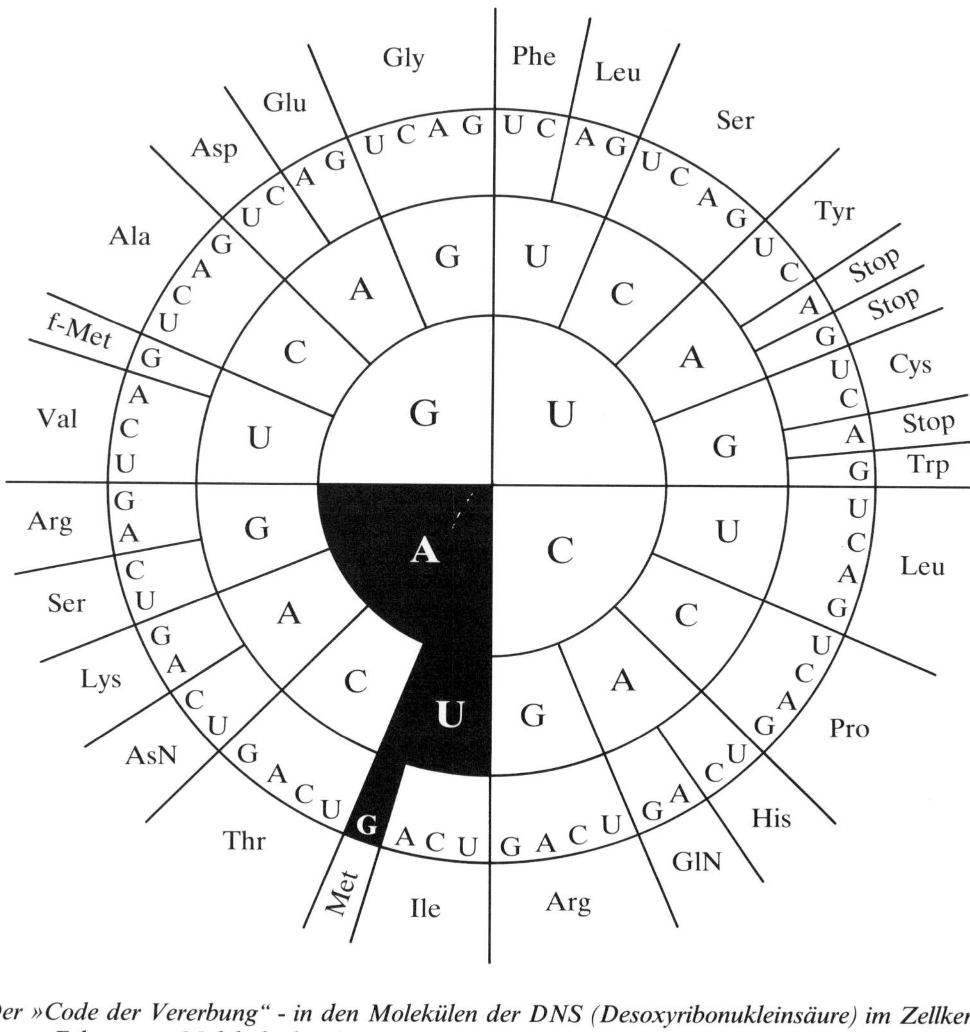

Der »Code der Vererbung“ - in den Molekülen der DNS (Desoxyribonukleinsäure) im Zellkern treten Folgen von Molekülteilen (Aminosäuren) in Dreiergruppen auf. Die Biochemiker haben herausgefunden, daß in diesen Folgen die Grundbausteine der Eiweißsubstanzen verschlüsselt sind. Entschlüsselungsschema (»Codesonne«): Man gehe von innen nach außen - z.B. AUG - diese Folge führt zur Bildung von Methionin. (Nach K. Wolf »Die Gene«.)

die Übertragung der Information auf eine Art chemischer Datenträger und von diesen wieder auf die elementaren Bausteine erfolgt, aus denen sich die Eiweißstoffe zusammensetzen. Diese wieder greifen steuernd und aufbauend in den heranwachsenden Organismus ein, führen ihn zur Reife und sichern seinen Bestand.

Neben allen Konsequenzen, die diese Entdeckung nach sich zieht, ergibt sich daraus die Einsicht, daß die Sammlung, die Verwaltung und die Anwendung von Information im Leben eine grundlegende Rolle spielen. Selbstverständlich ist es mit Hilfe der Informationstheorie auch möglich, Zahlen für die umgesetzten Informationen anzugeben – auch hier wieder sei auf die Tabelle verwiesen.

Und noch eine andere Seite des Lebens ist untrennbar mit Informationsumsetzungen verbunden: die der Wahrnehmungsprozesse und des Denkens. Gerade hier liegen hervorragende Beispiele dafür vor, daß auch die Information, die der Mensch von außen erhält und die ihm Hinweise für sinnvolles Verhalten gibt, mehreren Umsetzungsprozessen unterworfen ist, zu denen auch solche der Verschlüsselung gehören. In der Netzhaut beispielsweise werden Lichtreize in elektrochemische Impulse umgewandelt, die durch die Nerven laufen. Und an irgendeiner Stelle des Gehirns erfolgt eine weitere Umsetzung – in jene Eindrücke, die wir bewußt erleben. Entsprechende Erscheinungen ergeben sich bei jedem Denkprozeß und schließlich auch bei der Steuerung des Organismus über das Zentralnervensystem. Und auch hier bekommen wir wertvolle Einsichten über das Geschehen, wenn wir die umgesetzten Informationen ermitteln. So zeigt sich beispielsweise, daß die Sinnesorgane riesige Mengen an Daten aufnehmen, daß aber nur ein äußerst geringer Teil im Bewußtsein ankommt. Wie sich beweisen läßt, handelt es sich dabei aber keineswegs um einen Verlust an Information, sondern um die Folge außerordentlich sinnfälliger Auswahl- und Verschlüsselungsprozesse.

Auch in diesem Fall liegt der Sinn des Systems keineswegs in der Geheimhaltung, und doch stehen wir bei seiner wissenschaftlichen Erforschung vor ähnlichen Aufgaben wie der Kryptanalytiker vor einem von Unbekannten verschlüsselten Text. Auch den Gehirnforschern und Neurologen stehen »Abhorcheinrichtungen« zur Verfügung, die vieles mit jenen gemeinsam haben, die die Funkingenieure benutzen. Mit ihnen ist es ohne weiteres möglich, die durch die Nerven laufenden Impulse aufzufangen und auf Bildschirmen sichtbar zu machen. Bei den Bemühungen um die Decodierung aber stehen wir erst am Anfang. Nur in ganz wenigen Fällen ist es gelungen, etwas über die Bedeutung der aufgefangenen Impulsreihen auszusagen, und zwar natürlich zunächst dort, wo es sich um ganz einfache Reize handelt, beispielsweise die Codierung von »hell« und »dunkel« oder »heiß« und »kalt«. Das, was aber brennend interessant wäre, nämlich ein tieferer Einblick in die Funktion des Denkens, ist mit den heute verfügbaren Mitteln noch nicht möglich. Besteht überhaupt Aussicht, dieses Ziel zu erreichen? Die Antwort darüber steht noch aus. Wenn wir ihm aber näherkommen, so werden dabei Methoden, wie sie in der Kryptanalyse üblich sind, zweifellos eine tragende Rolle spielen.

Danksagung

Für aktive Mithilfe beim Zustandekommen dieses Buches bin ich Herrn Oskar Stürzinger, Zug, zu Dank verpflichtet. Weiter danke ich Herrn Professor Dr. Jürgen Rohwer, Stuttgart, der das Manuskript durchgesehen und insbesondere zum Thema des Zweiten Weltkrieges wertvolle Ratschläge gegeben hat.

Schließlich gilt mein Dank Herrn Dr. Thomas Beth, Erlangen, der die Kapitel »Kryptographie – elektronisch« und »Die höhere Mathematik der Chiffren« überarbeitet und durch vielerlei Anregungen bereichert hat.

Herbert W. Franke

Literaturverzeichnis

Baudoin, Roger: Eléments de Cryptographie. Paris 1939.

Bauer, F. L.: Klassische Kryptologie-Verfahren und Maximen. In: Informatik-Spektrum. Heidelberg 1982.

Becker, H. und Piper, F.: The Protection of Communications. London 1982.

Beth, Thomas: Kryptographie als Instrument des Datenschutzes. In: Informatik-Spektrum. Heidelberg 1982.

Beth, Thomas, Hess, Peter und Wirl, Klaus: Materialien zur Kryptographie. Universität Erlangen 1982.

Brown, Anthony Cave: Bodyguard of Lies. New York 1975; deutsch: Die unsichtbare Front. München 1976.

Carroll, John M.: Secrets of Electronic Espionage. New York 1966; deutsch: Der elektronische Krieg. Berlin, Frankfurt, Wien 1967.

d'Agapeyeff, Alexander: Codes and Ciphers. London 1939.

Figl, Andreas: Systeme des Chiffrierens. Graz 1926.

Gaines, Helen Fouché: Elementary Cryptanalysis. Boston 1939.

Gaines, Helen Fouché: Elementary Cryptanalysis. Boston 1944.

Friedman, W. F.: Riverbank Publications; Papers (Nr. 19). Geneva, Ill. o. J.

Friedman, W. F.: Elements of Cryptanalysis. Washington 1924.

Givierge, Marcel: Cours de Cryptographie. Paris 1925 (1. Aufl.), 1932 (2. Aufl.)

Givierge, Marcel: Cours de Cryptographie. Paris 1936.

Greefkes, J. A. und Riemens, K.: Codemodulation mit digital gesteuerter Kompandierung für Sprachübertragung. In: Philips Technische Rundschau. Nr. 11/12, 1970/71.

Hellmann, M. E.: Die Mathematik neuer Verschlüsselungssysteme. In: Spektrum der Wissenschaft, H. 10, 1979, S. 92-101.

Kahn, David: The Codebrakers. New York 1968.

Kirchhofer, Kirk H.: Kryptologie Teil 1. In: Internationale Wehr-Revue. Genf Nr. 2, 1976, S. 281 ff.; Teil 2, Nr. 3, 1976, S. 389 ff.; Teil 3, Nr. 4, 1976, S. 585 ff.

Kornheim, Alan G.: Cryptographie: A. Primer. New York 1981.

Krauch, Helmut: Erfassungsschutz. Der Bürger in der Datenbank: zwischen Planung und Manipulation. Stuttgart 1975.

Lysing, Henry: Secret Writing. New York 1936.

Mansfield, Louis C. S.: The Solution of Codes and Chipers. London 1936.

Michel, Karl Markus und Spengler, Tilman (Hrsg.): Die erfaßte Gesellschaft. In: Kursbuch 66. Berlin 1981.

Millikin, Donald D.: Elementary Cryptography and Cryptoanalysis. New York 1943.

Moderne elektronische Methode; N. Ryska und S. Herda, Kryptologische Verfahren in der Datenverarbeitung. Berlin, Heidelberg, New York 1980.

New Pearl Harbor Facts – Special Supplement – Section 2A. In: Chicago Tribune. 7.12.1966.

Nyberg, Sture: Chiffrierung. In: Neue Züricher Zeitung. Nr. 586, 12.12.1973.

Rohwer, Jürgen: Die Funkaufklärung und ihre Rolle im 2. Weltkrieg, Krieg im Aether. In: Sammlung der Kolloquiumsvorträge, XIX. Folge.

Rohwer, Jürgen: »Ultra« xB-Dienst und »Magic«. In: Marine Rundschau. H. 10, 1979, S. 637.

Schneickert, Hans: Die Geheimschriften im Dienste des Geschäfts- und Verkehrslebens. Leipzig 1900.

Smith, Laurence Dwight: Cryptography. The Science of Secret Writing. New York 1943.

Stürzinger, Oskar: Maschinelle Chiffrierverfahren, 1960.

White, Maurice: Secret Writing. Washington, D. C. The Washington Service Bureau, 1938, S. 24 ff. (Service Booklet Nr. 181).

Winterbotham, F. W.: The Ultra Secret. London 1974.

Namen- und Sachregister